全華研究室
王麗琴
編著

EXCEL 2010
範例教本

全華圖書股份有限公司

❖ 著作權與商標聲明

❖ 關於範例光碟

本書收錄了書中所有使用到的範例檔案,請依照書中的指示說明,開啓這些範例檔案使用。

本書導讀

學習可以是一件很快樂的事

我們常常在學習中，得到想要的知識，並讓自己成長。

學習應該是快樂的，學習應該是分享的。

本書將學習的快樂，分享給你，讓你在書中得到幸福與成長。

本書共分為13個範例，每個範例都有詳細的範例說明及範例的操作過程，在操作過程中可以學習到各種Excel的操作技巧。相信學會了這些使用技巧後，在利用Excel製作各種圖表時，就可以輕而易舉地完成。

在本書中的所有範例，都會先針對每個範例做說明，並告訴你可以學習到什麼，而書中的範例在本書的「範例光碟」中，附有原始檔案、相關檔案及最後範例結果檔案，所以在學習前，別忘了先開啟光碟中的檔案，跟著書中的步驟一起練習。

本書不定時出現的「知識補充」，也是不可錯過的單元，該單元加強了範例以外的知識喔！

在每個範例的最後，都會有「自我評量」單元，自我評量中所要使用的原始檔案，也都可以在「範例光碟」中找到。學會了新技巧，當然要找個機會好好大展身手一番。所以，請在學習完每個範例後，別忘了到「自我評量」單元中，練習看看我們所設計的題目喔！

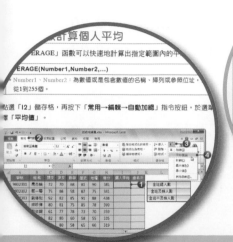

CONTENTS

Example 01 月曆製作

◆ 建立月曆內容 1-2
　於工作表中輸入資料‧自動填滿的使用

◆ 儲存格的調整 1-5
　欄寬與列高調整‧插入空白列‧跨欄置中的設定

◆ 儲存格文字樣式的設定 1-9

◆ 儲存格框線及填滿色彩的設定 1-10
　儲存格框線設定‧填滿色彩的設定

◆ 工作表的使用 1-16
　複製工作表‧工作表重新命名‧設定工作表標籤色彩

◆ 活頁簿的儲存 1-19
　儲存活頁簿‧Excel 2010的檔案格式‧另存新檔

Example 02 報價單製作

◆ 資料格式的設定 2-2
　特殊格式設定‧日期格式設定‧貨幣格式設定

◆ 圖片的使用 2-7
　插入圖片‧調整圖片位置及大小‧圖片樣式設定

◆ 建立公式 2-10
　認識運算符號‧加入公式‧複製公式

◆ 函數的使用 2-18
　認識函數‧「加總」函數的使用

◆ 註解的使用 2-20

◆ 設定凍結窗格 2-22

Example 03 班級成績單製作

◆ 以加總函數計算總分 3-2

◆ 以平均函數計算個人平均 3-3

◆ 各科最高分與最低分計算 3-4

◆ 總名次的計算─RANK.EQ函數.....................................3-7
◆ 全班總人數計算─COUNT函數.....................................3-10
◆ 及格與不及格人數計算─COUNTIF函數...........................3-12
◆ 設定格式化的條件.....................................3-14
　只格式化包含下列的儲存格‧頂端/底端項目規則‧用圖示集規則標示個人平均‧清除
　規則‧管理規則
◆ 資料排序.....................................3-21

Example 04 產品目錄列印

◆ 版面設定.....................................4-2
　紙張方向及大小設定‧邊界設定
◆ 加入頁首頁尾.....................................4-4
◆ 設定列印標題.....................................4-8
◆ 設定列印範圍及縮放比例.....................................4-11
◆ 分頁預覽.....................................4-12
◆ 列印.....................................4-14
　印表機選擇‧指定列印頁數‧自動分頁‧列印及列印份數
◆ 建立PDF文件.....................................4-16

Example 05 旅遊意願調查表

◆ 使用文字藝術師加上標題.....................................5-2
　插入空白列‧插入文字藝術師
◆ 加入超連結.....................................5-5
　連結至文件檔案‧連結至E-mail
◆ 設定資料驗證.....................................5-10
　建立選單‧設定提示訊息‧設定旅遊地點與理想日期清單‧設定攜眷人數
◆ 文件的保護.....................................5-16
　保護活頁簿‧設定允許使用者編輯範圍
◆ 共用活頁簿.....................................5-22

✦ 統計調查結果 5-23
　計算參加人數(COUNTIF函數)．計算眷屬人數(SUMIF函數)．計算總參加人數．計算
　旅遊地點與旅遊日期得票數(COUNTIF函數)

Example 06 產品銷售分析

✦ 篩選的應用 6-2
　自動篩選．自訂篩選．清除篩選．進階篩選
✦ 小計 6-10
✦ 銷售排行榜 6-13
✦ 條件式加總─SUMIFS 6-16

Example 07 樞紐分析表製作

✦ 建立樞紐分析表 7-2
✦ 產生樞紐分析表的資料 7-4
　加入欄位．移除欄位
✦ 樞紐分析表的使用 7-7
　隱藏明細資料．隱藏所有明細資料．資料的篩選．設定標籤群組．更新樞紐分析表
✦ 交叉分析篩選器的使用 7-13
　插入交叉分析篩選器．刪除交叉分析篩選器．美化交叉分析篩選器
✦ 調整樞紐分析表 7-18
　修改欄位名稱．以百分比顯示資料．改變資料欄位的摘要方式．資料排序．單季銷售
　小計．設定樞紐分析表選項
✦ 分頁顯示報表 7-26
✦ 套用樞紐分析表樣式 7-27
✦ 製作樞紐分析圖 7-28

Example 08 分析圖表的製作

✦ 認識圖表 8-2
✦ 星冰樂銷售統計─走勢圖 8-3
　建立走勢圖．走勢圖格式設定．變更走勢圖類型．清除走勢圖

◆ 營業額統計—直條圖 8-7
於工作表中插入圖表．設定資料來源．調整圖表位置及人小．套用圖表版面配置．修
改圖表文字格式．變更圖表類型．移動圖表位置

◆ 年齡與血壓的關係—XY散佈圖 8-14
插入XY散佈圖．新增資料來源．加入圖表標題．加入座標軸標題．修改座標軸．修改
資料數列格式．加上趨勢線

◆ 女藝人形象調查—雷達圖 8-26
插入雷達圖．修改圖例位置．圖表格線．圖表區格式設定

◆ 單曲銷售紀錄—圖表的組合 8-33
插入直條圖．修改銷售數量數列資料．變更數列圖表類型．加入資料標籤．加入運算
列表．圖表格式修改

Example 09 零用金帳簿

◆ 月份與星期的設定 9-2
月份的設定(IF、OR、MONTH、DATE函數)．星期的設定(TEXT函數)

◆ 設定類別清單 9-8

◆ 結餘金額計算 9-9
AND函數

◆ 本月合計與本月餘額計算 9-11
SUMIF函數

◆ 各類別消費金額統計 9-13

◆ 判斷零用金是否超支 9-16
IF函數

◆ 複製多個工作表 9-18

◆ 合併彙算 9-20
建立總支出工作表．合併彙算設定

◆ 建立總支出立體圓形圖 9-24
加入圓形圖．圖表版面配置

Example 10 報價系統

◆ 建立類別資料 10-2

◆ 定義名稱 10-5
定義「類別」名稱‧定義各類別的貨號及清單名稱

◆ 建立類別與貨號的選單 10-10
類別選單的建立‧貨號選單的建立(INDIRECT函數)

◆ 自動填入相關資料 10-13
自動填入「品名」內容(ISBLANK、VLOOKUP、HLOOKUP函數)‧自動填入廠牌、包裝、單位及售價內容

◆ 合計金額的計算 10-21
SUMPRODUCT函數

Example 11 員工考績表製作

◆ 計算年終獎金 11-2
年資的計算(YEAR、MONTH、DAY函數)‧「年」的計算‧「月」的計算‧「日」的計算‧年終獎金的計算

◆ 計算績效獎金 11-12
年度考績的計算‧核算績效獎金(LOOKUP函數)

◆ 計算獎勵獎金 11-17
計算考績成長變化(IF、ISBLANK、ABS函數)‧計算獎勵獎金(LEFT、RIGHT函數)

◆ 製作年度獎金查詢表 11-31
查詢員工姓名‧查詢年終獎金‧查詢考績獎金‧查詢獎勵獎金‧計算總獎金‧MATCH、INDEX函數

Example 12 投資理財試算

◆ 計算零存整付的到期本利和 12-2
FV函數‧到期本利和的計算

◆ 目標搜尋 12-6

◆ 計算貸款每月應償還金額 12-8
PMT函數‧計算「政府首購貸款」每月應償還金額

◆ 運算列表 12-11

◆ 分析藍本 12-14
　建立分析藍本‧以分析藍本摘要建立報表

◆ 還款中的利息與本金 12-20
　IPMT與PPMT函數‧利息的計算‧本金的計算

◆ 試算保險利率 12-24
　RATE函數‧保險利率計算

◆ 試算保險淨現值 12-27
　NPV函數‧保單現值計算‧PV函數

Example 13 匯入外部資料

◆ 匯入文字檔 13-2
　文字檔說明‧匯入txt格式的純文字檔

◆ 格式化為表格 13-5
　將工作表中的資料建立成表格‧修改表格資料的範圍‧加入「合計列」‧更換表格樣
　式‧更換表格色彩配置及字型‧轉換為範圍

◆ 匯入資料庫檔 13-11

◆ 匯入網頁資料 13-13
　匯入網頁資料‧網頁資料的更新

◆ 製作股票圖 13-19

◆ 將活頁簿存成網頁格式 13-22

Appendix A 巨集的使用

◆ 認識巨集 A-2

◆ 錄製巨集 A-3

◆ 執行巨集 A-8

◆ 指定巨集 A-10

Appendix B 萬年曆製作 電子書

✦ 求出每月1號的星期號碼 B-2
　　WEEKDAY函數

✦ 求出每月的最後一天 B-5
　　EOMONTH函數

✦ 顯示年份與月份 B-7
　　YEAR、MONTH函數

✦ 顯示當天日期 B-11
　　TODAY函數

✦ 判斷第1週星期日的日期 B-12
　　IF函數

✦ 求出第2週到第4週的日期 B-15

✦ 求出第5週到第6週的日期 B-17

✦ 更換萬年曆的佈景主題 B-21

Appendix C 與Office的整合運用 電子書

✦ 利用Word合併列印套印員工薪資單 C-2
　　認識合併列印．合併列印的設定．完成與合併

✦ 以PowerPoint展示Excel內容 C-10
　　複製成表格貼至PowerPoint檔案．將工作表貼至PowerPoint檔案．將工作表以圖片方式
　　複製到PowerPoint

✦ 將Excel圖表貼在PowerPoint中 C-18
　　以Excel圖表方式貼上．將圖表以圖片方式貼上

01. 月曆製作

Example

* **學習目標**

  自動填滿的使用、文字樣式的設定、儲存格的格式設定、檔案的儲存、工作表的設定。

* **範例檔案**

  無

* **結果檔案**

  Example01→月曆-結果.xlsx

本書第一個範例，將學習如何在Excel中，將一個空白的工作表，經由一步一步的操作，進而設計出美觀的月曆。

👑 建立月曆內容

在建立月曆前，請先執行「**開始→所有程式→Microsoft Office→Microsoft Excel 2010**」命令，開啓「Microsoft Excel 2010」操作視窗。

啓動Excel時會開啓一個空白的Excel檔，稱為「**活頁簿**」，而一個活頁簿裡又包含了許多的工作表，我們就是要在工作表中建立月曆內容。

🍓 於工作表中輸入資料

工作表是由一個個格子所組成的，這些格子稱為「**儲存格**」，當滑鼠點選其中一個儲存格時，該儲存格會有一個粗黑的邊框，而這個儲存格即稱為「**作用儲存格**」，該儲存格代表要在此作業。

01 點選「**A1**」儲存格，輸入「2012年1月」，輸入完後按下「Enter」鍵，作用儲存格就會移至下一列儲存格中。

02 接著於「**A2**」儲存格中輸入「星期一」，輸入完成後按下「Enter」鍵。

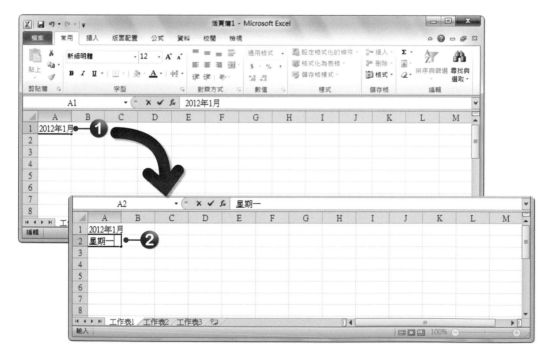

自動填滿的使用

　　Excel設計了「**自動填滿**」功能，利用此功能可以依據一定的規則，快速填滿大量的資料。

01 選取「**A2**」儲存格，將滑鼠游標移至儲存格右下角的填滿控點上。

02 按著滑鼠左鍵拖曳至「**G2**」儲存格，此時「A2:G2」儲存格就會自動依序填滿星期一到星期日的文字。

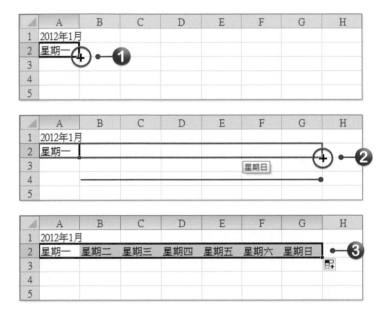

03 星期文字建立好後，接著就可以開始輸入日期。

	A	B	C	D	E	F	G	H
1	2012年1月							
2	星期一	星期二	星期三	星期四	星期五	星期六	星期日	
3							1	
4	2	3	4	5	6	7	8	
5	9	10	11	12	13	14	15	
6	16	17	18	19	20	21	22	
7	23	24	25	26	27	28	29	
8	30	31						
9								

> 在輸入數字時，也可以使用自動填滿功能，例如：可以分別先在A4與B4儲存格中輸入2和3，輸入完後，選取這兩個儲存格，再將滑鼠游標移至填滿控點，按著滑鼠左鍵拖曳至G4儲存格中，Excel就會自動於C4、D4、E4、F4、G4等儲存格填入「4、5、6、7、8」等數字。

知識補充 自動填滿

使用填滿控點進行複製資料時，在儲存格的右下角會有個「▤」圖示，此圖示為填滿智慧標籤，點選此圖示後，即可在選單中選擇要填滿的方式。

	A	B	C	D	E	F	G	H	I	J
1	2012年1月									
2	星期一	星期二	星期三	星期四	星期五	星期六	星期日			
3										
4	2	3	4	5	6	7	8			
5	9	10	11	12	13	14	15			
6	16	17	18	19	20	21	22			
7	23	24	25	26	27	28	29			
8	30	31								
9										
10										

按下填滿智慧標籤，即可開啟選單，選擇要填滿的方式。

○ 複製儲存格(C)
● 以數列方式填滿(S)
○ 僅以格式填滿(F)
○ 填滿但不填入格式(O)

● 複製儲存格：使用此種填滿方式時，會將資料與資料的格式一模一樣的填滿。

● 以數列方式填滿：依照數字順序依序填滿，是一般預設的複製方式。

● 僅以格式填滿：使用此種填滿方式時，只會填滿資料的格式，而不會將該儲存格的資料填滿。

● 填滿但不填入格式：使用此種填滿方式時，會將資料填滿至其他儲存格，而不會套用該儲存格所設定的格式。

自動填滿功能除了可以填入相同的資料，還可以填入規則變化的資料，像是：等差數列、Excel內建的清單，或是以一定差距增加的日期或時間。

● 等差級數：要產生資料遞增或遞減的連續儲存格，也就是用等差級數填入儲存格。在兩個儲存格中，分別輸入「1」和「3」的數字，這表示起始值是「1」，間距是「2」，再利用填滿控點，即可產生以1開頭，間距為2的遞增數列。

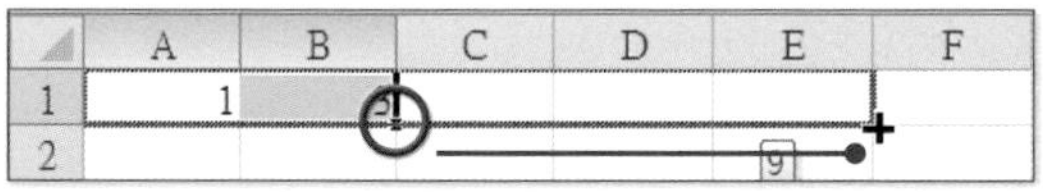

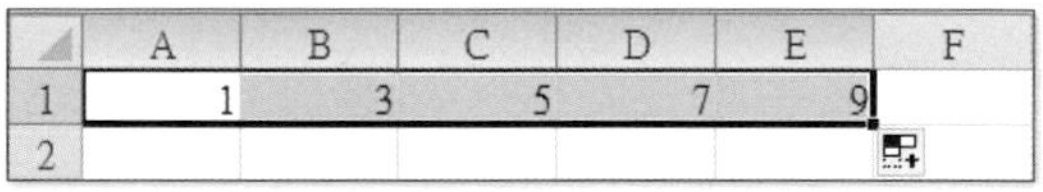

	A	B	C	D	E	F
1		1				
2					9	

	A	B	C	D	E	F
1		1	3	5	7	9
2						

● 日期：如果要產生一定差距的日期序列時，只要輸入一個起始日期，拖曳填滿控點到其他儲存格中，即可產生連續日期。

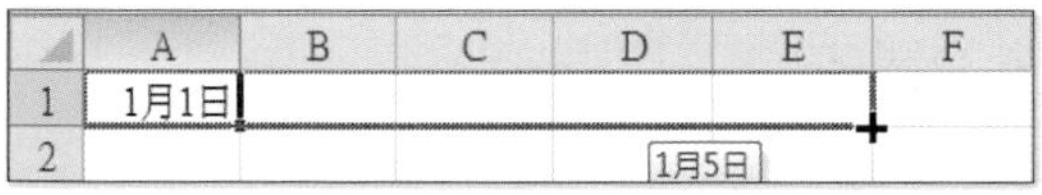

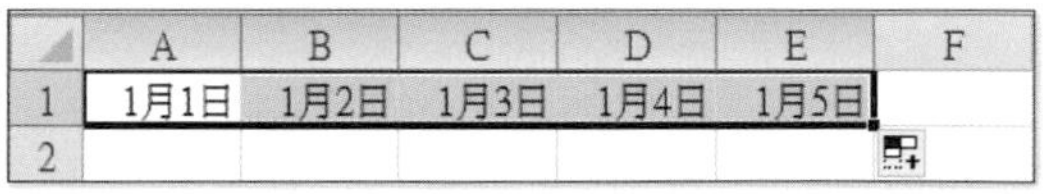

	A	B	C	D	E	F
1	1月1日					
2				1月5日		

	A	B	C	D	E	F
1	1月1日	1月2日	1月3日	1月4日	1月5日	
2						

● 其他：在Excel中預設了一份填滿清單，所以輸入某些規則性的文字，例如：星期一、一月、第一季、甲乙丙丁、子丑寅卯、Sunday、January等文字時，利用自動填滿功能，即可在其他儲存格中填入規則性的文字。

若要查看Excel預設了哪些填滿清單時，可以點選「**檔案→選項**」功能，開啟「Excel選項」視窗，再點選「**進階**」標籤，於「**一般**」選項裡，按下「**編輯自訂清單**」按鈕，開啟「**自訂清單**」對話方塊，即可查看預設的填滿清單或自訂填滿清單項目。

除了使用填滿控點進行填滿的動作外，還可以點選「**常用→編輯→填滿**」指令按鈕，在選單中選擇要填滿的方式。而點選「**數列**」功能，會開啟「數列」對話方塊，利用此對話方塊，可以選擇要填滿的類型、間距值、終止值等。

♔ 儲存格的調整

資料都建立好後，接著就要進行儲存格的列高、欄寬等調整。

🍓 欄寬與列高調整

有時候輸入的資料比較多時，文字會超出儲存格的範圍，這時可以直接拖曳欄標題或列標題之間的分隔線，改變欄位大小，以便容下所有的資料。在此範例中，要將月曆的欄寬與列高都調成一樣大小。

01 按下工作表左上角的「**全選方塊**」，選取整份工作表。

02 把滑鼠移到欄標題之間的分隔線，按下滑鼠左鍵不放，往右拖曳即可加寬欄寬；往左拖曳則縮小欄寬。

03 欄寬調整好後,將滑鼠移到列標題之間的分隔線,按下滑鼠左鍵不放,往下拖曳即可加高列高;往上拖曳則縮小列高。

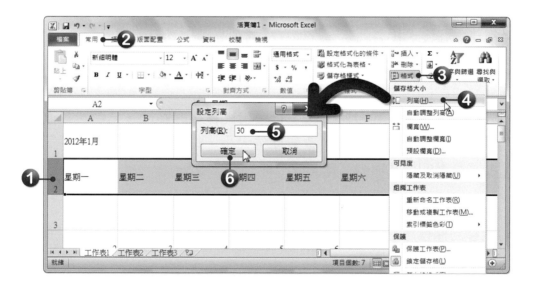

在工作表中,直的一排儲存格稱為「欄」;橫的一排儲存格稱為「列」。而在工作表的上方是「欄標題」,以A、B、C等表示欄標題(最多至16,384欄);左方則是「列標題」,以1、2、3等表示列標題(最多至1,048,579列)。

04 選取第2列儲存格,點選「**常用→儲存格→格式**」指令按鈕,於選單中選擇「**列高**」選項,開啓「**設定列高**」對話方塊,於「列高」欄位中輸入「**30**」,輸入完後按下「**確定**」按鈕。

當儲存格的資料過長時,若不想調整欄寬或列高時,可以點選「**常用→對齊方式→ 🗏**」自動換列指令按鈕,讓資料自動折行。

🍓 插入空白列

接著要在第2列上插入一列，並加入「重要事項：」文字。

01 選取第2列，再點選「**常用→儲存格→插入**」指令按鈕，於選單中選擇「**插入工作表列**」選項，即可在第2列上方插入一個空白列。

02 在「**A2**」儲存格中輸入「**重要事項：**」文字，並將列高調整為「**30**」。

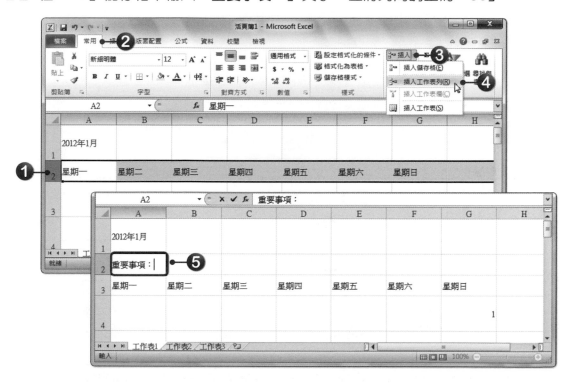

知識補充 **關於視窗的操作介面**

在使用本書時，可能會發現書中的操作介面與電腦所看到的有些不同，這是因為每個人所使用的螢幕尺寸、系統所設定的字型大小等不同的關係，而這些設定都會影響到「功能區」的顯示方式，當螢幕尺寸較小，或是將系統字型設定為中或大時，「功能區」就會因為無法顯示所有的按鈕及名稱，而自動將部分按鈕縮小，或是省略名稱。

● 當螢幕尺寸夠大時，即可完整呈現所有的按鈕及名稱。

● 當螢幕尺寸較小，或將系統字型設定為大時，就會自動將部分按鈕縮小。

1-7

🍓 跨欄置中的設定

月曆的標題文字輸入於「A1」儲存格中,現在要利用**「跨欄置中」**功能,使它與表格齊寬,且文字能自動置中對齊。

01 選取「A1:G1」儲存格,再點選「**常用→對齊方式→跨欄置中**」指令按鈕,於選單中選擇**「跨欄置中」**選項,文字就會自動置中。

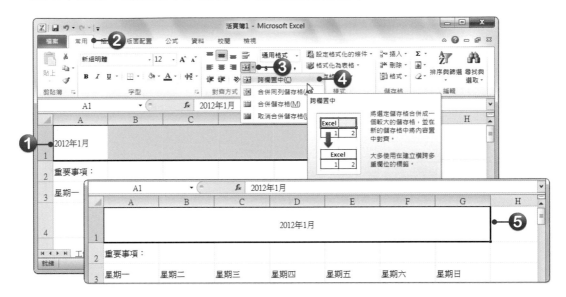

> 選擇**「跨欄置中」**選項會將文字置於中央,而不會將儲存格合併起來;若選擇**「合併儲存格」**時,會把選取的儲存格合併,而儲存格內的資料則會依原格式排列,不會做置中處理。

02 接著選取「B2:G2」儲存格,再點選「**常用→對齊方式→跨欄置中**」指令按鈕,於選單中選擇**「合併儲存格」**選項,將「B2:G2」儲存格合併。

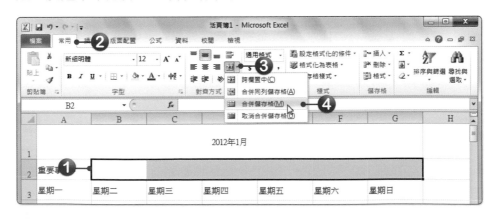

👑 儲存格文字樣式的設定

要變更儲存格文字樣式時,可以使用「**常用→字型**」群組中的各種指令按鈕,變更文字樣式。

01 點選「**A1**」儲存格,將文字格式設定為「微軟正黑體、大小為26、粗體、青色」。

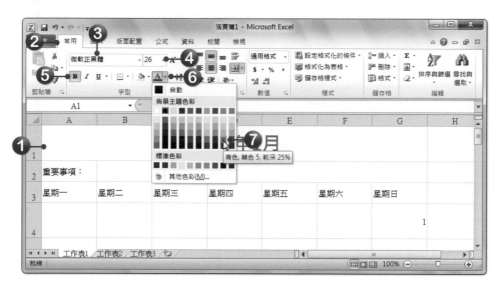

02 選取第2列與第3列,將文字格式設定為「微軟正黑體、大小為12、粗體、青色、置中對齊」。

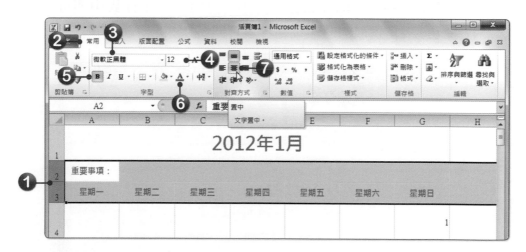

> 若要單獨更改儲存格中個別字元的格式時,只要在儲存格上雙擊滑鼠左鍵,進入編輯狀態,即可單獨選取儲存格中的某個字元,選取後再進行文字格式設定即可。

03 選取「**A4:G9**」儲存格,將文字格式設定為「英文字型(請自行選擇)、文字大小14、靠上對齊、靠左對齊」。

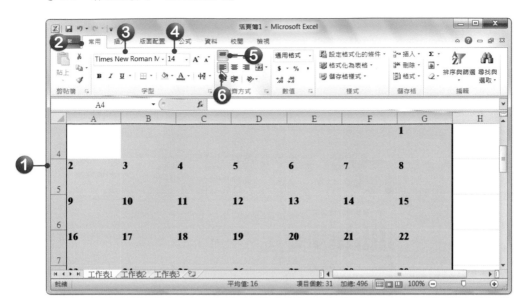

♕ 儲存格框線及填滿色彩的設定

在工作表上所看到灰色框線是屬於「格線」,在列印時並不會一併印出,所以若想要印出框線時,就必須自行手動設定。

將「**檢視→顯示**」群組中的「**格線**」選項勾選時,在工作表中即可看到灰色的格線;若將此選項勾選取消時,則格線就會隱藏起來。

在「**常用→字型**」群組中，提供了「■·」框線指令按鈕和「■·」填滿色彩指令按鈕，讓我們可以很快速地將儲存格加入框線和填滿色彩。

儲存格框線設定

01 選取「**A1:G8**」儲存格，點選「**常用→字型**」群組中的「■·」框線指令按鈕，於選單中選擇「**其他框線**」選項，開啟「儲存格格式」對話方塊。

02 在「樣式」中選擇線條樣式；在「色彩」中選擇框線色彩。選擇好後按下「**內線**」按鈕，即可將框線的內線更改過來。

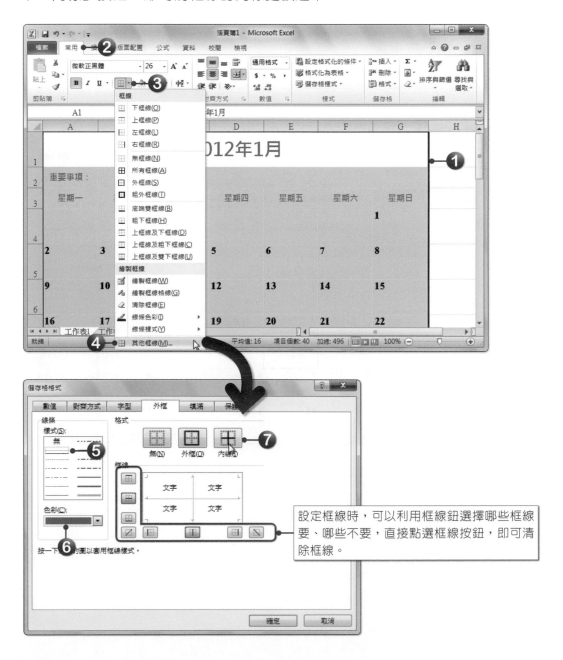

設定框線時，可以利用框線鈕選擇哪些框線要、哪些不要，直接點選框線按鈕，即可清除框線。

03 接著再繼續以相同方式設定外框的線條，設定好後按下「**確定**」按鈕。

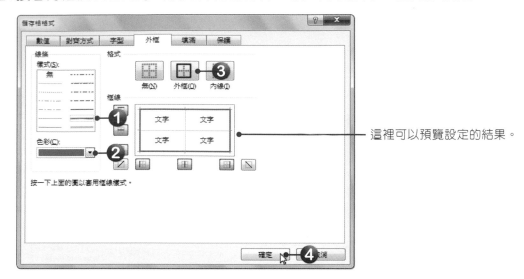

這裡可以預覽設定的結果。

04 回到工作表後，被選取的儲存格就會加入所設定的框線。

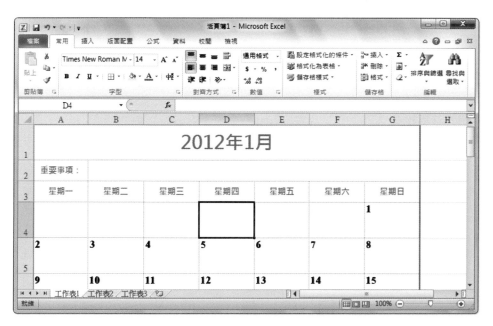

填滿色彩的設定

01 選取「**A3:G3**」儲存格，點選「**常用→字型→** 🖉 ▾ 」指令按鈕，於選單中選擇「**青色**」，即可將選取的儲存格加入色彩。

02 選取「**A4:E9**」儲存格，點選「**常用→儲存格→格式**」指令按鈕，於選單中選擇「**儲存格格式**」選項，開啟「儲存格格式」對話方塊，點選「**填滿**」標籤，按下「**填滿效果**」按鈕。

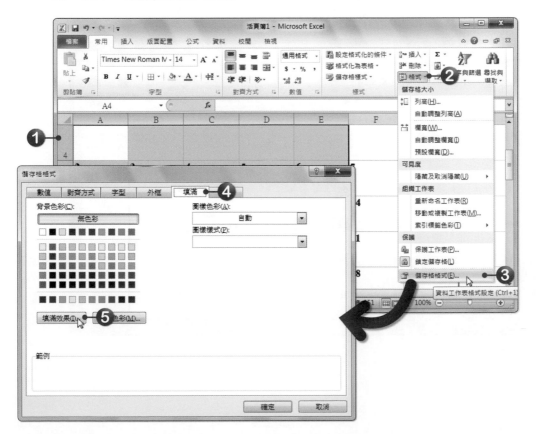

03 開啟「填滿效果」對話方塊，請於「**色彩1**」中選擇「**青色**」；「**色彩2**」中選擇「**白色**」；網底樣式選擇「**水平**」；變化方式選擇第1種，都設定好後按下「**確定**」按鈕，回到「儲存格格式」對話方塊中，再按下「**確定**」按鈕，即可完成填滿色彩的設定。

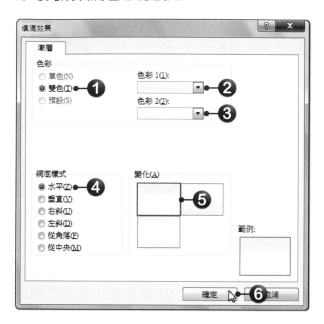

04 回到工作表後，儲存格就會加入漸層色彩。

05 最後選取「**F4:G9**」儲存格，將儲存格色彩設定為「**灰色**」。

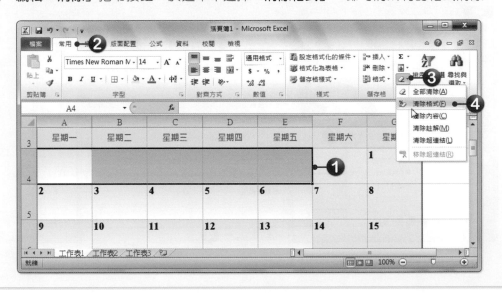

👑 工作表的使用

一個活頁簿可以有多個工作表，利用工作表標籤，即可進行工作表的切換，工作表標籤位於工作表下方，名稱為工作表1、工作表2、……，點選工作表標籤可以切換到不同的工作表，也可以按下「Ctrl+PageDown」快速鍵，切換至下一個工作表；按下「Ctrl+PageUp」快速鍵，切換至上一個工作表，**在預設下，一個新的活頁簿檔案包含3個工作表。**

🍓 複製工作表

1月的月曆製作完成後，接著要將1月的月曆複製到另一個工作表中，再將月曆修改為2月，這裡就來看看該如何做。

01 在「**工作表1**」工作標籤上按下滑鼠右鍵，於選單中選擇「**移動或複製**」，開啟「移動或複製」對話方塊，進行移動或複製工作表的動作。

02 在「**選取工作表之前**」選單中選擇「**工作表2**」，將「**建立複本**」選項勾選，表示要在「工作表2」之前建立一個「工作表1」的複本，設定好後按下「**確定**」按鈕。

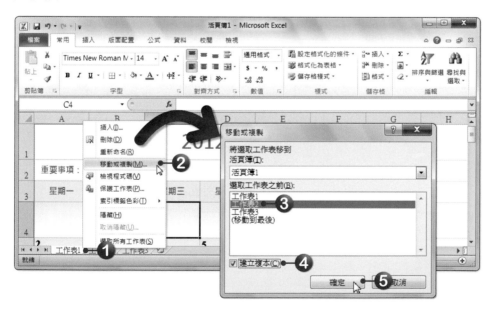

若希望在建立新活頁簿時，就建立固定數量的工作表，可以點選「**檔案→選項**」按鈕，開啟「Excel選項」對話方塊，點選「**一般**」標籤，在「**包括此多個工作表**」欄位中，輸入想要的數量即可。

若同時開啟多個活頁簿檔案時，可以按下「**活頁簿**」選單鈕，選擇要進行移動或複製的活頁簿。

03 回到工作表後，在「工作表1」工作表後就多了一個「**工作表1(2)**」工作表，
且該工作表中的內容與「工作表1」一模一樣。

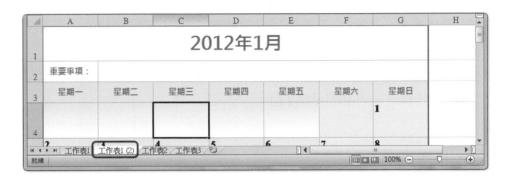

04 接著就可以將1月的月曆修改為2月的月曆內容，這裡請自行進行修改。

知識補充 工作表的新增與刪除

工作表不夠用時，可以點選「**常用→儲存格→插入**」指令按鈕，於選單中選擇「**插入工作表**」，或是按下「**Shift+F11**」快速鍵，即可在目前所在工作表前插入一個新的工作表。

若要刪除工作表時，先點選要刪除的工作表標籤，再點選「**常用→儲存格→刪除**」指令按鈕，於選單中選擇「**刪除工作表**」，即可將工作表刪除。

不管是要新增或是刪除工作表，都可以直接在工作表標籤上按下滑鼠右鍵，於選單中選擇「**插入**」功能，增加一個工作表；選擇「**刪除**」功能，可以將目前的工作表刪除。

🍓 工作表重新命名

01 在「**工作表1**」標籤上，雙擊滑鼠左鍵，或是按下滑鼠右鍵，於選單中選擇「**重新命名**」，此時工作表會呈反白狀態，接著就可以輸入工作表名稱，這裡請輸入「**一月份**」。

輸入「一月份」文字，輸入完後按下「Enter」鍵即可。

02 再將「工作表1(2)」名稱修改為「**二月份**」。

輸入「二月份」文字，輸入完後按下「Enter」鍵即可。

🍓 設定工作表標籤色彩

01 在「**一月份**」工作表標籤上按下滑鼠右鍵，於選單中選擇「**索引標籤色彩**」，於色彩選單中選擇工作表標籤要使用的色彩。

02 選擇好後，工作表標籤就會加上我們所選擇的色彩，接著再將「**二月份**」工作表標籤也加上色彩。

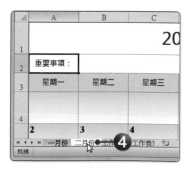

到這裡月曆的製作就算完成了，如果二個月的月曆不夠，還可以把一整年的月曆都先做好喔！

	A	B	C	D	E	F	G
1				2012年1月			
2	重要事項：						
3	星期一	星期二	星期三	星期四	星期五	星期六	星期日
4							1
5	2	3	4	5	6	7	8
6	9	10	11	12	13	14	15
7	16	17	18	19	20	21	22
8	23	24	25	26	27	28	29
9	30	31					

♛ 活頁簿的儲存

月曆製作完成後，即可進行儲存的動作。

🍓 儲存活頁簿

01 若是第一次儲存活頁簿，可以直接按下快速存取工具列上的「🔲」儲存檔案指令按鈕，或是按下「**檔案→儲存檔案**」功能，開啟「另存新檔」對話方塊，進行儲存的動作。

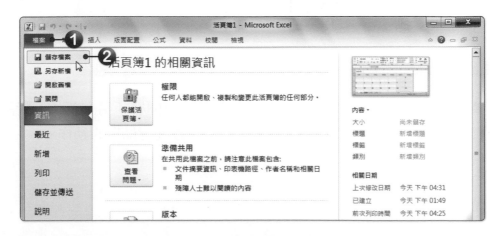

02 接著選擇活頁簿要儲存的位置，再輸入檔案名稱，都設定好後按下「**儲存**」按鈕，即可將活頁簿儲存起來。

03 活頁簿儲存完成後，視窗的標題列就會顯示檔案名稱。

　　同樣的活頁簿進行第二次儲存動作時，就不會再開啟「另存新檔」對話方塊了。直接按下鍵盤上的「Ctrl+S」快速鍵，也可以進行儲存的動作。

Excel 2010的檔案格式

　　從Excel 97一直到Excel 2003，所使用的檔案格式皆為「.xls」，但到了Excel 2007之後，檔案格式已更改為「.xlsx」，跟以往不同的是在副檔名後加上了「x」，而這個「x」表示XML，它加強了對XML的支援性。而Excel 2010在預設下，儲存活頁簿時都會以「.xlsx」格式儲存。

　　除了活頁簿格式不同外，若將檔案儲存成範本時，範本的副檔名也從原本的「.xlt」變成了「.xltx」。

另存新檔

　　當不想覆蓋原有的檔案內容，或是想將檔案儲存成「.xls」格式時(2003版本)，點選**「檔案→另存新檔」**功能，或按下「F12」鍵，開啟「另存新檔」對話方塊，按下**「存檔類型」**選單鈕，即可選擇要存檔的類型。

選擇此選項，可以將檔案存成「.xls」格式，如此一來，此檔案就可以在Excel 97到Excel 2003軟體中開啟。

Excel可儲存的檔案類型有：Excel活頁簿(*.xlsx)、網頁(*.htm、*.html)、Excel範本(*.xltx)、文字檔(Tab字元分隔)(*.txt)、CSV(逗號分隔)(*.csv)、PDF(*.pdf)、OpenDocument試算表(*.ods)等。

自我評量

是非題

( ) 1. 在Excel中,一個活頁簿最多只能擁有三個工作表。

( ) 2. 在儲存格中輸入完資料按下「Enter」鍵後,作用儲存格會移至隔壁欄中。

( ) 3. 在Excel中以A、B、C、…表示欄標題;以1、2、3、…表示列標題。

( ) 4. 在儲存格中最多可輸入32767個字元。

( ) 5. 欲在相鄰的儲存格上填上相同的內容,可以使用「自動填滿」功能。

選擇題

( ) 1. 使用「填滿」功能時,可以填入哪些規則性資料?(A)等差級數 (B)日期 (C)等比級數 (D)以上皆可。

( ) 2. 下列何者不可能出現在「填滿智慧標籤」的選項中?(A)複製儲存格 (B)複製圖片 (C)以數列方式填滿 (D)僅以格式填滿。

( ) 3. 在儲存格格式對話方塊中,無法設定下列哪一項?(A)儲存格中文字的字體大小 (B)儲存格的外框 (C)儲存格的背景顏色 (D)儲存格的欄寬。

( ) 4. 按下哪組快速鍵可以儲存活頁簿?(A)Ctrl+A (B)Ctrl+S (C)Ctrl+N (D)Ctrl+O。

( ) 5. 要設定文字的格式與對齊方式時,須進入哪個索引標籤中?(A)常用 (B)版面配置 (C)資料 (D)檢視。

實作題

1. 開啟「Example01→食物份量表.xlsx」檔案,進行以下設定。

✦ 在第1列中加入「六大類食物份量表」標題文字,並將文字跨欄置中。

✦ 將工作表內的資料依下圖所示呈現,請善用跨欄置中及合併儲存格等功能。

✦ 將欄寬與列高做適當的調整。

✦ 第1列與第2列請使用填滿效果的網底。

✦ 請自行變換文字的色彩。

六大類食物份量表		
類別	**份數**	**份數說明**
肉魚豆蛋奶類　奶類	1~2杯	**每份**：牛奶一杯
肉魚豆蛋類	4~5份	**每份**：肉或家禽或魚類一兩(約30公克)；或豆腐一塊(100公克)或豆漿一杯(240cc.)；或蛋一個。
五穀根莖類	3~6碗	**每碗**：飯一碗(200公克)；或中型饅頭一個；或土司麵包四片。
蔬菜類	3碟	**每碟**：蔬菜三兩(約100公克)
水果類	2個	**每個**：中型橘子一個(150公克)；蕃石榴一個。
油脂類	3湯匙	**每湯匙**：一湯匙油(15公克)

2. 開啟「Example01→功課表.xlsx」檔案，進行以下設定。

　✦ 於B2到F2加上星期文字，請利用自動填滿加入。

　✦ 於B7到F7加入「午休」文字。

　✦ 將欄寬統一設定為「12.5」；將列高統一設定為「30」。

　✦ 將工作表名稱更改為「上學期」，並將工作表標籤加上色彩(色彩請自行選擇)，再將「工作表2、工作表3」工作表刪除。

　✦ 儲存格格式與文字格式請自行設定。

	A	B	C	D	E	F	G	H	I
1	我的功課表								
2		星期一	星期二	星期三	星期四	星期五			
3	第一堂	**週會**	歷史	**數學**	地理	化學			
4	第二堂	國文	歷史	**數學**	**數學**	化學			
5	第三堂	國文	英文	生活	**數學**	英文			
6	第四堂	物理	英文	地理	生活	英文			
7	**午休**	**午休**	**午休**	**午休**	**午休**	**午休**			
8	第五堂	軍訓	計算機概論	生物	國文	**體育**			
9	第六堂	軍訓	計算機概論	生物	國文	護理			
10	第七堂	**體育**	生物	**體育**	物理	生物			

上學期

3. 開啟「Example01→零用金支出明細表.xlsx」檔案,進行以下設定。

✦ 將第1列標題文字跨欄置中。

✦ 將B2到E2、A3到A4、B3到B4、C3到G3等儲存格跨欄置中。

✦ 將編號欄位以自動填滿方式分別填入1到30。

✦ 將日期欄位以自動填滿方式分別填入「10月1日~10月30日」的日期(提示:於
B5儲存格中填入「10/1」,文字格式會自動轉換為「10月1日」,接著再利用
填滿控點填入其他日期即可)。

✦ 於A35儲存格加入「合計」文字,並將A35到B35儲存格做跨欄置中處理。

✦ 將欄寬與列高做適當的調整;請自行變換儲存格與文字的格式。

全華圖書 資訊研究室 零用金支出明細表						
支出月份:				製表人:	王小桃	
編號	日期	支出明細				
		餐費	交通費	書籍費	文具費	其他
1	10月1日					
2	10月2日					
3	10月3日					
4	10月4日					
5	10月5日					
6	10月6日					
7	10月7日					
8	10月8日					
9	10月9日					
10	10月10日					
11	10月11日					
12	10月12日					
13	10月13日					
14	10月14日					
15	10月15日					
16	10月16日					
17	10月17日					
18	10月18日					
19	10月19日					
20	10月20日					
21	10月21日					
22	10月22日					
23	10月23日					
24	10月24日					
25	10月25日					
26	10月26日					
27	10月27日					
28	10月28日					
29	10月29日					
30	10月30日					
合計						

02 報價單製作
Example

* **學習目標**

  資料格式的設定、在工作表中插入圖片、認識運算符號、運算順序、輸入公式、修改公式、複製公式、加總的使用、善用自動計算功能、幫儲存格加入註解、設定凍結窗格。

* **範例檔案**

  Example02→報價單.xlsx

  Example02→logo.bmp

* **結果檔案**

  Example02→報價單-結果.xlsx

在「報價單」範例中，要學習基本的資料格式設定、公式的建立，以及如何藉由凍結窗格功能，讓工作表在視覺與功能上，更適合閱讀與查看。本範例請開啓「**Example02→報價單.xlsx**」檔案，進行報價單的製作練習。

♕ 資料格式的設定

在儲存格中，可以將儲存格的格式做不同的設定，像是文字、數字、日期、貨幣等。在進行資料格式設定前，先來認識這些資料格式的使用。

文字格式

在Excel中，只要不是數字，都會被當成文字，例如：ABC123(數字摻雜文字)就是文字格式，而文字格式的資料都會靠左邊對齊。如果要把數字變成文字，例如：郵遞區號、電話號碼，這類數字並不能拿來計算，必須歸類爲文字，只要**在數字前面加上「'」(單引號)，就會變成文字**。

數值格式

在儲存格中輸入數值時，在預設下會自動靠右對齊，數值是進行計算的重要元件，Excel對於數值的內容有很詳細的設定，如下表所示：

正數	負數	小數	分數
55980	-6987	12.55	4 1/2
	加上「-」負號	按鍵盤的「.」表示小數點	分數之前要按一個空白鍵

日期及時間

在Excel中，日期格式的資料會靠右對齊，在儲存格中要輸入日期時，**要用「-」(破折號)或「/」(斜線)區隔年、月、日**。年是以西元計，小於29的值，會被視爲西元20××年；大於29的值，會被當作西元19××年，例如：**輸入00到29的年份，會被當作2000年到2029年；輸入30到99的年份，則會被當作1930到1999年**，這是在輸入時需要注意的地方。

在輸入日期時，若只輸入月份與日期，那麼Excel會自動加上當時的年份，例如：今年是西元2013年，若只輸入12/25，Excel在資料編輯列中，就會自動顯示爲「2013/12/25」，表示此儲存格爲日期資料。

在儲存格中要輸入時間時，**要用「:」(冒號)隔開，以12小時制或24小時制表示。**使用12小時制時，最好按一個空白鍵，加上「a」(白天)或「p」(下午)。例如：「3:24 p」是下午3點24分。

🍓 特殊格式設定

在此範例中，要將聯絡電話與傳真號碼儲存格設定為「特殊」格式中的「一般電話號碼」格式，設定後，只要在聯絡電話儲存格中輸入「0222625666」，儲存格就會自動將資料轉換為「(02)2262-5666」。

01 選取「F4」與「I4」儲存格，再點選「**常用→數值→數值格式**」指令按鈕，於選單中選擇「**其他數值格式**」。

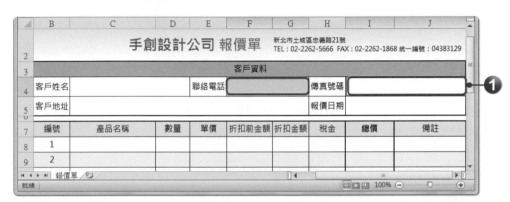

選取不相鄰的儲存格
要選取不相鄰的儲存格時，先點選第一個要選取的儲存格後，按著鍵盤上的「Ctrl」鍵不放，再去點選其他要選取的儲存格。

02 開啟「儲存格格式」對話方塊，點選**「數值」**標籤，於類別選單中選擇**「特殊」**，再於類型選單中選擇**「一般電話號碼(8位數)」**，選擇好後按下**「確定」**按鈕，即可完成特殊格式的設定。

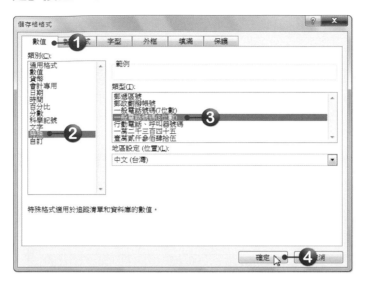

03 於儲存格中輸入「0222625666」電話號碼，輸入完後按下「Enter」鍵，儲存格內的文字就會自動變更為「(02)2262-5666」。

| 聯絡電話 | 0222625666 | ——— | 聯絡電話 | (02) 2262-5666 |

知識補充 數值格式指令按鈕

除了使用**「數值格式」**指令按鈕，進行變更的動作外，在**「數值」**群組中，還列出了一些指令按鈕，可以快速變更格式。

指令按鈕	功能	範例
$ ▾	加上會計專用格式，會自動加入貨幣符號、小數點及千分位符號。按下選單鈕，還可以選擇英磅、歐元及人民幣等貨幣格式。若輸入以「$」開頭的數值資料，如$3600，會將該資料自動設定為貨幣類別，並自動顯示為「$3,600」。	12345→$12,345.00
%	加上百分比符號，在儲存中輸入百分比樣式的資料，如66%，必須先將儲存格設定為百分比格式，再輸入數值66，若先輸入66，再設定百分比格式，則會顯示為「6600%」。	0.66→66%
,	加上千分位符號，會自動加入「.00」	12345→12,345.00
←.0 .00	增加小數位數	666.45→666.450
.00 →.0	減少小數位數，減少時會自動四捨五入	888.45→888.5

🍓日期格式設定

在報價日期中，我們要將儲存格的格式設定爲日期格式。

01 選取「I5」儲存格，點選「**常用→數值**」群組，按下「」群組選項鈕，開啓「儲存格格式」對話方塊。

02 點選「**數值**」標籤，於類別選單中選擇「**日期**」，先於「行事曆類型」選單中選擇「**中華民國曆**」，再於類型選單中選擇「90年3月14日」，選擇好後按下「**確定**」按鈕，即可完成日期格式的設定。

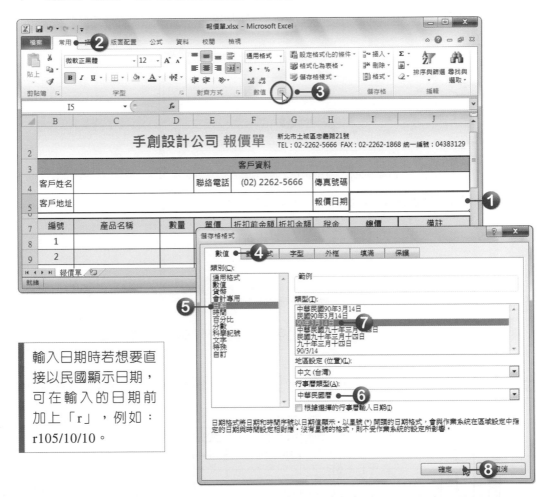

> 輸入日期時若想要直接以民國顯示日期，可在輸入的日期前加上「r」，例如：r105/10/10。

03 於儲存格中輸入「2012/1/22」日期，輸入完後按下「Enter」鍵，儲存格內的日期就會自動變更爲「101年1月22日」。

| 報價日期 | 2012/1/22 | ⟶ | 報價日期 | ⟶ ● 101年1月22日 |

🍓 貨幣格式設定

　　在報價單範例中，單價、折扣前金額、折扣金額、稅金、總價等資料是屬於貨幣格式，所以要將相關的儲存格設定為貨幣格式。

01 選取「**E8:I18**」儲存格，點選「**常用→數值**」群組，按下「　」群組選項鈕，開啟「儲存格格式」對話方塊。

02 點選「**數值**」標籤，於類別選單中選擇「**貨幣**」，將小數位數設為「**0**」，再將符號設定為「**$**」，再選擇「**-$1,234**」為負數表示方式，選擇好後按下「**確定**」按鈕，即可完成貨幣格式的設定。

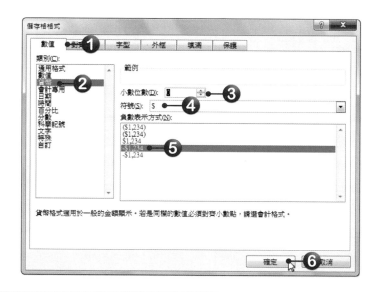

> 要開啟「儲存格格式」對話方塊時，也可以直接按下「**Ctrl+1**」快速鍵。

03 完成設定後，當於儲存格輸入數字時，該數字會自動加入「$」符號。

👑 圖片的使用

　　Excel提供了美工圖案與圖片功能，讓我們在編輯活頁簿時，可以將美工圖案或圖片插入至工作表中，達到圖文整合的效果。

🍓 插入圖片

　　在報價單範例中，要於公司名稱前插入一張公司的LOGO圖。

01 點選「**插入→圖例→圖片**」指令按鈕。

02 開啟「**插入圖片**」對話方塊，請選擇「**Example02→logo.bmp**」檔案，選擇好後按下「**插入**」按鈕。

03 回到工作表後，工作表中就會多了一張圖片。

圖片插入時，會插入於作用儲存格的位置上。

調整圖片位置及大小

當點選圖片時，圖片會出現八個控制點，利用這八個控制點即可進行圖片大小的調整，但在調整圖片時，建議使用右上、右下、左上、左下等四個控制點來調整，因為這四個控制點可以等比例調整圖片。

01 選取圖片，將滑鼠游標移至圖片右下角的控制點上，按著滑鼠左鍵不放並拖曳滑鼠，將圖片加大。

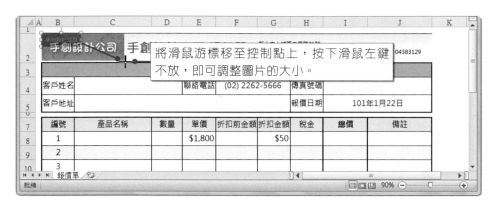

02 將滑鼠游標移至圖片上，按下滑鼠左鍵不放，並拖曳滑鼠，即可調整圖片的位置。

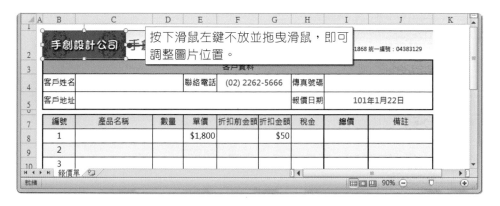

除了手動調整圖片大小外，還可以在圖片工具模式下調整圖片大小。當點選圖片後會進入「**圖片工具**」模式，在「**格式→大小**」群組中，即可指定圖片的寬度與高度。

圖片樣式設定

在「**圖片樣式**」群組中提供了許多預設好的樣式，利用這些樣式就可以將圖片做許多不同的變化。

01 點選圖片，再點選「**圖片工具→格式→圖片樣式→其他**」選單鈕，於選單中選擇要使用的樣式，選擇時可以即時預覽套用的結果。

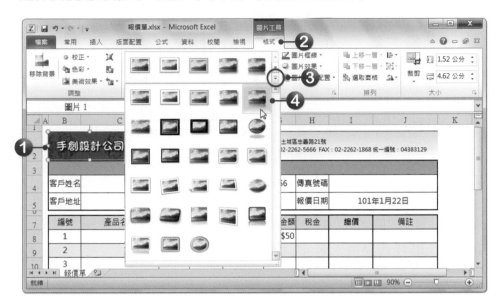

02 選定要套用的圖片樣式後，在該樣式上按下滑鼠左鍵，被選取的圖片就會套用該樣式。

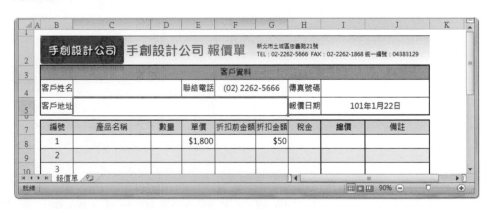

> 當圖片進行了大小的調整、亮度的調整、色彩的調整等，若想要讓圖片回到最初的設定時，可以按下「**圖片工具→格式→調整→重設圖片**」按鈕，讓圖片回到最原始的狀態。

👑 建立公式

　　Excel的公式跟一般數學方程式一樣,也是由「=」建立而成。Excel的公式是這麼解釋的:等號左邊的值,是存放計算結果的儲存格;等號右邊的算式,是實際計算的公式。建立公式時,會選取一個儲存格,然後從「=」開始輸入。只要在儲存格中輸入「=」,Excel就知道這是一個公式。

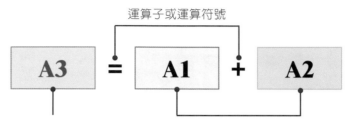

運算子或運算符號

運算元:顯示運算結果的儲存格位置　　運算元:以A1及A2儲存格中的值進行運算

🍓 認識運算符號

　　Excel最重要的功能,就是利用公式進行計算,而計算時就跟平常的計算公式非常類似,在進行運算前先來認識各種運算符號。

算術運算符號

　　算術運算符號的使用與平常所使用的運算符號是一樣的,像是加、減、乘、除等,例如:輸入「=(5-3)^6」,會先計算括號內的5減3,然後再計算2的6次方,常見的算術運算符號如下表所列。

+	-	*	/	%	^
加	減	乘	除	百分比	乘冪
6+3	5-2	6*8	9/3	15%	5^3
6加3	5減2	6乘以8	9除以3	百分之15	5的3次方

比較運算符號

　　比較運算符號主要是用來做邏輯判斷,例如:「10>9」是真的(True);「8=7」是假的(False)。通常比較運算符號會與IF函數搭配使用,根據判斷結果做選擇,下表所列為各種比較運算符號。

等於	大於	小於	大於等於	小於等於	不等於
=	>	<	>=	<=	<>
A1=B2	A1>B2	A1<B2	A1>=B2	A1<=B2	A1<>B2

文字運算符號

使用文字運算符號，可以連結兩個值，產生一個連續的文字，而文字運算符號是以「&」為代表。例如：輸入「="台北市"&"中山區"」，會得到「台北市中山區」結果；輸入「=123&456」會得到「123456」結果。

參照運算符號

Excel所使用的參照運算符號如下表所列。

符號	說明	範例
:(冒號)	**範圍**：兩個儲存格間的所有儲存格，例如：「B2:C4」就表示從B2到C4的儲存格，也就是包含了B2、B3、B4、C2、C3、C4等儲存格。	B2:C4
,(逗號)	**聯集**：多個儲存格範圍的集合，就好像不連續選取了多個儲存格範圍一樣。	B2:C4,D3:C5,A2,G:G
空格(空白鍵)	**交集**：擷取多個儲存格範圍交集的部分。	B1:B4 A3:C3

運算順序

以上所介紹的各種運算符號，在運算時，是有先後順序的，順序為：**參照運算符號＞算術運算符號＞文字運算符號＞比較運算符號**。而運算符號只有在公式中才會發生作用，如果直接在儲存格中輸入，則會被視為普通的文字資料。

1	2	3	4	5	6	7	8	9	10	11	12	13	14	15
:	空格	,	-	%	^	*/	+-	&	=	<	>	<=	>=	<>

加入公式

在報價單範例中，分別要在折扣前金額、稅金、總價等儲存格加入公式，公式加入後，只要輸入「數量」與「單價」，即可計算出「折扣前金額」；再輸入「折扣金額」，即可計算出「稅金」，最後就可以知道該產品的「總價」。而這幾個儲存格的計算公式如下所示：

✦ 折扣前金額(F8) = 數量(D8)×單價(E8)

✦ 稅金(H8) = 0.05×(折扣前金額(F8)−折扣金額(G8))

✦ 總價(I8) = 折扣前金額(F8)−折扣金額(G8)＋稅金(H8)

01 將滑鼠游標移至「**F8**」儲存格中，輸入「**=D8*E8**」公式。

02 輸入完後，按下「**Enter**」鍵，即可計算出折扣前金額。

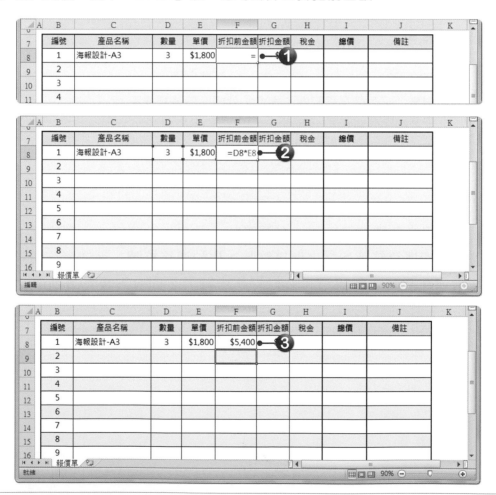

> 在儲存格輸入公式時，會發現運算元與儲存格的框線會使用相同的色彩來顯示，主要是讓我們能清楚辨識他們的對應關係。

03 接著於「H8」儲存格中輸入「＝0.05*(F8-G8)」公式，輸入完後按下「Enter」鍵，即可計算出稅金。

04 接著於「I8」儲存格中輸入「＝F8-G8＋H8」公式，輸入完後按下「Enter」鍵，即可計算出總價。

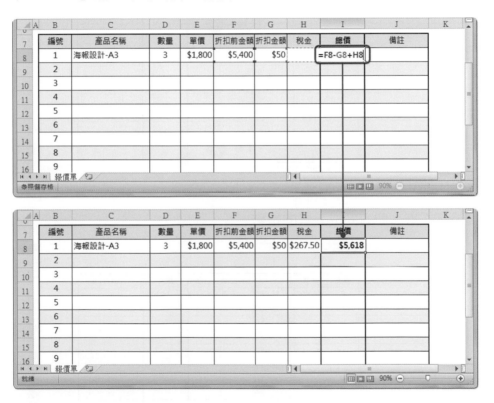

在建立公式時，為了避免儲存格位址的輸入錯誤，也可以在輸入「＝」後，再用滑鼠去點選儲存格，點選後，在「＝」後就會自動顯示被點選的儲存格位址。例如：要建立「＝D8*E8」公式時，先輸入「＝」，再用滑鼠去點選「D8」儲存格，點選好後，再輸入「*」符號，輸入完後，再用滑鼠去點選「E8」儲存格，即可完成公式的建立。

複製公式

在一個儲存格中建立了公式後，可以將公式直接複製到其他儲存格使用，而複製公式時可以使用以下二種方式：

使用填滿控點

將滑鼠游標移至填滿控點，並拖曳填滿控點到其他儲存格中，即可完成公式的複製，在複製的過程中，公式會自動調整參照位置。

01 將滑鼠游標移至「**F8**」儲存格的填滿控點，並拖曳填滿控點到「**F17**」儲存格。

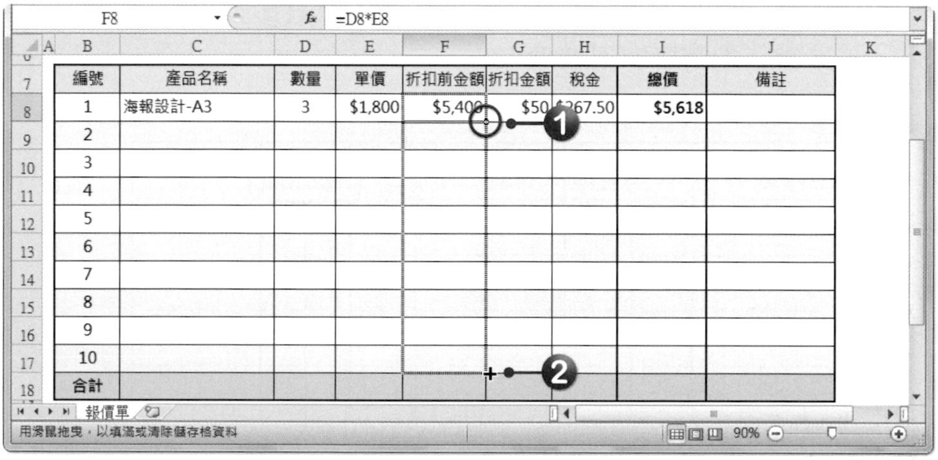

02 放掉滑鼠左鍵，即可完成公式的複製。

03 完成公式複製後，會發現原先所設定的格式也被複製掉了，所以這裡請點選自動填滿標籤，於選單中選擇「**填滿但不填入格式**」。

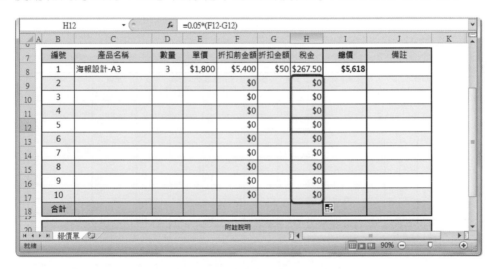

04 選擇後，儲存格就只會複製公式，而不會將格式也複製。

05 使用相同方法將「**H8**」儲存格中的公式複製到「**H9:H17**」儲存格中。

編號	產品名稱	數量	單價	折扣前金額	折扣金額	稅金	總價	備註
1	海報設計-A3	3	$1,800	$5,400	$50	$267.50	$5,618	
2				$0		$0		
3				$0		$0		
4				$0		$0		
5				$0		$0		
6				$0		$0		
7				$0		$0		
8				$0		$0		
9				$0		$0		
10				$0		$0		
合計								

修改公式

若公式有錯誤，或儲存格位址變動時，就必須要進行修改公式的動作，而修改公式就跟修改儲存格的內容是一樣的，直接雙擊公式所在的儲存格，即可進行修改的動作。也可以在資料編輯列上按一下滑鼠左鍵，進行修改。

Excel會用不同顏色將公式使用到的儲存格標示出來，只要把有顏色的框框拖曳到其他儲存格，公式就會改用新的儲存格來計算。

選擇性貼上

01 點選「I8」儲存格，再按下「**常用→剪貼簿→複製**」指令按鈕。

02 再選取「I9:I17」儲存格，再按下「**常用→剪貼簿→貼上**」指令按鈕，於選單中選擇「 f_x 」公式選項，即可將公式複製到被選取的儲存格中。

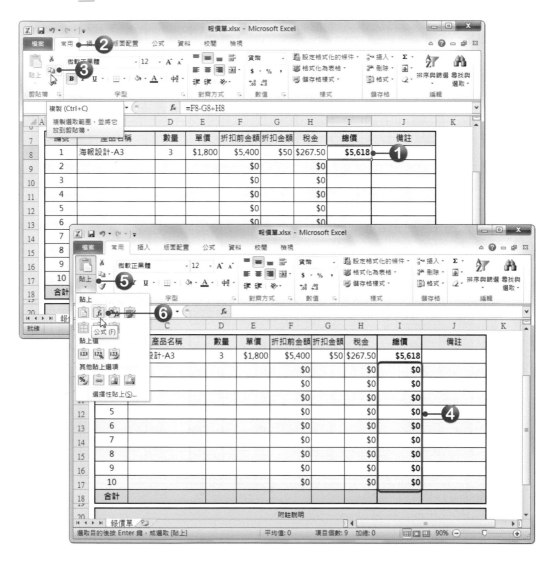

貼上智慧標籤的使用

複製公式時，也可以直接使用「Ctrl+C」複製快速鍵及「Ctrl+V」貼上快速鍵，在進行「貼上」的動作時，在文字下方都會出現「🖺(Ctrl)▼」圖示，這個圖示就是貼上功能的智慧標籤。它可是有著大大的用途，將滑鼠游標移至該圖示上後，按下「🖺(Ctrl)▼」選單鈕，或「Ctrl」鍵，即可開啟選單表，在選單中便可選擇要貼上的方式。

知識補充 認識儲存格參照

使用公式時，會填入儲存格位址，而不是直接輸入儲存格的資料，這種方式叫作「**參照**」。公式會根據儲存格位址，找出儲存格的資料，來進行計算。為什麼要使用「參照」？如果在公式中輸入的是儲存格資料，則運算結果是固定的，不能靈活變動。使用「參照」就不同了，當參照儲存格的資料有變動時，公式會立即運算產生新的結果，這就是電子試算表的重要功能—「自動重新計算」。

● 相對參照

在公式中參照儲存格位址，可以進一步稱為「**相對參照**」，因為Excel用相對的觀點來詮釋公式中的儲存格位址的參照。

將「=B2-C2+D2」公式複製到E3儲存格時，會得到不同的結果，這是因為公式中使用了「相對參照」，所以公式會自動調整參照的儲存格位址。

E2	=B2-C2+D2
E3	=B3-C3+D3
E4	=B4-C4+D4

有了相對參照，即使是同一個公式，位於不同的儲存格，也會得到不同的結果。我們只要建立一個公式後，再將公式複製到其他儲存格，則其他的儲存格都會根據相對位置調整儲存格參照，計算各自的結果，而相對參照的主要好處就是：重複使用公式。

● 絕對參照

雖然相對參照有助於處理大量資料，可是偏偏有時候必須指定一個固定的儲存格，這時就要使用「絕對參照」。只要**在儲存格位址前面加上「$」，公式就不會根據相對位置調整參照**，這種加上「$」的儲存格位址，例如：$F$2，就稱作「**絕對參照**」。

絕對參照可以只固定欄或只固定列，沒有固定的部分，仍然會依據相對位置調整參照，例如：B2儲存格的公式為「**=B$1*$A2**」，公式移動到C2儲存格時，會變成「**=C$1*$A2**」；如果移到儲存格B3時，公式會變為「**=B$1*$A3**」。

	A	B	C
1		100	120
2	15	1500	1800
3	20	2000	2400

公式中絕對參照的部分是不會改變的。

| B2 | =B$1*$A2 | C2 | =C$1*$A2 |
| B3 | =B$1*$A3 | C3 | =C$1*$A3 |

● 相對參照與絕對參照的轉換

當儲存格要設定為絕對參照時，要先在儲存格位址前輸入「$」符號，這樣的輸入動作或許有些麻煩，現在告訴你一個將位址轉換為絕對參照的小技巧，在資料編輯列上選取要轉換的儲存格位址，選取好後再按下鍵盤上的「F4」鍵，即可將選取的位址轉換為絕對參照。

● 立體參照位址

是指參照到其他活頁簿或工作表中的儲存格位址，例如：活頁簿1要參照到活頁簿2中的工作表1的B1儲存格，則公式會顯示為：**=[活頁簿2.xlsx]工作表1!B1**。

👑 函數的使用

函數是Excel事先定義好的公式,專門處理龐大的資料,或複雜的計算過程。函數跟公式一樣,由「=」開始輸入。

🍓 認識函數

使用函數可以不需要輸入冗長或複雜的計算公式,例如:當要計算A1到A10的總和時,若使用公式的話,必須輸入「=A1+A2+A3+A4+A5+A6+A7+A8+A9+A10」,若使用函數的話,只要輸入「=SUM(A1:A10)」即可將結果運算出來。

了解了函數的用途後,來看看函數語法的意義。函數名稱後面有一組括弧,括弧中間放的是「引數」,也就是函數要處理的資料,而不同的引數,要用「, (逗號)」隔開。

$$=SUM(A1:A10,B5,C3:C16)$$

| 函數名稱 | 引數 | 引數 | 引數 |

函數中的引數,可以使用數值、儲存格參照、文字、名稱、邏輯值、公式、函數,如果使用文字當引數,文字的前後必須加上「"」符號。**函數中可以使用多個引數,最多可以用到255個**(Excel 2003只能用到30個)。

函數裡又包著函數,例如:=SUM(B2:F7,SUM(B2:F7)),稱作「巢狀函數」,而**巢狀函數最多可達64層**(Excel 2003只能使用到7層)。

🍓 「加總」函數的使用

自動加總功能是Excel預先定義好的加總函數,利用該函數可以快速地計算出結果。這裡要利用加總計算出折扣前金額、折扣金額、稅金、總價等合計金額。

01 點選「F18」儲存格,再按下「**公式→函數程式庫→自動加總**」或「**常用→編輯→自動加總**」指令按鈕,於選單中選擇「**加總**」。

02 此時Excel會自動產生「**=SUM(F8:F17)**」函數和閃動的虛框,表示會計算虛框內的總和。

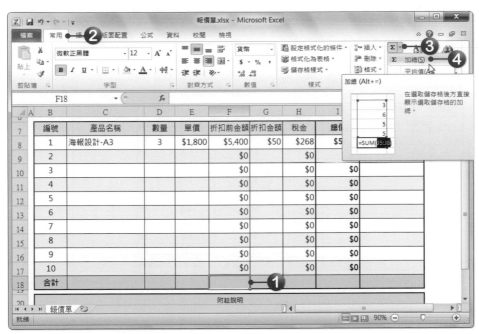

在使用「自動加總」函數時，Excel會根據所選取的儲存格，自動往上、往下、往左、往右搜尋加總的範圍，利用這種特性，可以快速得到各個項目的總和。

若發現Excel所判斷的範圍並不是正確範圍時，可以直接用滑鼠去選取範圍，選取後，在函數中的範圍就會自動顯示被選取的範圍。

要計算加總時，也可以直接按下「Alt+=」快速鍵。

03 確定範圍沒有問題後，按下「Enter」鍵，即可計算出總和。

04 最後將「H18、G18、I18」儲存格也加入「加總」函數。

編號	產品名稱	數量	單價	折扣前金額	折扣金額	稅金	總價	備註
1	海報設計-A3	3	$1,800	$5,400	$50	$268	$5,618	
2				$0		$0	$0	
3				$0		$0	$0	
4				$0		$0	$0	
5				$0		$0	$0	
6				$0		$0	$0	
7				$0		$0	$0	
8				$0		$0	$0	
9				$0		$0	$0	
10				$0		$0	$0	
合計				$5,400	$50	$268	$5,618	

附註說明

👑 註解的使用

「註解」不是儲存格的內容，它只是儲存格的輔助說明，只有當游標移到儲存格上時，註解才會出現。在此範例中要於F4、I4、I5、I7等儲存格加入註解，讓輸入資料的人能更快掌握輸入技巧。

01 點選「F4」儲存格，再點選「**校閱→註解→新增註解**」指令按鈕。

02 新增後，即可在黃色區域中輸入註解的內容。輸入完後，在工作表上任一位置按下滑鼠左鍵，即可完成註解的建立。

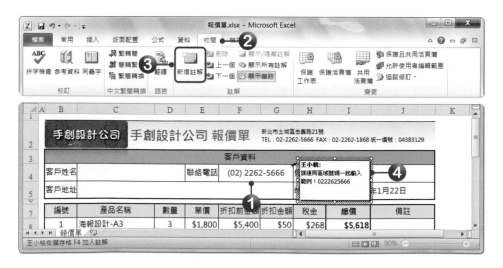

03 含有註解的儲存格，右上角會有個紅色的小三角形，將滑鼠游標移至該儲存格上，就會自動顯示剛剛所建立的註解。

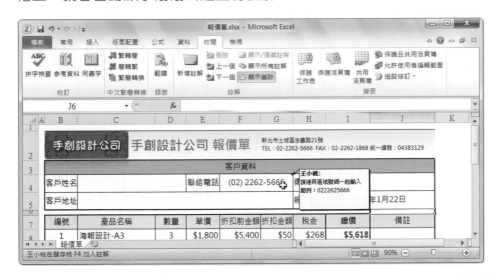

> 註解可以幫助了解儲存格的實質內容，尤其是用公式產生的資料，由於公式只是一堆運算符號和參照的組合，並不能看出實質的意義，透過註解可以明白儲存格真正的意涵。

04 接著再利用相同方式將「I4、I5、I7」等儲存格也加入註解，註解都加入後，可以按下「**校閱→註解→顯示所有註解**」指令按鈕，查看所有的註解。

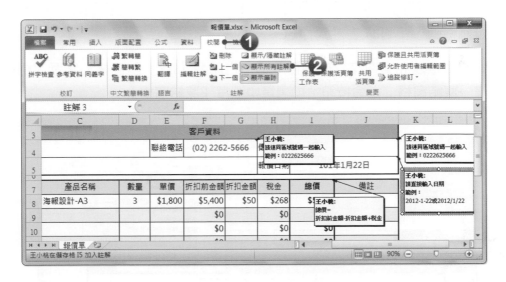

> 要在儲存格中加入「註解」時，也可以直接按下「Shift+F2」快速鍵，即可在儲存格中新增註解；若該儲存格已有註解時，按下「Shift+F2」快速鍵，則可以編輯該註解內的文字。

05 若要修改註解內容時，點選「**校閱→註解→編輯註解**」指令按鈕，即可修改註解內容；若按下「**刪除**」指令按鈕，則可以清除該儲存格的註解，而此時儲存格上的紅色小三角形也會消失。

👑 設定凍結窗格

　　資料量過多時，還會遇到另一個問題：當移動捲軸檢視下方的資料時，會看不到最上面的標題。此時利用「**凍結窗格**」功能，可以把標題凍結住，則不管捲軸如何移動，都可以看得到標題。

01 首先選取標題和資料交界處的儲存格，也就是「B8」儲存格。點選「**檢視→視窗→凍結窗格**」指令按鈕，於選單中選擇「**凍結窗格**」。

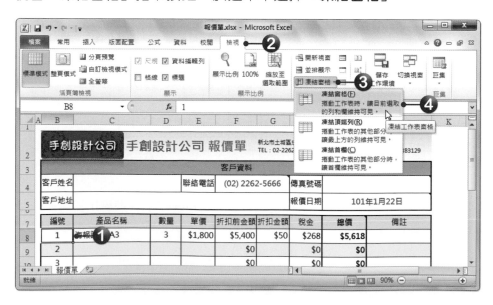

02 完成凍結窗格的設定後，乍看之下好像沒什麼不一樣，但在選取的儲存格上方和左方就會出現凍結線，你可以捲動縱向捲軸，會發現上方的標題列固定在頂端不動，我們捲動的只是下方的資料列而已。

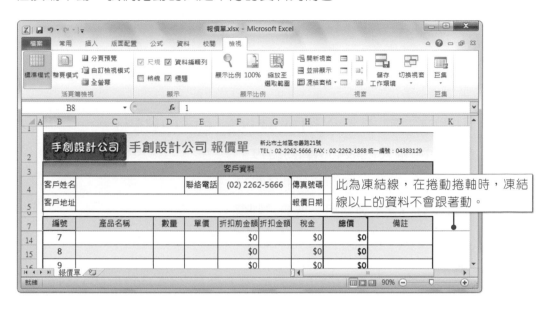

到這裡，整個報價單的製作就算完成，你可以試著於報價單中輸入幾筆資料，看看製作的結果如何。

編號	產品名稱	數量	單價	折扣前金額	折扣金額	稅金	總價	備註
1	海報設計-A3	3	$1,800	$5,400	$50	$268	$5,618	
2	書籍排版費	512	$80	$40,960	$0	$2,048	$43,008	
3				$0		$0	$0	
4				$0		$0	$0	
5				$0		$0	$0	
6				$0		$0	$0	
7				$0		$0	$0	
8				$0		$0	$0	
9				$0		$0	$0	
10				$0		$0	$0	
合計				$46,360	$50	$2,316	$48,626	

自我評量

🐾 是非題

( ) 1. 要在儲存格中加入註解文字時，可執行「插入→註解→新增註解」指令按鈕。

( ) 2. 「B2:C4」指的是：B2、B3、B4、C2、C3、C4儲存格。

( ) 3. 在Excel中輸入123&456會等於579。

( ) 4. 在Excel中「5*3<-10」的結果是假的。

( ) 5. 算術運算符號主要是用來做邏輯判斷。

🐾 選擇題

( ) 1. 要計算3的16次方的話，運算式要怎麼寫？(A)3*16 (B)3$16 (C)3^16 (D)3#16。

( ) 2. 下列哪一個可以取得儲存格範圍交集的部分？(A) : (冒號) (B) , (逗號) (C) ; (分號) (D)空格(空白鍵)。

( ) 3. 下列何種不是Excel的運算符號類型之一？(A)算術 (B)邏輯 (C)比較 (D)文字。

( ) 4. 下列哪個運算符號可以連結兩個值，產生新的文字？(A)% (B)# (C)$ (D)&。

( ) 5. 下列哪個說法不正確？(A)「A1」是相對參照 (B)「$A$1」是絕對參照 (C)「$A6」只有欄採相對參照 (D)「A$1」只有列採絕對參照。

( ) 6. 下列哪個運算符號的優先順序為第一？(A)算術運算符號 (B)文字運算符號 (C)參照運算符號 (D)比較運算符號。

🐾 實作題

1. 開啟「Example02→成本計算.xlsx」檔案，進行以下設定。

　✦ 計算出總成本、實際售價、促銷單價、銷售總額、獲得的利潤等。

　✦ 這裡所用到的折扣和成數，都必須先乘以10再加上%，因為7折=70%、2成 =20%。

　✦ 將D4到D8儲存格格式設定為貨幣格式，並加上二位小數，對齊方式為靠右對齊。

	A	B	C	D	E
1	定價（元）	進貨量（單位）	進貨折扣（折）	實際銷售加成（成）	促銷折扣（折）
2	450	2000	7	2	9
3					
4	1.請計算進貨總成本			定價*進貨量*進貨折扣	
5	2.請計算商品實際銷售時的單價（尚未促銷）			定價*進貨折扣*(1+實際銷售加成)	
6	3.請計算商品促銷時的單價			實際售價*促銷折扣	
7	4.請計算商品全部賣光所能獲得的金額（促銷價）			促銷單價*進貨量	
8	5.請計算商品全部銷售完畢時可以獲得的利潤			銷售總額*總成本	

2. 開啟「Example02→書籍明細.xlsx」檔案，進行以下設定。

✦ 將第1、2列及A、B欄凍結。

✦ 於封面儲存格中分別插入「Example02→書籍圖片」資料夾內的封面圖片，並將圖片調整至適當大小。

✦ 將圖片套用「浮凸矩形」圖片樣式。

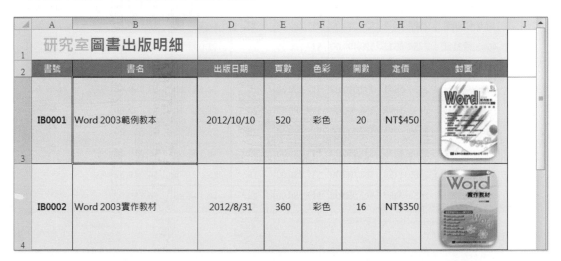

提示：先將第1張圖片的大小調整好，並套用圖片樣式，再複製該圖片至其他儲存格中，並利用「格式→調整→變更圖片」指令按鈕，更換圖片，即可快速地完成圖片設定的工作。

3. 開啟「Example02→國民年金.xlsx」檔案，進行以下設定。

✦ 將出生年月日欄位資料格式修改為日期格式中的「90年3月14日」。

✦ 將聯絡電話欄位資料格式修改為特殊格式中的「一般電話號碼(8位數)」。

✦ 將薪資、月投保金額、A式、B式等欄位的資料格式修改為「貨幣」，並加上二位小數點。

✦ 在A式欄位中加入「(月投保金額×保險年資×0.65%)+3,000元」公式。

✦ 在B式欄位中加入「月投保金額×保險年資×1.3%」公式。

✦ 在G3與H3儲存格加入公式說明的註解。

✦ 將第1、2、3列儲存格凍結。

	出生年月日	聯絡電話	薪資	月投保金額	保險年資	A式	B式
						試算結果	
46年1月22日	2507-1421	$32,000.00	$17,280.00	15	$4,684.80	$3,369.60
45年11月20日	2310-2954	$55,400.00	$17,280.00	20	$5,246.40	$4,492.80
34年4月5日	2577-4541	$25,200.00	$17,280.00	30	$6,369.60	$6,739.20
46年9月21日	2754-8512	$26,400.00	$17,280.00	18	$5,021.76	$4,043.52
40年3月6日	2654-1257	$31,800.00	$17,280.00	20	$5,246.40	$4,492.80
50年5月18日	2136-5841	$32,000.00	$17,280.00	15	$4,684.80	$3,369.60
55年8月21日	2431-5698	$36,300.00	$17,280.00	20	$5,246.40	$4,492.80
56年5月30日	2145-8754	$67,000.00	$17,280.00	25	$5,808.00	$5,616.00
56年8月7日	2365-1475	$31,000.00	$17,280.00	30	$6,369.60	$6,739.20
37年6月21日	2365-1754	$38,200.00	$17,280.00	18	$5,021.76	$4,043.52
50年2月12日	2658-7457	$42,000.00	$17,280.00	28	$6,144.96	$6,289.92

國民年金 - 老年年金給付 試算表

王小桃：
A式=(月投保金額×保險年資×0.65%)+3000元

工作表1 工作表2 工作表3

03 班級成績單製作

Example

* **學習目標**

    加總函數、平均函數、最大值、最小值、RANK.EQ、COUNT、COUNTIF等
    函數的使用、格式化條件設定、排序的使用。

* **範例檔案**

    Example03→班級成績單.xlsx

* **結果檔案**

    Example03→班級成績單-結果.xlsx

　　本範例是某班學生的各科成績，每個學生的成績都有了，但總分、個人平均、總名次等資料都還是空的，現在就利用Excel的計算功能及各種函數來完成這個成績單。本範例請開啟「**Example03→班級成績單.xlsx**」檔案，進行成績單的製作練習。

👑 以加總函數計算總分

　　總分的計算只要利用**「加總」**指令按鈕，即可快速地計算出來。

01 點選「**H2**」儲存格，再按下**「常用→編輯→自動加總」**指令按鈕，於選單中選擇**「加總」**。

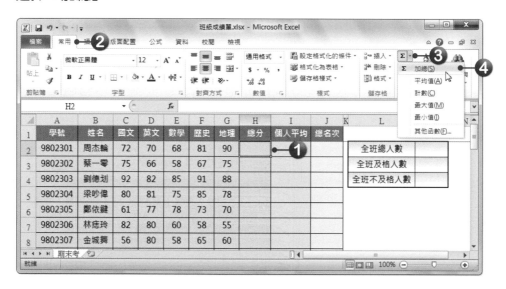

02 此時Excel會自動偵測，並框選出加總範圍「**C2:G2**」，正好是國文、英文、數學、歷史與地理的成績加總，範圍沒問題後，按下「**Enter**」鍵。

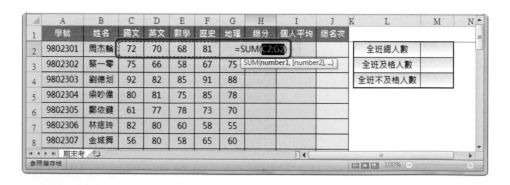

> 要計算加總時，也可以直接按下「Alt+=」快速鍵。

03 第1位學生的總分計算好後，將滑鼠游標移至「H2」儲存格的填滿控點，將公式複製到其他同學的總分欄位。

	A	B	C	D	E	F	G	H	I	J K
1	學號	姓名	國文	英文	數學	歷史	地理	總分	個人平均	總名次
26	9802325	張雪友	95	72	67	64	70	368		
27	9802326	伍越天	72	68	70	88	68	366		
28	9802327	王星凌	66	45	57	74	69	311		
29	9802328	趙 威	85	57	85	84	79	390		
30	9802329	林辛如	73	71	64	67	81	356		
31	9802330	徐弼瑄	81	85	70	75	90	401		
32	最高分數									

> 以拖曳填滿控點的方式複製公式至各列，各列公式中的相對位置也會跟著調整。

平均值: 365.0666667 項目個數: 30 加總: 10952 100%

👑 以平均函數計算個人平均

利用「AVERAGE」函數可以快速地計算出指定範圍內的平均值。

語法	AVERAGE(Number1,Number2,…)
說明	◆ Number1、Number2：為數值或是包含數值的名稱、陣列或參照位址，引數可以從1到255個。

01 點選「I2」儲存格，再按下「**常用→編輯→自動加總**」指令按鈕，於選單中選擇「**平均值**」。

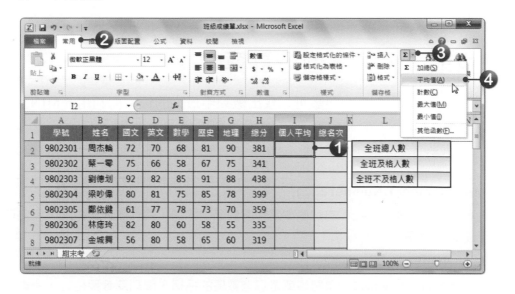

02 此時Excel會自動偵測,並框選出「C2:H2」範圍,但該範圍並不是正確的,所以要重新選取「**C2:G2**」範圍。

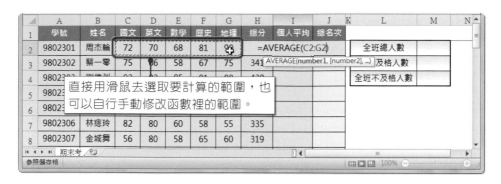

03 第1位學生的平均計算好後,將滑鼠游標移至「**I2**」儲存格的填滿控點,將公式複製到其他同學的個人平均欄位。

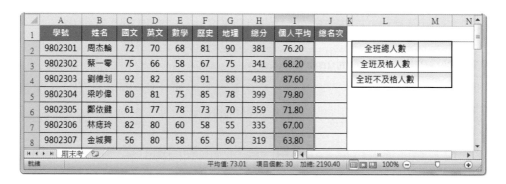

👑 各科最高分與最低分計算

在Excel中利用「MAX」函數可以找出數列中最大的值;而利用「MIN」函數則可以找出數列中最小的值,在此範例中要利用這二個函數,分別找出各科的最高分與最低分。

語法	MAX(Number1,Number2,…)
說明	◆ Number1、Number2:為數值或是包含數值的名稱、陣列或參照位址,引數可以從1到255個。
語法	MIN(Number1,Number2,…)
說明	◆ Number1、Number2:為數值或是包含數值的名稱、陣列或參照位址,引數可以從1到255個。

01 點選「**C32**」儲存格，再按下「**常用→編輯→自動加總**」指令按鈕，於選單中選擇「**最大值**」。

02 此時Excel會自動偵測，並框選出「C2:C31」範圍，該範圍並沒有問題，所以直接按下「Enter」鍵，即可找出國文的最高分數。

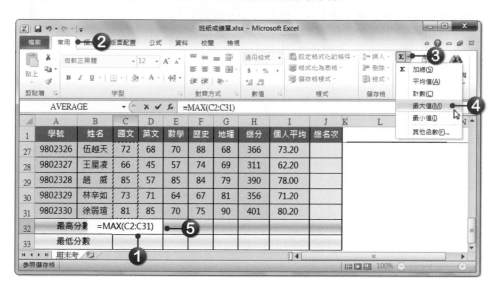

03 接著將滑鼠游標移至「**C32**」儲存格的填滿控點，並拖曳滑鼠，將公式複製到「**D32、E32、F32、G32**」儲存格中。

04 點選「**C33**」儲存格，再按下「**常用→編輯→自動加總**」指令按鈕，於選單中選擇「**最小值**」。

05 此時Excel會自動偵測，並框選出「C2:C32」範圍，但這範圍並不是正確的，所以要重新選取「**C2:C31**」範圍。

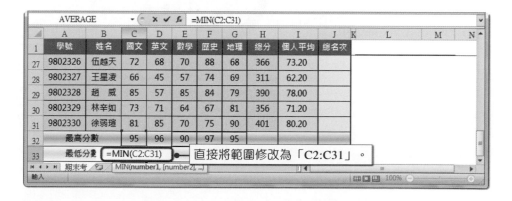

在重新選取範圍時，原範圍必須是在選取狀態，這樣當用滑鼠再重新選取不同範圍時，原先的範圍才會被取代掉。

06 接著將滑鼠游標移至「**C33**」儲存格的填滿控點，並拖曳滑鼠，將公式複製到「**D33、E33、F33、G33**」儲存格中。

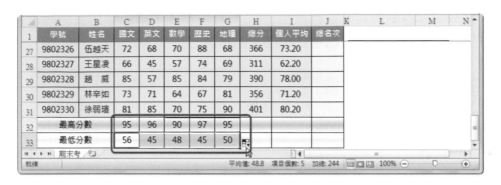

知識補充 自動計算功能

使用自動計算功能，可以在不建立公式或函數的情況下，快速得到運算結果。只要選取想要計算的儲存格範圍，即可在狀態列中得到計算的結果。

在預設下會顯示平均值、項目個數及加總，若在狀態列上按下滑鼠右鍵，還可以在選單中選擇想要出現於狀態列的資料。

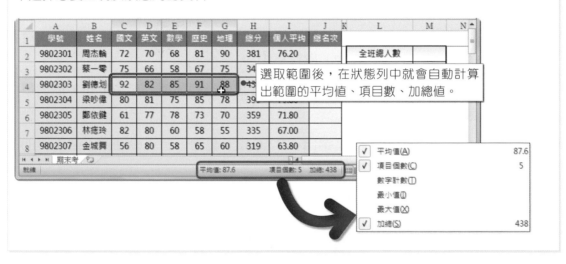

選取範圍後，在狀態列中就會自動計算出範圍的平均值、項目數、加總值。

👑 總名次的計算─RANK.EQ函數

利用「RANK.EQ」函數可以計算出某數字在數字清單中的等級。

語法	RANK.EQ(Number,Ref,Order)
說明	◆ Number：要排名的數值。 ◆ Ref：用來排名的參考範圍，是一個數值陣列或數值參照位址。 ◆ Order：指定的順序，若為0或省略不寫，則會從大到小排序Number的等級；若不是0，則會從小到大排序Number的等級。

01 點選「J2」儲存格，再按下「**公式→函數程式庫→插入函數**」指令按鈕，開啟「插入函數」對話方塊。

02 於類別中選擇「**統計**」函數，選擇好後，再於選取函數中點選「**RANK. EQ**」函數，選擇好後按下「**確定**」按鈕。

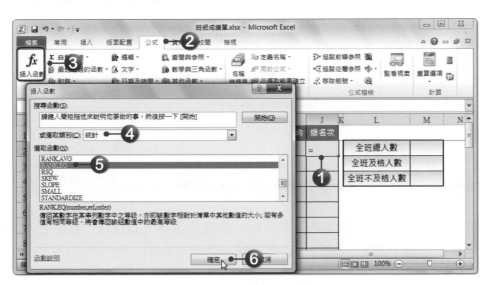

03 按下「**確定**」按鈕後，會開啟「函數引數」對話方塊，在第1個引數(Number)中按下「📷」按鈕。

04 按下「▦」按鈕後，會開啟公式色板，這裡請選擇「I2」儲存格，選擇好後再按下「▦」按鈕，回到「函數引數」對話方塊中。

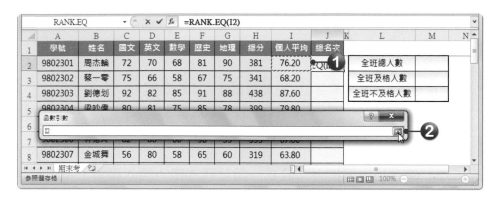

05 回到「函數引數」對話方塊後，在第2個引數(Ref)中按下「▦」按鈕，要選取用來排名的參考範圍。

06 按下「▦」按鈕後，會開啟公式色板，這裡請選擇「I2:I31」儲存格，選擇好後再按下「▦」按鈕，回到「函數引數」對話方塊中。

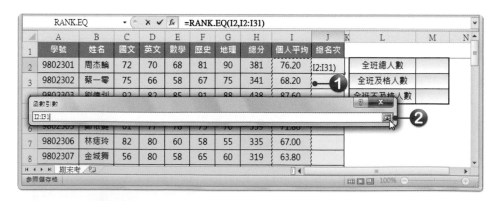

> 當儲存格要設定為絕對參照時，先選取要轉換的位址，再按下鍵盤上的「F4」鍵，即可將選取的位址轉換為絕對參照。

07 在此範例中，因為要比較的範圍不會變，所以要將「I2:I31」設定為絕對位址「$I$2:$I$31」，這樣在複製公式時，才不會有問題。要修改時可以直接於欄位中進行修改，修改好後按下「**確定**」按鈕。

08 回到工作表後，該名學生的名次就計算出來了，接下來再將該公式複製到其他儲存格中即可。

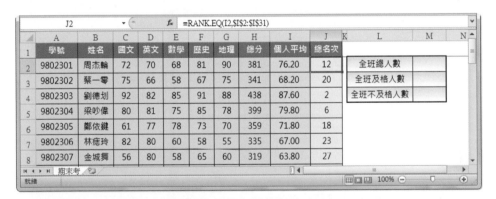

要在儲存格插入函數時，也可以直接按下資料編輯列上的「fx」按鈕，或是直接按下「Shift+F3」快速鍵，即可開啟「插入函數」對話方塊。

知識補充 RANK

在Excel 2007之前的版本，若要計算排名時，是使用「RANK」函數，在Excel 2010中也還是可以使用「RANK」函數，其作用與「RANK.EQ」相同。

RANK函數可用來進行數值的自動排序，其中又可分為RANK.AVG與RANK.EQ兩種計算平均的函數，兩者的差別在於當遇到有多個相同數值時，RANK.AVG函數會傳回該相同數值排序的平均值，而RANK.EQ函數則會傳回該數值的排序最高值。

👑 全班總人數計算—COUNT函數

利用COUNT函數可以在一個範圍內，計算包含數值資料的儲存格數目。

語法	COUNT(Value1,Value2,...)
說明	◆ Value1、Value2：為數值範圍，可以是1個到255個，範圍中若含有或參照到各種不同類型資料時，是不會進行計數的。

01 點選「**M2**」儲存格，再按下「**公式→函數程式庫→插入函數**」指令按鈕，開啟「插入函數」對話方塊。

02 於類別中選擇「**統計**」函數，選擇好後，再於選取函數中點選「**COUNT**」函數，選擇好後按下「**確定**」按鈕。

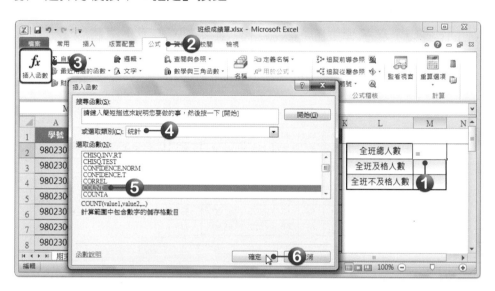

03 開啟「函數引數」對話方塊，在第1個引數(Value1)中按下「▣」按鈕，開啟公式色板，請選擇「**A2:A31**」儲存格，選擇好後按下「▣」按鈕。

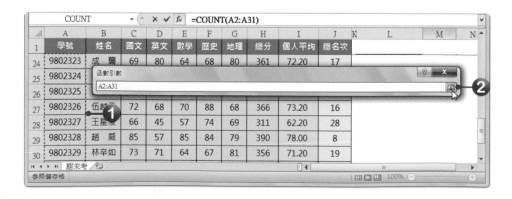

04 範圍設定好後，直接按下「**確定**」按鈕，即可完成COUNT函數的設定。

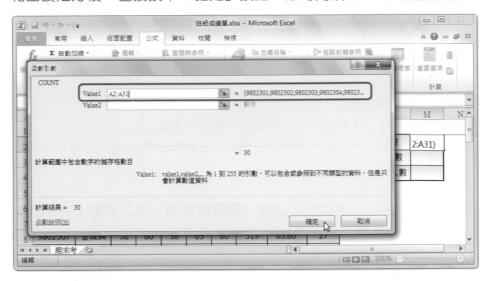

> COUNT函數只能計算數值資料的個數，不能用來計算包含文字資料的儲存格個數。在此範例中，使用「學號」欄位當作引數，因為學號欄位內的資料是數值；如果使用姓名欄位當引數的話，那麼得到的結果會是0，因為範圍內沒有數值資料。

05 回到工作表後，全班總人數就計算出來了，共有30人。

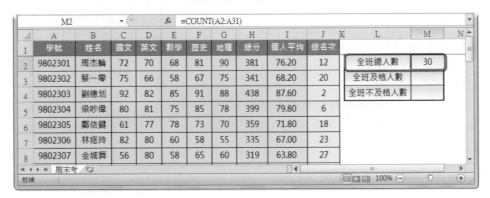

> 要插入「COUNT」函數時，也可以直接按下「**公式→函數程式庫→其他函數**」按鈕，於選單中點選「**統計→COUNT**」函數。

👑 及格與不及格人數計算─COUNTIF函數

如果只想計算符合條件的儲存格個數，例如：特定的文字、或是一段比較運算式，就可以使用「COUNTIF」函數。

語法	COUNTIF(Range,Criteria)
說明	◆ Range：比較條件的範圍，可以是數字、陣列或參照。 ◆ Criteria：是用以決定要將哪些儲存格列入計算的條件，可以是數字、表示式、儲存格參照或文字。

01 點選「**M3**」儲存格，再按下「**公式→函數程式庫→插入函數**」指令按鈕，開啓「插入函數」對話方塊。於類別中選擇「**統計**」函數，再於選取函數中選取「**COUNTIF**」函數，選擇好後按下「**確定**」按鈕。

> 要插入「COUNTIF」函數時，也可以直接按下「**公式→函數程式庫→其他函數**」按鈕，於選單中點選「**統計→COUNTIF**」函數。

02 開啓「函數引數」對話方塊，在第1個引數(Range)中按下「▦」按鈕，開啓公式色板，請選擇「**I2:I31**」儲存格，選擇好後按下「▦」按鈕。

03 範圍設定好後，接著在「Criteria」引數欄位中輸入「＞＝60」條件，輸入好後按下「**確定**」按鈕，即可完成COUNTIF函數的設定。

04 回到工作表後，在「I2:I31」範圍內，平均大於等於60分都會被計算到及格人數中，結果及格人數共有28人。

COUNTIF函數可計算各種的儲存格，包括文字，這點跟COUNT函數不一樣。在COUNTIF函數中，輸入條件時，如果不是數值，Excel會自動在前後加上「"」雙引號。

---

05 及格人數統計好之後，將公式複製到「M4」儲存格，並將條件修改為「<60」，即可計算出不及格人數。

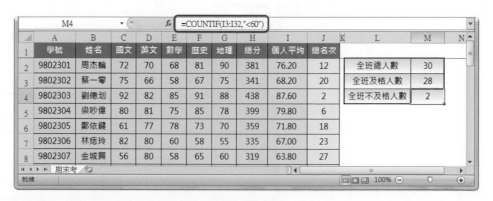

👑 設定格式化的條件

　　Excel可以根據一些簡單的判斷，自動改變儲存格的格式，這功能稱作「**設定格式化的條件**」，在範例中要使用該功能，將各科成績中不及格的分數突顯出來。

🍓 只格式化包含下列的儲存格

　　這裡要將國文、英文、數學、歷史、地理等分數不及格的儲存格用其他填滿色彩及紅色文字來表示。

01 選取「**C2:G31**」儲存格，點選「**常用→樣式→設定格式化的條件**」指令按鈕，於選單中選擇「**新增規則**」，開啟「新增格式化規則」對話方塊。

02 在「選取規則類型」中選擇「**只格式化包含下列的儲存格**」選項，選擇好，將條件設定為「**儲存格內的值小於60時**」。按下第1個欄位的選單鈕，選擇「**儲存格值**」；按下第2個欄位的選單鈕，選擇「**小於**」；在第3個欄位中直接輸入「**60**」。

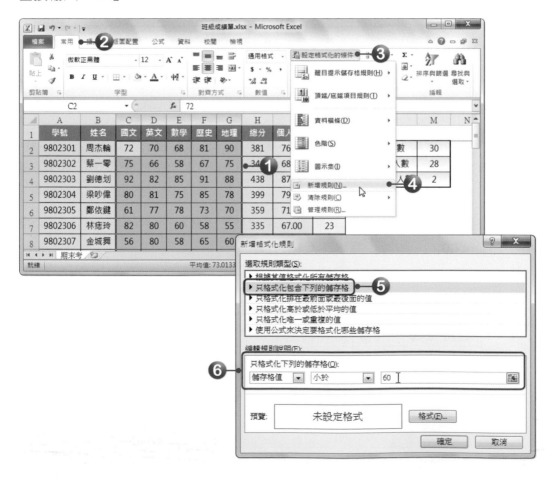

03 條件都設定好了以後，按下「**格式**」按鈕，開始進行格式的設定。先點
選「**字型**」標籤，將字型格式設定為：粗體、紅色。

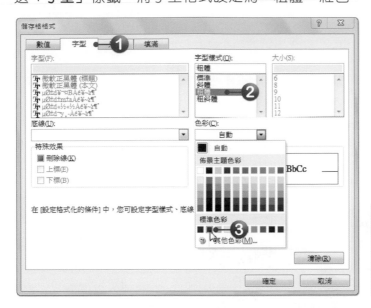

> 在自訂格式時，可以針
> 對儲存格的數值、字
> 型、外框、填滿等來做
> 變化。

04 點選「**填滿**」標籤，選擇填滿色彩，設定好後按下「**確定**」按鈕，回到「新
增格式化規則」對話方塊。

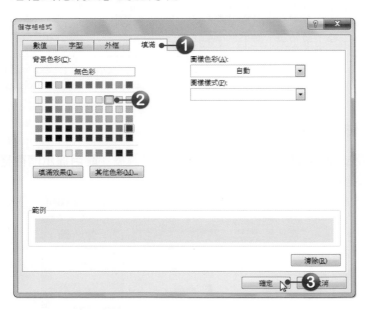

05 規則都設定好後,最後按下「**確定**」按鈕,回到工作表後,被選取區域內的分數若小於60分,就會以不同填滿色彩及紅色文字顯示。

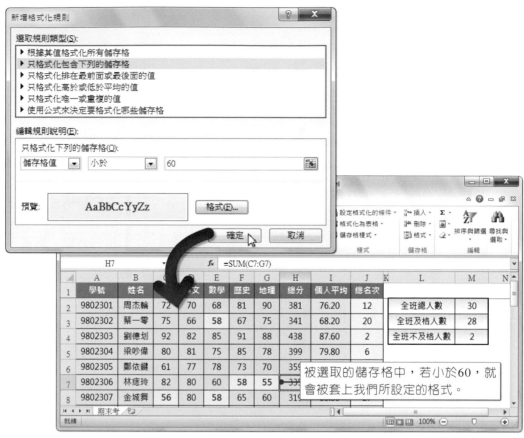

被選取的儲存格中,若小於60,就會被套上我們所設定的格式。

知識補充 醒目提示儲存格規則

點選「**常用→樣式→設定格式化的條件**」指令按鈕,於選單中選擇「**醒目提示儲存格規則**」,這裡提供了許多預設好的規則,可以直接選擇使用。

頂端/底端項目規則

　　使用規則時，除了自訂規則外，也可以直接使用預設好的規則，快速地套用到資料中。在範例中可以將總分的部分利用「高於平均」的規則，將儲存格套用不一樣的格式，也就是只要總分高於全班平均總分時，該儲存格就套用不同的格式。

01 選取「**H2:H31**」儲存格，點選「**常用→樣式→設定格式化的條件**」指令按鈕，於選單中選擇「**頂端/底端項目規則**」，開啟「高於平均」對話方塊。

02 進入「高於平均」對話方塊後，工作表中只要總分高於平均總分的儲存格都會套用不同的格式。按下選單鈕，即可選擇要使用的格式，選擇好後按下「**確定**」按鈕，即可完成設定。

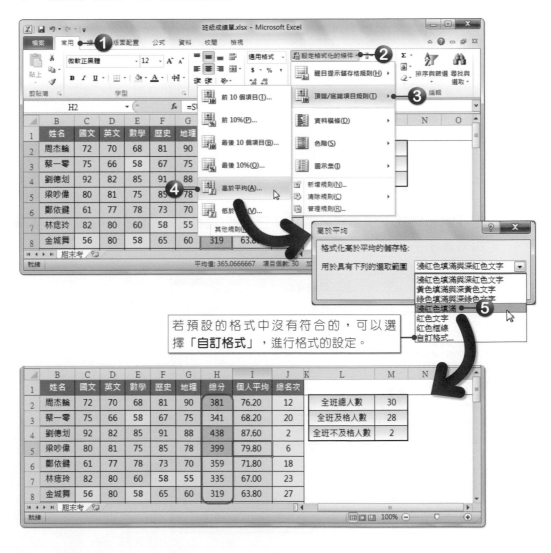

若預設的格式中沒有符合的，可以選擇「**自訂格式**」，進行格式的設定。

用圖示集規則標示個人平均

在圖示集中提供了許多不同的圖示，可以更清楚的表達儲存格內的資料，這裡要用圖示集來表達學生個人平均的優劣。

01 選取「I2:I31」儲存格，點選「**常用→樣式→設定格式化的條件**」指令按鈕，於選單中選擇「**新增規則**」，開啟「**新增格式化規則**」對話方塊。

02 於選取規則類型中選擇「**根據其值格式化所有儲存格**」，選擇好後，按下「**格式樣式**」選單鈕，選擇「**圖示集**」。

03 按下「**圖示樣式**」選單鈕，選擇「**三符號(圓框)**」，選擇好後即可根據條件設定每個圖示的規則，設定好後，按下「**確定**」按鈕。

若將此選項勾選，則會隱藏儲存格中的數值，只顯示圖示。

04 回到工作表後，個人平均就會根據條件套上不同的圖示，利用該圖示即可馬上判斷出每位學生的成績好壞。

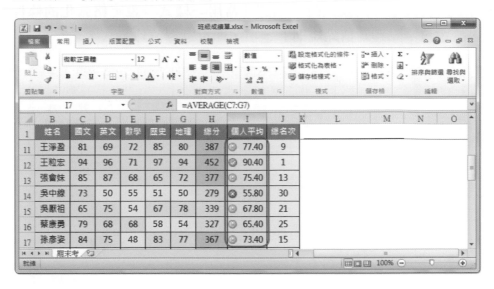

知識補充 設定多種格式化條件

在Excel中的格式化條件，是可以同時使用的，可以在同一儲存格範圍中設定資料橫條、色階、圖示集等規則，設定時先設定完一種後，再設定另一種，即可讓二種格式化都呈現在儲存格中。在Excel 2010中，設定格式化的條件最多可以包含64個條件。

清除規則

要清除所有設定好的規則時，點選「**常用→樣式→設定格式化的條件**」指令按鈕，於選單中點選「**清除規則**」選項，即可選擇清除方式。

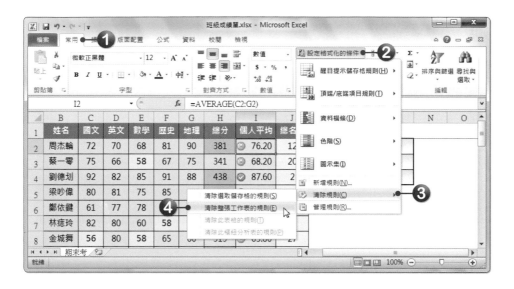

管理規則

在工作表中加入了一堆的規則後，不管是要編輯規則內容或是刪除規則，都可以點選「**常用→樣式→設定格式化的條件**」指令按鈕，於選單中點選「**管理規則**」選項，開啟「設定格式化的條件規則管理員」對話方塊，即可在此進行各種規則的管理工作。

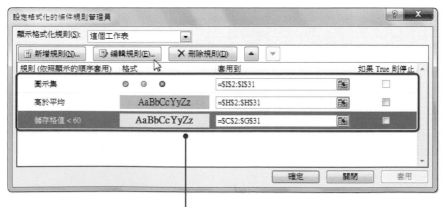

這裡可以清楚的看到工作表中設定了哪些規則，而該規則又是套用於哪些範圍。

資料排序

　　當資料量很多時，為了搜尋方便，通常會將資料按照順序重新排列，這個動作稱為「排序」。同一「列」的資料為一筆「記錄」，排序時會以「欄」為依據，調整每一筆記錄的順序。**在Excel 2003最多只能設定3個欄位做為排序準則，而Excel 2010則無此限制。**

　　在此範例中要使用排序功能將個人平均「遞減排序」，遇到個人平均相同時，就再根據國文、數學、英文成績做遞減排序。

01 選取「**A1:J31**」儲存格，點選「**資料→排序與篩選→排序**」指令按鈕，開啟「排序」對話方塊。

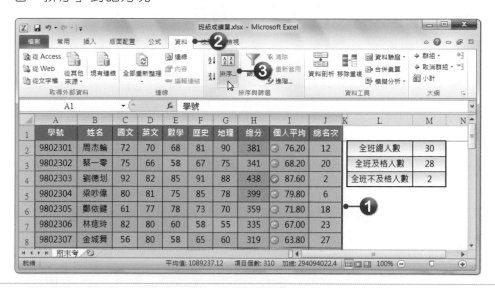

在此範例中因為在L、M欄與第32、33列中還有不能被移動的資料，所以要進行排序前，必須先選取要排序的資料，再進行排序的設定。若資料中只有單純的資料，就可以不用先進行選取的動作，只要將滑鼠游標移至任一儲存格內，即可進行排序設定。

排序的時候，先決定好要以哪一欄作為排序依據，點選該欄中任何一個儲存格，再點選「**常用→編輯→排序與篩選**」指令按鈕，即可選擇排序的方式。也可以點選「**資料→排序與篩選**」群組中的「**↓**」、「**↑**」指令按鈕，進行排序。資料在進行排序時，會以「欄」為依據，調整每一筆記錄的順序。

02 設定第一個排序方式，於「排序方式」中選擇「**個人平均**」欄位；再於「順序」中選擇「**最大到最小**」。

03 設定好後，按下「**新增層級**」，進行次要排序方式設定。將國文、數學、英文的排序順序設定為「**最大到最小**」，都設定好後按下「**確定**」按鈕。

若資料中有標題列時，請務必勾選這個選項，這樣進行排序時，就不會將標題列也一併排序。

要刪除排序準則時，先點選要刪除的排序準則，再按下「**刪除層級**」按鈕，即可將該準則刪除。

04 完成設定後，資料會根據個人平均的高低排列順序。個人平均相同時，會以國文分數高低排列；若國文分數又相同時，會依數學分數的高低排列；若數學分數又相同時，會依英文分數的高低排列。

	A	B	C	D	E	F	G	H	I	J	K	L	M
1	學號	姓名	國文	英文	數學	歷史	地理	總分	個人平均	總名次			
2	9802311	王粒宏	94	96	71	97	94	452	90.40	1		全班總人數	30
3	9802303	劉德划	92	82	85	91	88	438	87.60	2		全班及格人數	28
4	9802309	羅志翔	88	85	85	91	88	437	87.40	3		全班不及格人數	2
5	9802322	洪斤寶	91	84	72	74	95	416	83.20	4			
6	9802330	徐弱瑄	81	85	70	75	90	401	80.20	5			
7	9802304	梁吵偉	80	81	75	85	78	399	79.80	6			
8	9802308	梁泳旗	78	74	90	74	78	394	78.80	7			
9	9802328	趙　威	85	57	85	84	79	390	78.00	8			
10	9802310	王淨盈	81	69	72	85	80	387	77.40	9			
11	9802320	范只偉	67	75	77	79	85	383	76.60	10			
12	9802317	王　飛	67	58	77	91	90	383	76.60	10			
13	9802301	周杰輪	72	70	68	81	90	381	76.20	12			
14	9802312	張會妹	85	87	68	65	72	377	75.40	13			
15	9802325	張雪友	95	72	67	64	70	368	73.60	14			
16	9802316	孫彥姿	84	75	48	83	77	367	73.40	15			
17	9802326	伍越天	72	68	70	88	68	366	73.20	16			
18	9802323	成　璺	69	80	64	68	80	361	72.20	17			
19	9802305	鄭依鍵	61	77	78	73	70	359	71.80	18			
20	9802329	林辛如	73	71	64	67	81	356	71.20	19			
21	9802302	蔡一零	75	66	58	67	75	341	68.20	20			
22	9802324	楊紙瓊	88	90	52	57	52	339	67.80	21			
23	9802314	吳厭祖	65	75	54	67	78	339	67.80	21			
24	9802306	林痣玲	82	80	60	58	55	335	67.00	23			
25	9802319	李心結	86	55	65	68	60	334	66.80	24			

🐾 是非題

( ) 1. 在「插入函數」對話方塊中，可以看到整個公式目前的結果。

( ) 2. 在Excel中要進行相對、絕對位址的轉換時，可以按下「F4」鍵。

( ) 3. Excel提供了資料橫條、色階、圖示集等條件設定。

( ) 4. 在Excel中進行格式化的條件設定後，便無法清除設定。

( ) 5. COUNT函數只能計算數值資料的儲存格個數，不能用來計算包含文字資料的儲存格個數。

🐾 選擇題

( ) 1. 下列哪個函數是計算某範圍內符合條件的儲存格數量？(A)SUM (B)MAX (C)AVERAGE (D)COUNTIF。

( ) 2. 要取出某個範圍的最大值時，下列哪個函數最適合？(A)MODE (B)MAX (C)MIN (D)AVERAGE。

( ) 3. 若要幫某個範圍的數值排名次時，可以使用下列哪個函數？(A)RANK.EQ (B)QUARTILE (C)FREQUENCY (D)RAND。

( ) 4. 要計算含數值資料的儲存格個數時，可以使用下列哪個函數？(A)ISTEXT (B)OR (C)MID (D)COUNT。

( ) 5. 要計算出某個範圍的平均時，下列哪個函數最適合？(A)MODE (B)MAX (C)MIN (D)AVERAGE。

🐾 實作題

1. 開啟「Example03→血壓紀錄表.xlsx」檔案，進行以下設定。

  ✦ 將收縮壓欄位設定格式化條件：當數值>139時，儲存格填滿紅色、文字為深紅色。指定圖示集中的三箭號(彩色)格式，當>=140時，為上升箭號、>=120且<140時，為平行箭號、其他為下降箭號。

  ✦ 將舒張壓欄位套用「資料橫條→藍色資料橫條」的格式化條件。

  ✦ 將心跳欄位套用「色階→黃-紅色階」的格式化條件。

▲	A	B	C	D	E
1	日期	時間	收縮壓	舒張壓	心跳
2	2012年12月1日	上午	⇨ 129	79	72
3	2012年12月1日	下午	⇨ 133	80	75
4	2012年12月2日	上午	⇧ 142	90	70
5	2012年12月2日	下午	⇧ 141	84	68
6	2012年12月3日	上午	⇨ 137	84	70
7	2012年12月3日	下午	⇨ 139	83	72
8	2012年12月4日	上午	⇧ 140	85	78
9	2012年12月4日	下午	⇨ 138	85	69
10	2012年12月5日	上午	⇨ 135	79	75
11	2012年12月5日	下午	⇨ 136	81	72

2. 開啟「Example03→降雨量統計表.xlsx」檔案，進行以下設定。

✦ 在合計欄位中計算出各地區的總雨量。

✦ 計算出各月的平均降雨量、最大降雨量、最小降雨量。

✦ 將各月降雨量中大於各月平均降雨量的數值以紅色文字來表示。

▲	A	B	C	D	E	F	G	H	I	J	K	L	M	N
1		台灣各氣象站月平均降雨量統計表									統計期間：1971-2000		單位:毫米	
2	地名	一月	二月	三月	四月	五月	六月	七月	八月	九月	十月	十一月	十二月	合計
3	淡水	120.50	173.50	192.20	178.30	219.50	230.60	147.60	215.10	223.50	185.50	131.70	101.60	2119.60
4	鞍部	319.30	315.20	288.20	242.50	319.70	322.60	261.50	435.00	617.30	823.40	578.50	369.20	4892.4
5	台北	86.50	165.70	180.00	183.10	258.90	319.40	247.90	305.30	274.60	138.80	86.20	78.80	2325.2
6	竹子湖	269.30	277.30	240.30	207.80	275.30	294.70	248.30	446.00	588.10	837.30	521.90	320.10	4526.4
7	基隆	335.80	399.00	332.30	240.90	296.10	286.70	150.40	212.80	360.80	413.40	394.70	332.10	3755
8	彭佳嶼	134.00	168.60	179.90	166.60	203.10	200.50	106.20	188.10	186.70	131.90	144.00	114.80	1924.4
9	花蓮	71.90	99.90	86.60	96.10	195.00	219.60	177.30	260.60	344.30	367.40	170.60	67.70	2157
10	蘇澳	371.60	351.50	224.60	207.90	264.10	252.30	169.30	285.70	520.60	757.10	747.20	457.60	4609.5
11	宜蘭	155.30	175.20	132.20	134.20	222.70	186.70	145.50	243.80	441.20	442.30	360.20	188.40	2827.7
12	東吉島	19.20	31.90	41.30	67.20	136.70	202.00	158.70	177.70	77.70	28.40	21.00	13.10	974.9
13	澎湖	21.90	50.20	52.90	92.40	123.20	164.10	131.60	170.80	74.20	26.10	20.10	23.50	951
14	台南	19.90	28.80	35.40	84.90	175.50	370.60	345.90	417.40	138.40	29.60	14.70	11.30	1672.4
15	高雄	20.00	23.60	39.20	72.50	177.30	397.90	370.60	426.30	186.60	45.70	13.40	11.50	1784.9
16	嘉義	27.60	57.70	62.20	107.60	189.20	350.70	304.30	422.10	148.90	22.70	12.20	20.90	1726.1
17	台中	36.30	87.80	94.00	134.50	225.30	342.70	245.80	317.10	98.10	16.20	18.60	25.70	1642.1
18	阿里山	87.80	144.00	161.40	256.80	530.90	711.10	590.70	838.90	344.70	136.10	46.60	61.10	3910.1
19	大武	54.90	54.00	48.90	82.30	198.20	367.40	366.50	428.30	338.10	223.70	80.80	46.10	2289.2
20	玉山	116.00	148.90	138.90	248.90	454.20	513.30	361.50	499.40	257.20	152.70	77.80	85.60	3054.4
21	新竹	74.80	152.50	196.50	191.30	282.40	279.20	140.00	206.80	114.90	44.50	44.80	55.00	1782.7
22	恆春	25.70	27.70	19.90	43.50	163.90	371.30	396.30	475.20	288.30	141.90	43.20	20.60	2017.5
23	成功	77.20	73.40	75.30	96.40	189.80	204.70	251.10	325.90	351.60	336.80	136.60	79.90	2198.4
24	蘭嶼	273.90	219.80	163.00	164.80	263.00	262.90	225.00	275.00	394.20	331.00	273.70	235.00	3081.3
25	日月潭	52.40	103.30	119.30	192.10	354.30	483.80	349.60	431.80	199.90	54.90	25.00	38.20	2404.6
26	台東	43.20	47.50	43.10	73.80	156.90	247.80	280.50	308.20	299.40	236.00	78.00	41.70	1856.1
27	梧棲	28.50	84.50	106.10	131.00	222.50	217.70	165.90	213.20	68.70	9.90	14.90	20.10	1283
28	平均降雨量	113.74	138.46	130.15	147.91	243.91	312.01	253.52	341.06	277.52	237.33	162.26	112.77	
29	最大降雨量	371.60	399.00	332.30	256.80	530.90	711.10	590.70	838.90	617.30	837.30	747.20	457.60	
30	最小降雨量	19.20	23.60	19.90	43.50	123.20	164.10	106.20	170.80	68.70	9.90	12.20	11.30	

3. 開啟「Example03→體操選手成績評分.xlsx」檔案，進行以下設定。

✦ 算出每位選手的總得分(必須排除最高分與最低分)，然後訂定他們的名次，再以名次進行排序。

✦ 計算出分數高於9分與低於8分的數量。

	A	B	C	D	E	F	G	H	I	J
1					裁判					
2	選手	日本籍	俄羅斯籍	美國籍	韓國籍	德國籍	法國籍	波蘭籍	總得分	名次
3	立陶宛選手	9.1	9.1	9.2	9	8.9	9.1	9.3	45.5	1
4	斯洛伐克選手	9	9.1	8.9	9.2	9	9.1	9.3	45.4	2
5	南斯拉夫選手	8.9	9.2	8.9	8.8	9.1	8.9	9.1	44.9	3
6	俄羅斯選手	8.8	8.9	8.7	8.9	9	8.9	8.8	44.3	4
7	日本選手	8.8	8.8	8.6	8.5	8.9	9	8.9	44	5
8	韓國選手	8.6	8.9	8.8	9	8.6	8.7	8.9	43.9	6
9	奧地利選手	8.6	8.9	8.8	8.7	8.5	8.8	8.6	43.5	7
10	芬蘭選手	8.8	8.9	8.6	8.7	8.6	8.7	8.6	43.4	8
11	波蘭選手	8.7	8.6	8.6	8.5	8.5	8.7	8.8	43.1	9
12	美國選手	8.6	8.6	8.9	8.7	8.5	8.5	8.6	43	10
13	加拿大選手	8.3	8.4	8.7	8.5	8.3	8.2	8.4	41.9	11
14	西班牙選手	8.3	8.1	8.3	8.5	8.4	8.5	7.9	41.6	12
15	分數高於9分的數量為：	18								
16	分數低於8分的數量為：	1								

04 產品目錄列印

Example

* **學習目標**

  調整邊界、頁面設定、頁首及頁尾的設定、設定列印標題、設定列印範圍、
  指定列印項目、預覽列印、分頁預覽、列印設定、建立PDF文件。

* **範例檔案**

  Example04→圖書目錄.xlsx

* **結果檔案**

  Example04→圖書目錄-結果.xlsx

在這個範例中，將學習工作表的版面配置及列印的各項設定。本範例請開啟「**Example04→圖書目錄.xlsx**」檔案，進行練習。

👑 版面設定

在列印工作表前，可以先到「版面配置→版面設定」群組中，進行邊界、方向、大小、列印範圍、背景等設定。

🍓 紙張方向及大小設定

01 點選「**版面配置→版面設定→方向**」指令按鈕，於選單中選擇「**橫向**」。

02 接著再點選「**版面配置→版面設定→大小**」指令按鈕，於選單中選擇「**A4(210×297mm)**」大小。

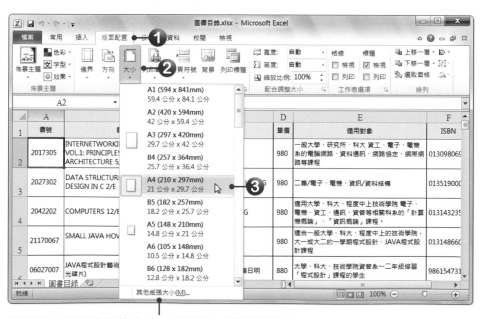

若選單中沒有適當的大小，可點選「**其他紙張大小**」，開啟「**版面設定**」對話方塊，在「**頁面**」標籤頁中，進行紙張大小的設定。

邊界設定

01 點選「**版面配置→版面設定→邊界**」指令按鈕，於選單中選擇「**自訂邊界**」，開啟「版面設定」對話方塊。

02 在「版面設定」對話方塊中，即可進行上、下、左、右、頁首及頁尾等邊界的設定，在「置中方式」中可以選擇水平及垂直置中，設定好後按下「**確定**」按鈕。

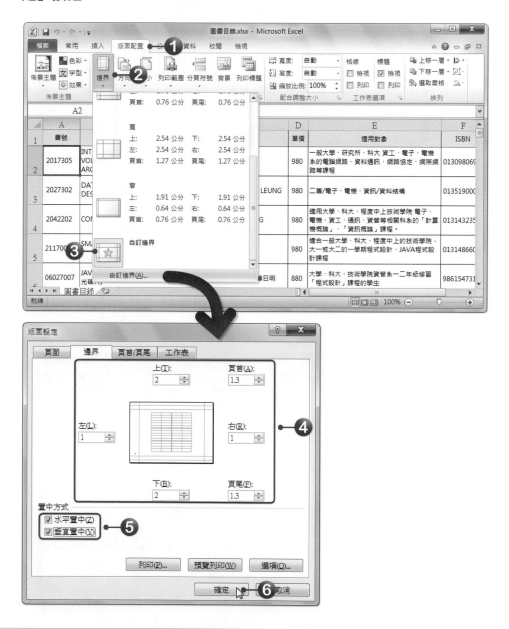

在「置中方式」選項中，若將「**水平置中**」和「**垂直置中**」勾選，則會將工作表內容放在紙張的正中央。若都沒有勾選，則工作表內容會靠左邊和上面對齊。

👑 加入頁首頁尾

　　工作表在列印前可以先加入頁首及頁尾等相關資訊，再進行列印的動作，而我們可以在頁首與頁尾中加入標題文字、頁碼、頁數、日期、時間、檔案名稱、工作表名稱等資訊。

01 點選檢視工具列上的**「整頁模式」**按鈕，進入「整頁模式」中，此時會開啟一個取消凍結窗格的訊息，這裡請直接按下**「確定」**按鈕。

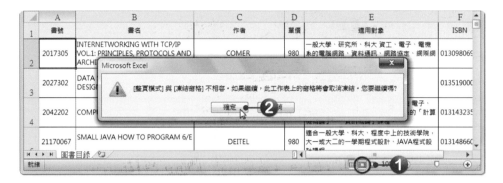

> 要進入「整頁模式」時，也可以點選**「檢視→活頁簿檢視→整頁模式」**指令按鈕，即可進入整頁模式中。

02 在**「按一下以新增頁首」**文字上，按一下滑鼠左鍵，進入頁首頁尾設計模式中。

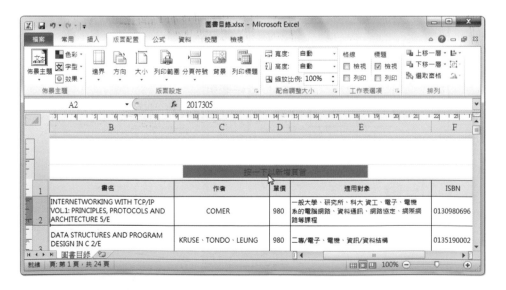

03 接著輸入標題文字，文字輸入完後，再進行文字的格式設定。

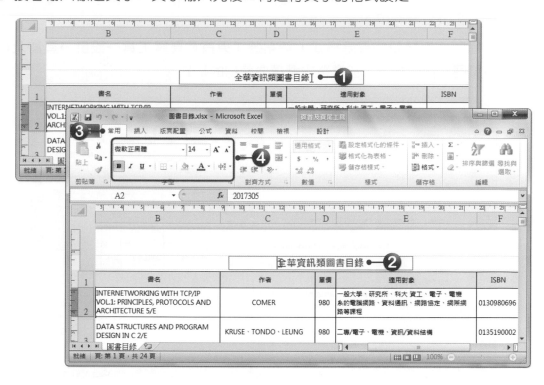

04 接著於右邊的儲存格中，按一下滑鼠左鍵，再點選「**頁首及頁尾工具→設計→頁首及頁尾項目→檔案名稱**」指令按鈕，插入該份文件的檔案名稱，並進行文字的格式設定。

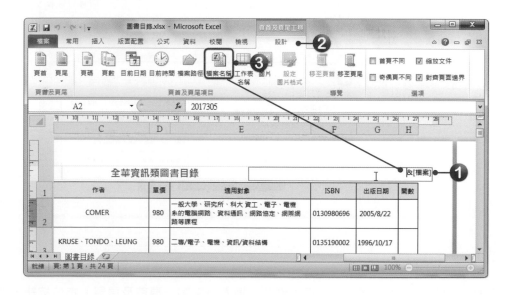

05 頁首設定好後，點選「**頁首及頁尾工具→設計→導覽→移至頁尾**」指令按鈕，切換至頁尾中。

06 這裡要使用預設的頁尾格式，請點選「**頁首及頁尾工具→設計→頁首及頁尾→頁尾**」指令按鈕，於選單中選擇要使用的格式。

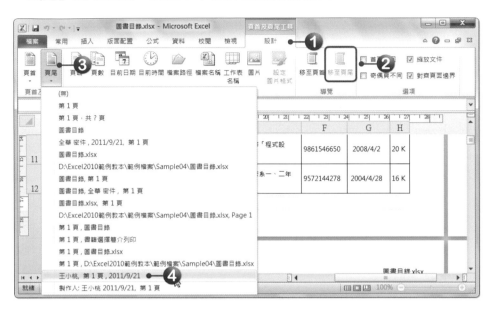

07 在頁尾加入相關的項目後，選取該項目，即可進行格式的設定。

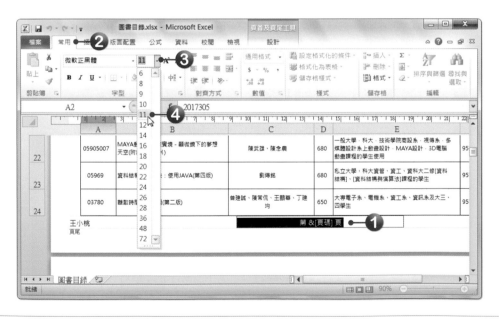

要於工作表中加入頁首頁尾時，也可以點選「**插入→文字→頁首及頁尾**」指令按鈕，即可進入頁首及頁尾編輯模式中。

08 頁首頁尾設定好後，於頁首頁尾編輯區以外的地方按一下滑鼠左鍵，或是按下檢視工具中的「**標準模式**」，即可離開頁首及頁尾的編輯模式。

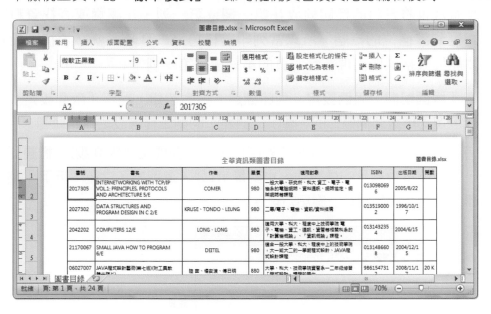

知識補充 在「版面設定」對話方塊中設定頁首及頁尾

除了使用整頁模式進行頁首及頁尾的設定外，還可以按下「**版面配置→版面設定**」的群組按鈕，開啟「版面設定」對話方塊，點選「**頁首/頁尾**」標籤，即可進行頁首與頁尾的設定。

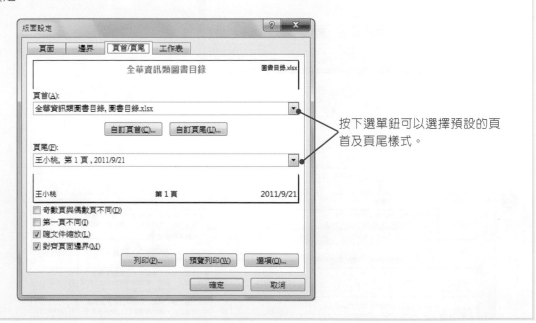

按下選單鈕可以選擇預設的頁首及頁尾樣式。

👑 設定列印標題

　　一般而言會將資料的標題列放在第一欄或第一列，在瀏覽或查找資料時，比較好對應到該欄位的標題。所以當列印資料超過二頁時，就必須特別設定標題列，才能使表格標題出現在每一頁的第一欄或第一列。

01 點選「**版面配置→版面設定→列印標題**」指令按鈕，開啟「版面設定」對話方塊，按下標題列欄位上的「🔳」工具鈕，回到工作區設定標題範圍。

02 此時「版面設定」對話方塊會自動隱藏，並自動開啟「版面設定-標題列」色板，選取欲重複顯示的標題列，也就是第1列。選取好了之後，按下「🔳」工具鈕，回到「版面設定」對話方塊。

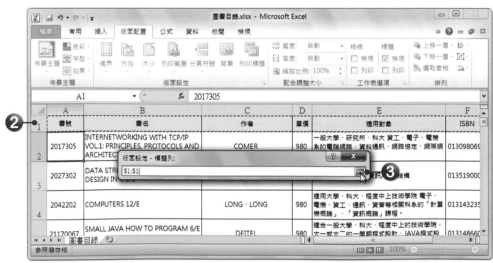

03 回到「版面設定」對話方塊後，在「標題列」欄位中就有我們所設定的標題列位址了。

04 回到工作表後，進入整頁模式，看看是不是每頁都自動加入了「標題列」。

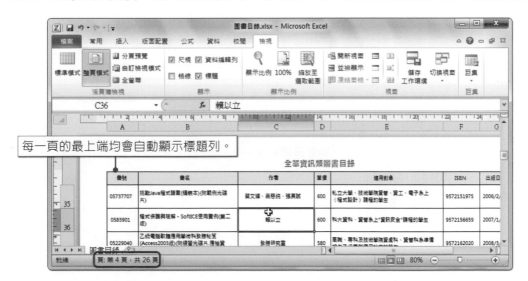

每一頁的最上端均會自動顯示標題列。

知識補充　指定列印項目

在「版面設定」對話方塊的「工作表」標籤頁中，有一些項目可以選擇以何種方式列印，分別說明如下：

選項	說明
列印格線	在工作表中所看到的灰色格線，在列印時是不會印出的，若要印出格線時，可以將「列印格線」選項勾選，勾選後列印工作表時，就會以虛線印出。在「**版面配置→工作表選項**」群組中，將「格線」的「**列印**」選項勾選，也可以列印出格線。
列印註解	如果儲存格有插入註解，一般列印時不會印出。但可以在「工作表」標籤的「註解」欄位，選擇「顯示在工作表底端」選項，則註解會列印在所有頁面的最下面；另外一種方法是將註解列印在工作表上。
儲存格單色列印	原本有底色的儲存格，勾選「儲存格單色列印」選項後，列印時不會印出顏色，框線也都印成黑色。
草稿品質	儲存格底色、框線都不會被印出來。
列與欄位標題	會將工作表的欄標題A、B、C……和列標題1、2、3……，一併列印出來。在「**版面配置→工作表選項**」群組中，將「標題」的「**列印**」選項勾選，也可以列印出列與欄位標題。
循欄或循列列印	當資料過多，被迫分頁列印時，點選「循欄列印」選項，會先列印同一欄的資料；點選「循列列印」選項，會先列印同一列的資料。例如：有個工作表要分成A、B、C、D四塊列印。 若選擇「循欄列印」，則會照著A→C→B→D的順序列印。 若選擇「循列列印」，則會照著A→B→C→D的順序列印。

👑 設定列印範圍及縮放比例

只想列印工作表中的某些範圍時，先選取範圍再點選「**版面配置→版面設定→列印範圍→設定列印範圍**」指令按鈕，即可將被選取的範圍單獨列印成1頁。選取要列印的範圍時，可以是許多個不相鄰的範圍。

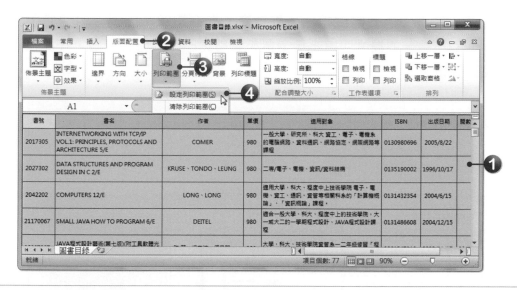

> 如果不想限定列印範圍，點選「**版面配置→版面設定→列印範圍→清除列印範圍**」指令按鈕。

當資料超過一頁，但又不想把資料分成二頁印時，可以先將資料的縮放比例調小，讓資料能在一頁中顯示。縮放比例100%表示以正常大小列印；大於100%時表示要放大列印資料；小於100%時表示要縮小列印資料。

> 若要指定印成幾頁寬或幾頁高時，可以直接於「寬度」、「高度」中選擇要將寬度或高度濃縮成幾頁。

👑 分頁預覽

在檢視工作表時，一般都以「**標準模式**」檢視工作表，如果想知道列印時會如何分頁，除了從「**整頁模式**」中察看以外，還可以直接使用「**分頁預覽**」的方式察看。

01 點選「**檢視→活頁簿檢視→分頁預覽**」指令按鈕，出現「歡迎使用分頁預覽」的訊息，並提醒可以拖曳滑鼠來調整列印時的分頁位置，在此按下「**確定**」按鈕。

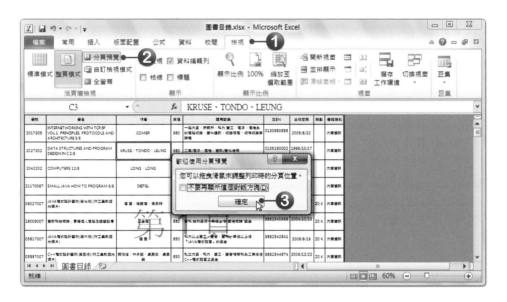

02 在「分頁預覽」檢視下，可以看到工作表上會標示第幾頁，工作表中的藍線則代表分頁線，要調整分頁時，拖曳藍線即可調整分頁的位置。

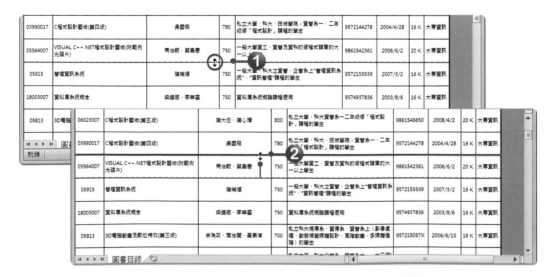

知識補充 分頁符號的使用

使用「**分頁符號**」指令按鈕，可以自行設定分頁點，先點選一個儲存格，再點選「**版面配置→版面設定→分頁符號**」指令按鈕，於選單中選擇「**插入分頁**」。

選擇好後，分頁點會以這個儲存格作為中心，產生兩條虛線，即為分頁線，列印時會將工作表依分頁線強迫分成四頁列印。

書號	書名	作者	單價	適用對象	ISBN	出版日期	開數
2017305	INTERNETWORKING WITH TCP/IP VOL1: PRINCIPLES, PROTOCOLS AND ARCHITECTURE 5/E	COMER	980	一般大學、研究所、科大 資工、電子、電機系的電腦網路、資料通訊、網路協定、網際網路等課程	0130980696	2005/8/22	
2027302	DATA STRUCTURES AND PROGRAM DESIGN IN C 2/E	KRUSE、TONDO、LEUNG	980	二專/電子、電機、資訊/資料結構	0135190002	1996/10/17	
2042202	COMPUTERS 12/E	LONG、LONG	980				
21170067	SMALL JAVA HOW TO PROGRAM 6/E	DEITEL	980	一般大二的一學期程式設計、JAVA程式設計課	0131486608	2004/12/15	
06027007	JAVA程式設計藝術(第七版)(附工具軟體光碟片)	陸蕙、楊安遠、傅日明	880	大學、科大、技術學院資管系一二年級修習「程式設計」課程的學生	9861547312	2008/11/17	20 K

> 會以這個儲存格為中心，產生兩條虛線的分頁線，將工作表強迫分成四頁列印。

若要移除分頁符號時，點選「**版面配置→版面設定→分頁符號**」指令按鈕，於選單中選擇「**移除分頁**」，即可將插入的分頁線移除掉。

👑 列印

當版面都設定好後，點選「**檔案→列印**」功能，或是按下鍵盤上的「Ctrl+P」快速鍵，即可預覽列印結果，並進行列印前的設定。

若要顯示邊界時，可以按下「▣」顯示邊界指令按鈕，即可顯示邊界；按下「▣」指令按鈕，則可縮放頁面。

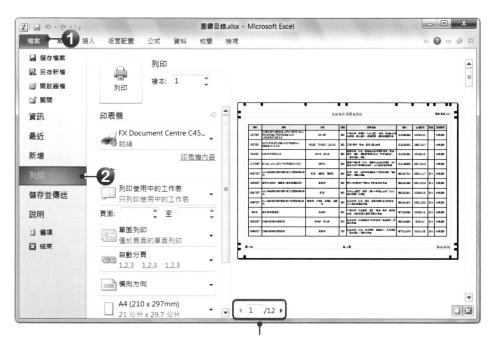

這裡可以切換要預覽的頁面。

🍓 印表機選擇

若電腦中安裝多台印表機時，則可以按下「**印表機**」選項，選擇要使用的印表機，因為不同的印表機，紙張大小和列印品質都有差異，可以按下「**印表機內容**」按鈕，進行印表機的設定。

指定列印頁數

在「**列印使用中的工作表**」選項中，可選擇列印使用中的工作表、整本活頁簿及選取範圍，或是指定列印頁數。

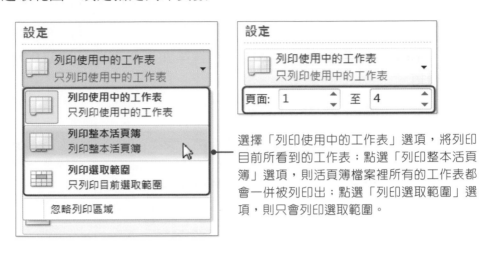

選擇「列印使用中的工作表」選項，將列印目前所看到的工作表；點選「列印整本活頁簿」選項，則活頁簿檔案裡所有的工作表都會一併被列印出；點選「列印選取範圍」選項，則只會列印選取範圍。

自動分頁

若一次要印很多份時，可以將「**自動分頁**」選項勾選，這樣就會將同一份的頁面先列印完畢，再列印下一份。

列印及列印份數

列印資訊都設定好後，即可在「**複本**」欄位中輸入要列印的份數，最後再按下「**列印**」按鈕，即可將內容從印表機中印出。

👑 建立PDF文件

製作好的產品目錄除了直接從印表機中列印出來外，還可以將它轉存為「PDF」格式，以方便傳送或上傳至網站中，且使用PDF格式可以完整保留字型及格式等。

01 點選「**檔案→儲存並傳送**」功能，在檔案類型中點選「**建立PDF/XPS文件**」選項。

02 接著再按下「**建立PDF/XPS**」按鈕。

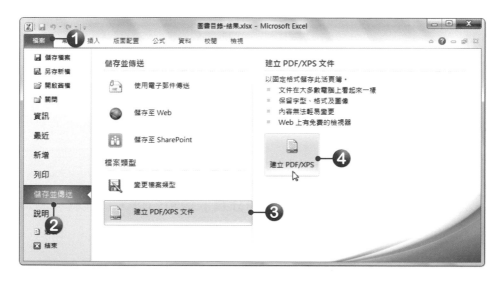

知識補充 關於PDF格式

Portable Document Format(簡稱PDF)是一種可攜式電子文件格式，它是由「Adobe System Inc.」公司所制定的可攜式文件通用格式。PDF格式的檔案，解決了文件在跨平台傳遞的問題。當一份原始文件，轉換成PDF格式的檔案後，此PDF檔案就能不受作業平台的限制，而完整呈現原始文件，所以PDF常被當作電子書的格式。PDF格式的檔案需要使用Adobe Reader軟體來瀏覽閱讀。

Adobe Reader是專門用來閱讀PDF檔案的軟體，這套閱讀軟體是由Adobe公司所提供的免費軟體。Adobe Reader有兩種版本，一種是Plugin版本，它主要是提供網友在網頁上直接閱讀PDF檔案；另外一種則是一般的Adobe Reader軟體，此軟體可以直接在自己的電腦中開啟「PDF」檔案，並閱讀該檔案。

要使用Adobe Reader時，可以至Adobe網站(http://get.adobe.com/tw/reader/)中下載。該軟體只能讀取與列印PDF檔案，而無法製作PDF檔。

03 開啓「發佈成PDF或XPS」對話方塊後，請選擇檔案要儲存的位置及輸入檔案名稱，輸入完後按下**「發佈」**按鈕，即可開始進行轉換的動作。

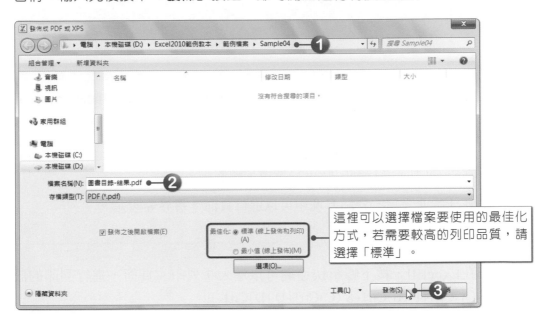

這裡可以選擇檔案要使用的最佳化方式，若需要較高的列印品質，請選擇「標準」。

04 轉換完畢後便會開啓該檔案，該檔案會以「Adobe Acrobat」或「Adobe Reader」軟體開啓。

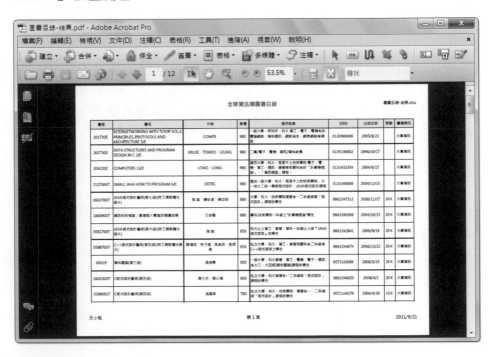

要建立PDF格式的文件時，也可以點選**「檔案→另存新檔」**功能，按下「存檔類型」選單鈕，於選單中點選**「PDF(*.pdf)」**檔案類型，即可將活頁簿儲存為PDF格式。

是非題

( ) 1. 在Excel中，若不想列印工作表之灰色格線可以將「版面配置→工作表選項→格線」選項中的「列印」選項的勾選取消。

( ) 2. Excel沒有提供預覽列印的功能。

( ) 3. 在Excel中，進行列印時可以選擇列印範圍。

( ) 4. 在「版面設定」對話方塊中可以進行頁面、邊界等設定。

選擇題

( ) 1. 在Excel中，按下哪組快速鍵可以進入「列印」頁面，進行列印的設定？(A)Ctrl+P (B)Ctrl+S (C)Ctrl+D (D)Ctrl+E。

( ) 2. 請問Excel在列印方面擁有下列哪些功能？(A)可以選擇列印整本活頁簿 (B)可以任意指定要列印的工作表範圍及頁數 (C)可以進行放大或縮小列印範圍 (D)以上皆是。

( ) 3. 下列敘述何者不正確？(A)在Excel中，列印時希望能縮小列印比例，使一頁中的列印內容增加，則應該在「版面配置」功能區的「配合調整大小/縮放比例」中設定 (B)在編輯Excel文件時，欲將游標所在位置直接移至下一頁，應執行「版面配置」功能區的「版面設定→列印範圍→設定列印範圍」功能 (C)若要列印部分工作表內容，應先選取範圍後，再使用「版面配置」功能區的「列印範圍→設定列印範圍」功能 (D)在Excel中，利用「分頁檢視模式」預覽列印範圍會出現藍色實線，表示每一頁報表輸出的範圍。

( ) 4. 在頁首/頁尾中，可以插入下列哪些項目？(A)日期、時間 (B)圖片 (C)工作表名稱 (D)以上皆是。

( ) 5. 在Excel中，可列印於報表上的資料種類有下列哪些？(A)儲存格之值 (B)格線 (C)欄名列號 (D)以上皆可。

🐾 實作題

1. 開啟「Example04→統計資料.xlsx」檔案，進行以下設定。

   ✦ 由於工作表比較長，又超過頁面寬度，所以把紙張列印方向設為「橫向」，縮放比例改為1頁寬、3頁高。

   ✦ 每頁都要加入第1列到第3列的標題列。

   ✦ 將頁首及頁尾的邊界都設定為「1」，並讓工作表水平置中列印。

   ✦ 在頁首放置檔名和修改日期，頁尾放置工作表名稱以及頁數。

檔名：統計資料-結果.xlsx   修改日期：2011/9/21

項　目	單位	1997年	1998年	1999年	2000年	2001年	
						初步統計數	與上年比較
經濟成長							
經濟成長率	%	8.8	7.8	7.1	8.0	7.3	-0.7個百分點
國內生產毛額	億人民幣元	74,463	78,345	82,068	89,404	95,933	+7.3%
產業結構	%	100.0	100.0	100.0	100.0	100.0	
農業	%	19.1	18.6	17.6	15.9	15.2	-0.7個百分點
工業	%	50.0	49.3	49.4	50.9	51.2	+0.3個百分點
服務業	%	30.9	32.1	33.0	33.2	33.6	+0.4個百分點
城鎮居民平均每人年可支配所得	人民幣元	5,160	5,425	5,854	6,280	6,860	+9.2%
鄉村居民平均每人年純收入	人民幣元	2,090	2,162	2,210	2,253	2,366	+5.0%
物價變動							
商品零售價格漲幅	%	0.8	-2.6	-3.0	-1.5	-0.8	+0.7個百分點
居民生活費用價格漲幅	%	2.8	-0.8	-1.4	0.4	0.7	+0.3個百分點
生產							
全國糧食總產量	萬噸	49,417	51,230	50,839	46,218	45,262	-2.1%
工業生產毛額*	億人民幣元	37,223	38,619	40,558	45,488	49,069	+7.9%
消費							
全國消費品零售總額	億人民幣元	27,299	29,152	31,135	34,153	37,595	+10.1%
城市消費品零售額	億人民幣元	16,650	17,825	19,092	21,110	23,543	+11.5%
縣及縣以下消費品零售額	億人民幣元	10,649	11,327	12,043	13,043	14,052	+7.7%
投資							
固定資產投資	億人民幣元	24,941	28,406	29,855	32,918	36,898	+12.1%
基本建設投資	億人民幣元	9,917	11,916	12,455	13,427	14,567	+8.5%
貿易							
貿易總額	億美元	3,252	3,239	3,606	4,743	5,098	+7.5%
出口	億美元	1,828	1,837	1,949	2,492	2,662	+6.8%
進口	億美元	1,424	1,402	1,657	2,251	2,436	+8.2%
貿易出超	億美元	404	435	292	241	226	-6.2%
外資							
合同外資金額	億美元	611	632	520	627	692	+10.4%
外商直接投資	億美元	453	455	403	407	468	+15.0%

大陸地區經社統計資料

工作表名稱：大陸地區經社統計資料   第1頁，共3頁

2. 開啓「Example04→拍賣交易紀錄.xlsx」檔案,進行以下設定。

✦ 列印5月1日到5月10日的拍賣紀錄,列印時必須包含每個欄位的標題,文件的邊界及方向請自行設定。

✦ 在頁首的中間,輸入「5月1日到5月10日的拍賣紀錄」文字,並自行設定該文字的格式。

✦ 於頁尾的中間,加入「第1頁,共2頁」的頁碼。

5月1日到5月10日拍賣紀錄

拍賣編號	商品名稱	結標日	起標價格	出標次數	得標價格	賣家代號	賣家姓名	賣家聯絡方式
e53734100	Jr.跨代雜誌內頁47頁	5月1日	¥200	62	¥3,200	HINA	平木	tsubasa@ne.jp
d31819242	Maxi Single店頭告知海報	5月1日	¥780	17	¥1,600	terra	廬下	terra@co.jp
c53848539	Jr.名鑑Vol.7	5月1日	¥800	1	¥1,000	queen	人見	queen@co.jp
d32001744	Stand by me節目宣傳	5月2日	¥2,000	1	¥2,000	coji	高野	jsrm@ne.jp
e24576300	雜誌封面23頁	5月3日	¥300	33	¥1,100	wave	川西	nys@ne.jp
d30567193	雜誌內頁240頁	5月4日	¥2,000	6	¥3,600	satoko	笠原	sato@co.jp
e53535956	2010夏Con場刊	5月6日	¥1,000	1	¥1,000	el1a	木下	chibi@ne.jp
d53767981	2012春Con場刊	5月6日	¥900	1	¥900	doraa	小林	akayu@ne.jp
e24776665	3本書+8張照片	5月7日	¥300	1	¥300	seiichi	岡山	sei@ne.jp
e24909593	2011春Con場刊	5月8日	¥500	33	¥1,300	basara	倉家	basara@com
e24751968	WinkUp2011年12月號4頁	5月8日	¥50	13	¥201	ayako	蒲川	ayako@ne.jp
e25018091	會報1~13	5月9日	¥500	21	¥3,300	michi	後藤	amnos@ne.jp
e25058192	2012夏Con場刊	5月10日	¥1,000	1	¥1,000	nazu	白岩	nazu@ne.jp
c36126932	2010年場刊	5月10日	¥300	21	¥630	blue	秋山	aki@ne.jp
e24938876	Kyo to Kyo宣傳單3張	5月10日	¥150	1	¥150	satoko	笠原	sato@co.jp
e24939479	Kyo to Kyo宣傳單5張	5月10日	¥200	17	¥520	satoko	笠原	sato@co.jp
e24935032	Kyo to Kyo場刊2冊	5月10日	¥1,000	27	¥5,750	satoko	笠原	sato@co.jp
d54340422	2011-2012學年曆	5月11日	¥1,000	1	¥1,000	meri	岡部	lovers@ne.jp
d53570356	新宿少年偵探團場刊	5月15日	¥200	9	¥510	yamato	大和	hiromi@ne.jp

第1頁,共2頁

5月1日到5月10日拍賣紀錄

拍賣編號	商品名稱	結標日	起標價格	出標次數	得標價格	賣家代號	賣家姓名	賣家聯絡方式
e52577015	PIKANCHI促銷海報	5月16日	¥300	1	¥300	carnation	新井	kiyo@ne.jp
c54735835	Stand by me場刊	5月17日	¥2,500	23	¥8,250	yunrun	成田	my@ne.jp
b37341827	日本電裡印Vol.14	5月17日	¥80	1	¥80	chek	市川	j2@co.jp
e25533571	Johnnys祭場刊	5月18日	¥100	30	¥1,400	sam	鮫島	momo@ne.jp
c36825288	宣傳單6張	5月18日	¥50	1	¥50	emi	藤田	emio@com
d32592213	Replique2012年12月號	5月18日	¥400	1	¥400	setsu	山棍	ns@ne.jp
d32616810	2012年雜誌內頁72頁	5月19日	¥300	30	¥1,300	ruka	三橋	pepo@or.jp
b54872723	Here We Go海報	5月13日	¥500	1	¥500	BMW	緒方	ogata@com
c35737954	出道海報	5月20日	¥500	20	¥910	ume	梅村	ume@ne.jp
c36999882	雜誌內頁600頁	5月20日	¥2,000	3	¥2,200	oosawa	古河	mayumi@ne.jp
b55029837	Oricon雜誌2012年11月8號	5月21日	¥200	1	¥200	nari	吉田	lab@or.jp
e25758282	Duet2010年8月號	5月22日	¥370	1	¥370	wave	川西	nys@ne.jp

第2頁,共2頁

05
Example

旅遊意願調查表

✽ 學習目標

文字藝術師的使用、超連結的設定、資料驗證的設定、COUNTIF、SUMIF函數的使用、文件保護、共用活頁簿。

✽ 範例檔案

Example05→旅遊意願調查表.xlsx

Example05→旅遊意願調查表-統計.xlsx

Example05→北海道行程.docx

Example05→峇里島行程.docx

Example05→沙巴行程.docx

✽ 結果檔案

Example05→旅遊意願調查表-結果01.xlsx

Example05→旅遊意願調查表-結果02.xlsx

在這個範例中，某公司特地用Excel做了一份員工旅遊的意見調查表，讓員工能使用該表進行報名的作業，且員工還可以透過超連結功能，連結至各旅遊地點的行程說明文件中。當員工都填好資料後，最後就可以進行彙整、統計等工作。本範例請開啟「**Example05→旅遊意願調查表.xlsx**」檔案，進行調查表的製作。

♚ 使用文字藝術師加上標題

在旅遊意見調查表中要加入標題文字，好讓填寫調查表的人能了解這份表格的用意，這裡就要利用「文字藝術師」加入一個醒目的標題文字。

♜ 插入空白列

在「**調查表**」工作表的最上方要插入3列空白列，放置標題用。

01 選取工作表中的第1列到第3列，按下滑鼠右鍵，於選單中選擇「**插入**」。

02 選擇「**插入**」後，在工作表最上方就會插入3列空白列了。

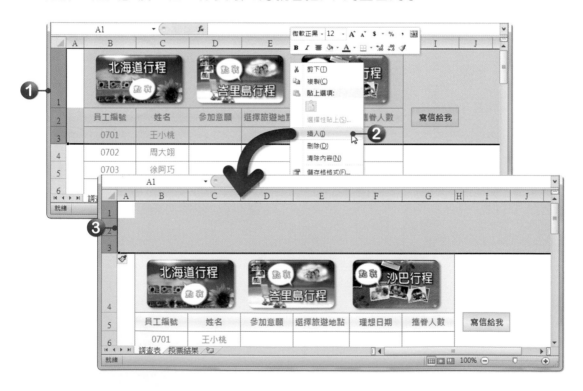

> 要插入工作表、欄、列、儲存格時，可以點選「**常用→儲存格→插入**」按鈕，選擇要進行儲存格、列或欄的插入。

🍓 插入文字藝術師

01 點選「**插入→文字→文字藝術師**」指令按鈕，於選單中選擇文字樣式。

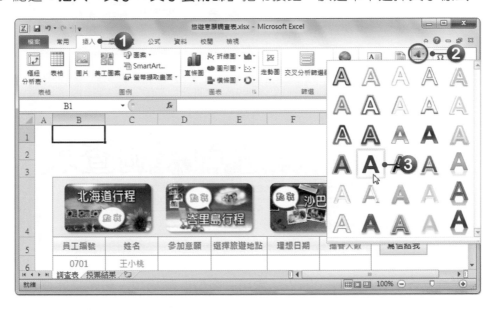

02 選擇好後，於工作表中就會出現「**在這裡加入您的文字**」物件，接著直接輸入「**全華員工旅遊意願調查表**」文字。

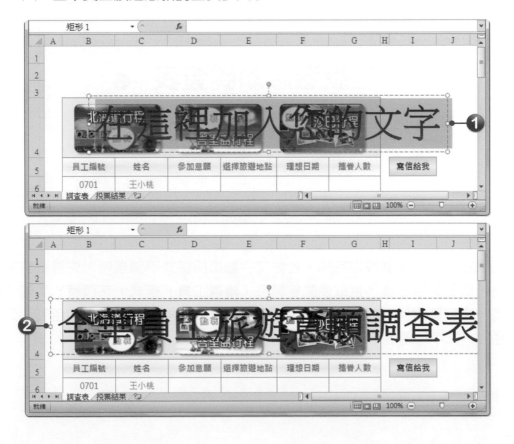

03 文字輸入好後，將該文字物件拖曳至空白列上的適當位置。

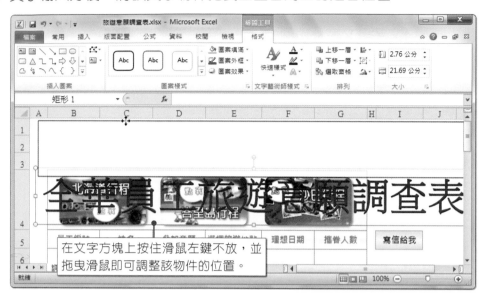

在文字方塊上按住滑鼠左鍵不放，並拖曳滑鼠即可調整該物件的位置。

04 接著點選文字藝術師物件，進入「**常用→字型**」群組中，設定文字格式。

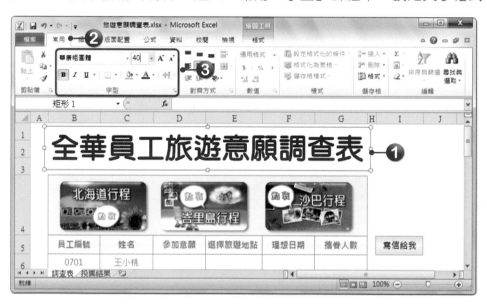

05 到這裡標題文字就設定完成。若對文字藝術師樣式不滿意時，先選取該文字藝術師的文字方塊，選取後就會開啟「**繪圖工具**」模式，在該模式下的「**格式→文字藝術師樣式**」群組中，即可選擇想要更換的樣式、文字色彩、外框色彩、文字效果等。

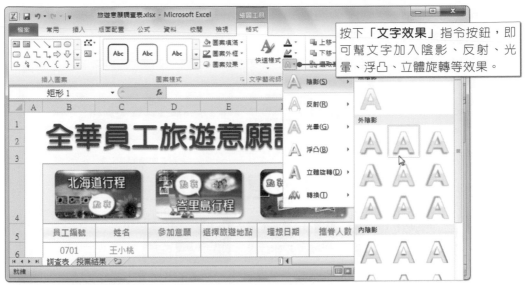

按下「**文字效果**」指令按鈕，即可幫文字加入陰影、反射、光暈、浮凸、立體旋轉等效果。

👑 加入超連結

利用超連結的功能，可以將圖片、儲存格等連結至文件檔案、圖片及電子郵件等外部資料。

🍓 連結至文件檔案

在此範例中，要將每個行程圖片加上超連結，讓填表的使用者可以按下該圖片後，即可開啓該地點的行程說明文件。

連結到「峇里島行程.docx」文件

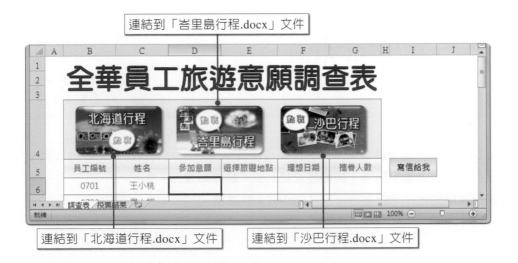

連結到「北海道行程.docx」文件　　連結到「沙巴行程.docx」文件

01 點選北海道行程圖片，再點選「**插入→連結→超連結**」指令按鈕，開啟「插入超連結」對話方塊。

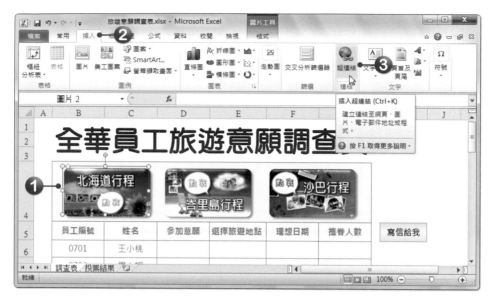

02 接著點選「**現存的檔案或網頁**」，按下「**瀏覽檔案**」按鈕，選擇範例檔案中的「Example05」資料夾，即可看到該資料夾內的檔案，再點選「**北海道行程.docx**」文件，選擇好後按下「**確定**」按鈕。

在儲存格中設定好超連結後，若想要修改或刪除超連結內容，可以直接在儲存格上，按下滑鼠右鍵，於選單中點選「**編輯超連結**」或「**移除超連結**」即可。

要設定超連結時，也可以直接按下「**Ctrl+K**」快速鍵。

03 設定好後，將滑鼠游標移至圖片上時，滑鼠游標就會變成白色小手指標，並出現提示文字。

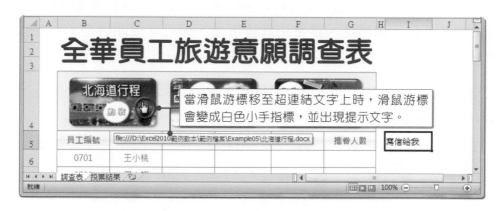

當滑鼠游標移至超連結文字上時，滑鼠游標會變成白色小手指標，並出現提示文字。

04 接著再利用相同方法將峇里島與沙巴也加上超連結。設定好後，我們來測試一下這個超連結，在圖片上按下滑鼠左鍵，就會自動開啟所連結的檔案。

🍓 連結至E-mail

除了連結到文件外，還可以直接連結到E-mail，這裡就要將「寫信給我」連結到某個E-mail地址，讓使用者按下後，即可直接開啓電子郵件軟體進行郵件撰寫的工作。

01 選取「I5」儲存格，再點選「**插入→連結→超連結**」指令按鈕，或按下「**Ctrl+K**」快速鍵，開啓「插入超連結」對話方塊。

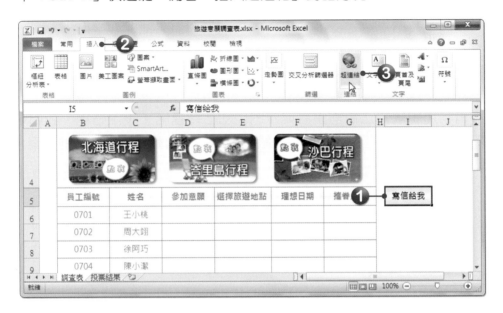

02 於「連結至」中點選「**電子郵件地址**」，於「電子郵件地址」欄位中輸入E-mail地址；於「主旨」欄位中輸入郵件的主旨內容，都設定好後按下「**確定**」按鈕。

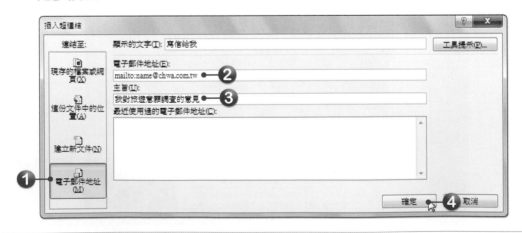

> 輸入電子郵件地址時，Excel會自動在前面補上「mailto:」語法，此語法請勿刪除，否則E-mail可是無法順利寄出的。

03 設定好後，儲存格內的文字就會變成另外一種色彩，並加上底線，表示該文字加上了超連結。

04 在儲存格上按下滑鼠左鍵，即可開啓郵件對話方塊，進行郵件撰寫的動作。

將文字設定超連結時，文字格式會自動更換色彩及字型，若該色彩或字型不是想要的，也可以自行變更文字的格式。

我們所設定的電子郵件地址。

我們所設定的主旨文字。

知識補充 自動校正

在儲存格中輸入E-mail時(含有「@」符號)，Excel會自動產生一個郵件超連結。除此之外，在儲存格中輸入網站位址時，也會自動產生超連結，這是「自動校正」功能。

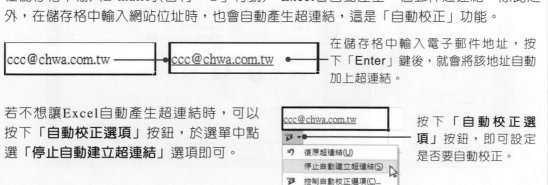

在儲存格中輸入電子郵件地址，按下「Enter」鍵後，就會將該地址自動加上超連結。

若不想讓Excel自動產生超連結時，可以按下「**自動校正選項**」按鈕，於選單中點選「**停止自動建立超連結**」選項即可。

按下「**自動校正選項**」按鈕，即可設定是否要自動校正。

👑 設定資料驗證

在某些只有特定選擇的情況下，為了提高表單填寫的效率，並避免填寫內容不統一而造成統計上的失誤，此時可以利用**「資料驗證」**功能，以提供選單的方式來限制填寫內容。

以此範例來說，「參加意願」的欄位是初步估計員工是否有意願參加本次的員工旅遊，我們限定員工必須填寫明確的意願，也就是說答案必須在「是」與「否」兩者擇一。在這樣的情況下，就可以在此欄位中設定**「資料驗證」**功能，來確保填寫者所填寫的答案符合本表單的填寫規則。

🍓 建立選單

在「參加意願」中要建立是與否的選單，讓使用者直接選擇。

01 先選取「參加意願」的所有儲存格，也就是「D6:D35」儲存格。點選**「資料→資料工具→資料驗證」**指令按鈕，開啟「資料驗證」對話方塊。

02 在資料驗證對話方塊中，按下**「設定」**標籤頁。

03 在「儲存格內允許」的欄位中選擇**「清單」**選項，並將**「儲存格內的下拉式清單」**勾選，再於「來源」欄位中設定清單選項為**「是,否」**(選項之間用逗號間隔)。

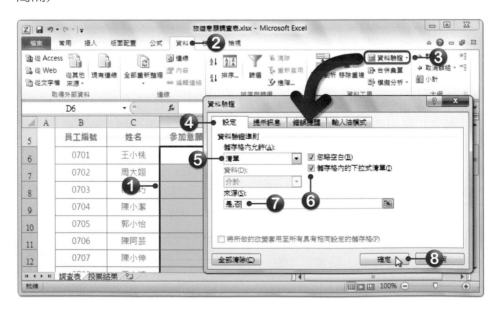

04 最後按下「**確定**」按鈕，即可完成清單設定。

當儲存格為作用儲存格時，便會出現下拉式清單鈕，按下此鈕即可選擇「是」或「否」。

將「**儲存格內的下拉式清單**」勾選，主要是因為當儲存格在作用中，旁邊就會出現下拉式選單，讓填寫者可直接在選單中選擇「是」或「否」，而不須在儲存格上輸入。

⚅ 設定提示訊息

基於表單的設計，我們要提醒在「參加意願」欄位中填寫「否」的員工，不須再接續填寫其他欄位。所以，要在「參加意願」欄位上加入提示訊息的設定，即時提醒填表者須注意的事項。

01 選取「**D6:D35**」儲存格，點選「**資料→資料工具→資料驗證**」指令按鈕，開啟「資料驗證」對話方塊，點選「**提示訊息**」標籤頁。

02 接著勾選「**當儲存格被選取時，顯示提示訊息**」選項；在「**標題**」欄位中，輸入提示訊息的標題，輸入「**請注意!!**」；再於「**提示訊息**」欄位中，輸入欲顯示的訊息內容，都設定好後按下「**確定**」按鈕。

03 回到工作表後，將滑鼠游標移至該儲存格後，就會出現提示訊息。

設定旅遊地點與理想日期清單

接著，再利用「資料驗證」功能，於「旅遊地點」與「理想日期」中加入地點與日期清單。

01 選取「**E6:E35**」儲存格，也就是「選擇旅遊地點」欄位的所有儲存格。

02 點選「**資料→資料工具→資料驗證**」指令按鈕，開啟「資料驗證」對話方塊，點選「**設定**」標籤頁。

03 在「儲存格內允許」的欄位中選擇「**清單**」選項，並在「來源」欄位中設定清單選項為「**北海道,峇里島,沙巴**」三個選項供員工選擇(選項之間用逗號間隔)，設定好後按下「**確定**」按鈕。

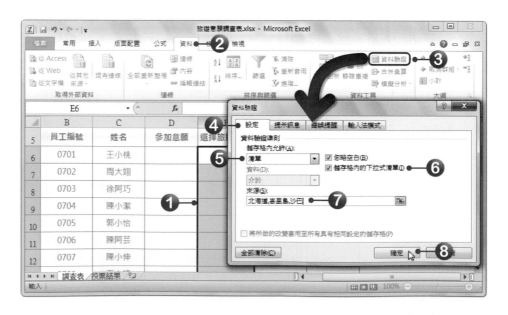

04 回到工作表後，即可完成清單設定。

當儲存格為作用儲存格時，便會出現下拉式清單鈕，按下此鈕即可選擇旅遊地點。

05 選取「**F6:F35**」儲存格，也就是「理想日期」欄位的所有儲存格。

06 點選「**資料→資料工具→資料驗證**」指令按鈕，開啟「資料驗證」對話方塊，點選「**設定**」標籤頁。

07 在「儲存格內允許」的欄位中選擇「**清單**」選項，並在「來源」欄位中設定清單選項為「**九月中旬,十月上旬,十月下旬**」，設定好後按下「**確定**」按鈕。

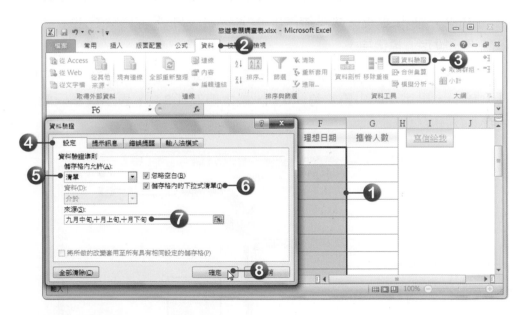

若要建立的清單來源在工作表中，可以按下「來源」的「📷」按鈕，於工作表中選擇清單來源，這樣就不用一筆一筆的輸入來源資料了。

08 回到工作表後,即可完成清單設定。

🍓 設定攜眷人數

在「攜眷人數」中還是要利用「資料驗證」功能,將輸入的人數做一個限制,這裡只能填入0～3的數字,也就是說攜眷人數最多是3人。

01 選取「G6:G35」儲存格,也就是「攜眷人數」欄位的所有儲存格。

02 點選「**資料→資料工具→資料驗證**」指令按鈕,開啟「資料驗證」對話方塊,點選「**設定**」標籤頁。

03 在「儲存格內允許」的欄位中選擇「**整數**」選項,並在「資料」欄位中設定「**介於**」,設定「最小值」為「**0**」,最大值為「**3**」,表示最多只能攜眷三名參加。

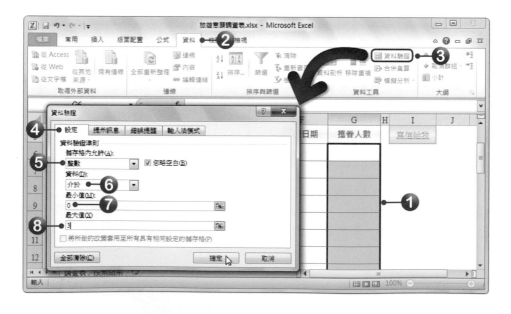

04 接著點選「**提示訊息**」標籤頁,加入訊息內容。

05 接著點選「**錯誤提醒**」標籤頁,將「**輸入的資料不正確時顯示警訊**」勾選,
於「**樣式**」中選擇「**警告**」樣式,於「**標題**」及「**訊息內容**」中輸入訊息文
字,設定好後按下「**確定**」按鈕。

錯誤提醒中提供了停止、警告、資訊等三種提醒訊息樣式。

06 回到工作表後,試著於儲存格中輸入大於3的數字,輸入後就會出現錯誤的警
告訊息。

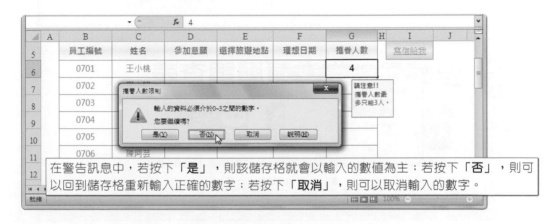

在警告訊息中,若按下「**是**」,則該儲存格就會以輸入的數值為主;若按下「**否**」,則可
以回到儲存格重新輸入正確的數字;若按下「**取消**」,則可以取消輸入的數字。

到這裡調查表都已設定完成了，接著試著自行輸入幾筆資料，看看設定有沒有什麼錯誤或遺漏的地方。

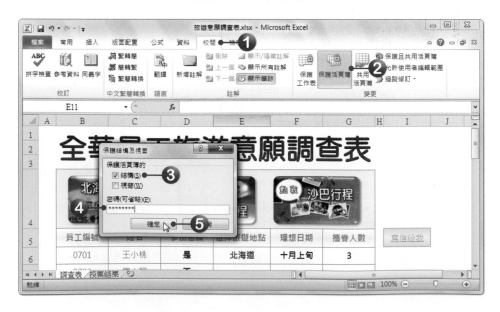

👑 文件的保護

調查表設計好後，可別先急著傳閱，由於這張意願調查表是要開放給公司員工逐一填寫的，為了避免在傳閱的過程中，工作表不小心被某些人誤刪或修改，而必須重新製作，所以要為活頁簿加上保護的設定。

🍓 保護活頁簿

01 點選「**校閱→變更→保護活頁簿**」選項。

02 在「**保護結構及視窗**」對話方塊中，勾選「**結構**」選項，並將密碼設定為「**chwa-001**」，設定好後按下「**確定**」按鈕。

03 接著要再次確認密碼,請再次輸入密碼,輸入好後按下「**確定**」按鈕。

04 到這裡就完成了保護活頁簿的設定。而保護活頁簿的結構後,就無法移動、複製、刪除、隱藏、新增工作表了。

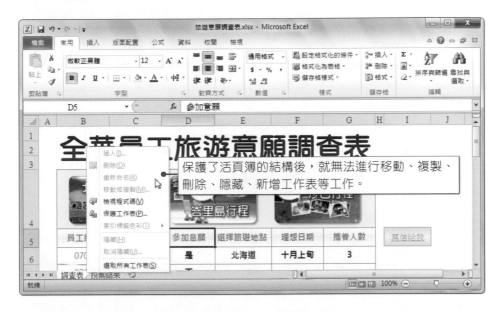

在設定保護活頁簿時,不一定要設定密碼,但若沒有設定密碼,任何使用者只要開啟該檔案都可以取消保護活頁簿的設定。

在設定保護活頁簿時,也可以點選「**檔案→資訊**」功能,再按下「**保護活頁簿→保護活頁簿結構**」選項,即可進行保護的設定。

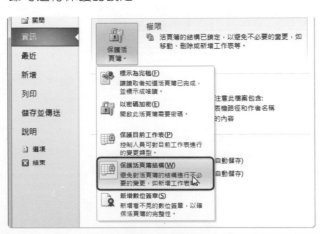

❦ 設定允許使用者編輯範圍

　　除了針對工作表、活頁簿設定保護外，也可以指定某些範圍不必保護，可以允許他人使用及修改。例如：在「調查表」的工作表中，只讓各員工填入自己的資料，而其它部分則無法修改。所以要利用「**允許使用者編輯範圍**」功能，將每個人的儲存格範圍設定一組密碼。

01 選取「**D6:G6**」儲存格，點選「**校閱→變更→允許使用者編輯範圍**」功能，開啟「允許使用者編輯範圍」對話方塊，按下「**新範圍**」按鈕。

02 開啟「新範圍」對話方塊，在「標題」欄位中輸入要使用的標題名稱；在「參照儲存格」中會自動顯示所選取的範圍；在「範圍密碼」欄位中輸入密碼，不輸入表示不設定保護密碼。

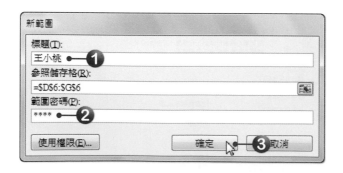

03 王小桃的密碼設定好後按下「**確定**」按鈕，會要再確認一次密碼，密碼確認
完後，會回到「允許使用者編輯範圍」對話方塊。

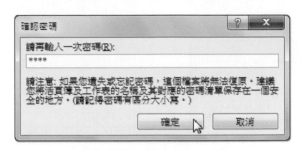

04 此時再按下「新範圍」設定另外一位員工的密碼。輸入標題名稱；再按
下「圖」按鈕，選取「**D7:G7**」範圍，選擇好後按下「圖」按鈕，回到「新範
圍」對話方塊中。

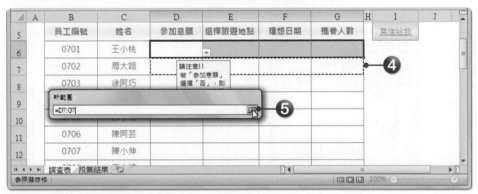

05 範圍選擇好後，輸入該範圍的密碼，再按下「**確定**」按鈕，會要再確認一次密碼，密碼確認完後，回到「允許使用者編輯範圍」對話方塊，繼續完成其他員工的密碼設定。

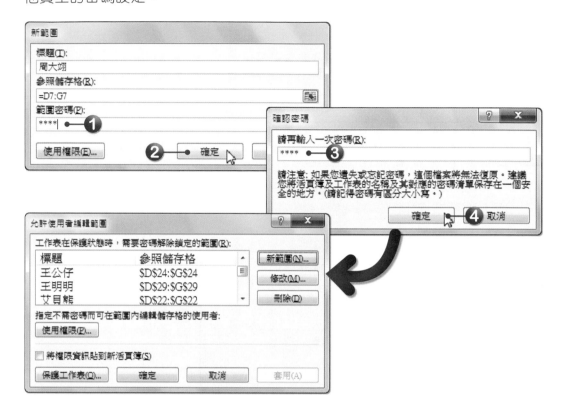

06 當所有密碼設定完成後，再按下「**保護工作表**」按鈕，或是點選「**校閱→變更→保護工作表**」指令按鈕，開啟「保護工作表」對話方塊，進行保護工作表的設定。

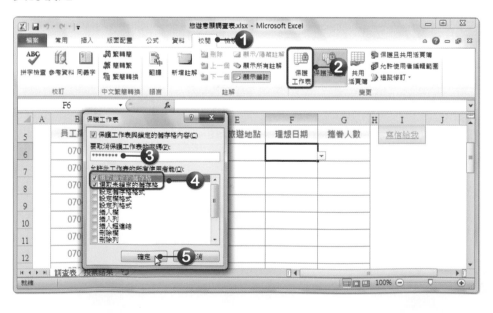

07 按下「**確定**」按鈕後，會再開啟「確認密碼」對話方塊，請再輸入一次密碼，輸入好後按下「**確定**」按鈕。

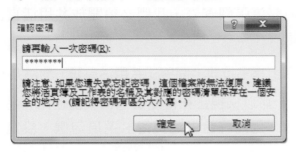

08 完成以上步驟後，當員工開啟該檔案，若要填寫資料時，必須先輸入密碼，才能進行資料輸入的動作。這裡可以開啟「**旅遊意願調查表-結果01**」檔案試試看，每個範圍的密碼是員工編號；活頁簿與工作表保護密碼為「**chwa-001**」。

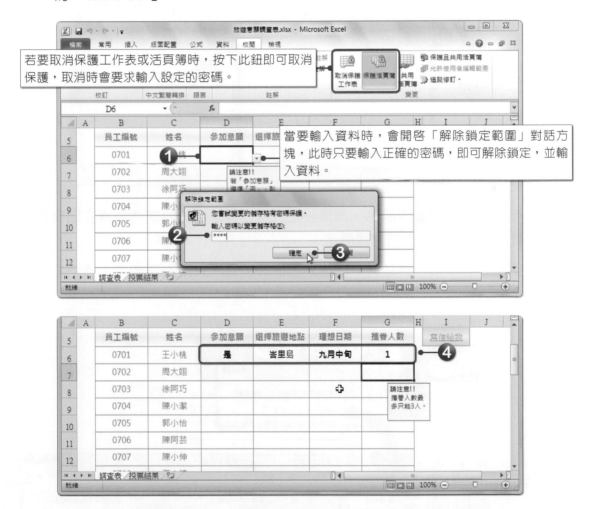

👑 共用活頁簿

　　為了要讓所有人一同使用並填寫這張調查表，我們必須開放共用活頁簿，這樣大家才能一起使用這張調查表。

01 點選「**校閱→變更→共用活頁簿**」指令按鈕，開啓「共用活頁簿」對話方塊。

02 在「共用活頁簿」對話方塊中，可以檢視正在使用這個檔案的使用者名單，將「**允許多人同時修改活頁簿，且允許合併活頁簿**」選項勾選，設定好按下「**確定**」按鈕。

03 接著會出現一個警告訊息，提醒設定共用活頁簿，將會使活頁簿立即儲存，在此按下「**確定**」即可完成設定。

04 檔案儲存完畢後，標題列上的檔案名稱會加上「**共用**」二個字，表示它已是共用的活頁簿。

👑 統計調查結果

　　當所有員工都填寫完畢，別忘了先關閉活頁簿的共用功能以及資源分享。接下來就可以計算最後的投票結果。這裡請開啟「**旅遊意願調查表-統計.xlsx**」檔案，這是一份經傳閱填寫完成的檔案。

🍅 計算參加人數

　　這裡要利用「COUNTIF」函數來計算在「參加意願」中選擇「是」的個數，即可計算出要參加的員工人數。

01 進入「**投票結果**」工作表標籤，點選「**G2**」儲存格，按下「**公式→函數程式庫→插入函數**」指令按鈕，開啟「插入函數」對話方塊。

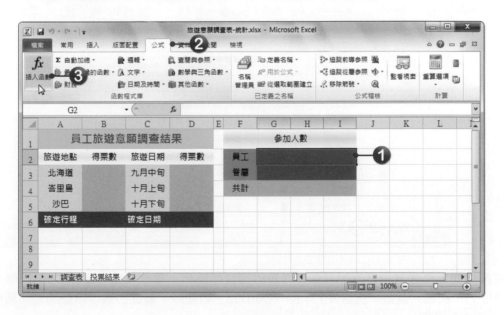

02 選取「**COUNTIF**」函數,選擇好後按下「**確定**」按鈕。

> 要插入COUNTIF函數時,也可以直接點選「**公式→函數程式庫→其他函數**」指令按鈕,於選單中選擇「**統計→COUNTIF**」函數。

03 在「函數引數」對話方塊,按下「Range」引數的「⬛」按鈕,選取範圍。

04 要選取的範圍在「調查表」工作表中,所以按下「**調查表**」工作表標籤,選取「**D6:D35**」儲存格,選擇好後按下「⬛」按鈕。

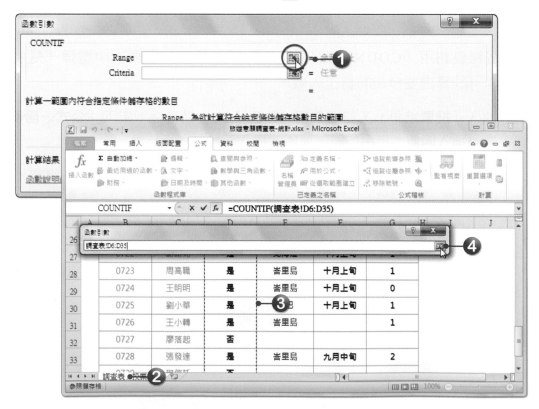

> 當選擇其他工作表當引數時,其他工作表的儲存格參照,會標示成「工作表名稱!儲存格位址」。例如:選取「調查表」中的「**D6:D35**」範圍時,會在引數中自動加上「調查表!」工作表名稱。

05 回到「函數引數」對話方塊，將「Criteria」引數的條件設定為「**是**」，設定好後按下「**確定**」按鈕，即可完成參加人數的計算。

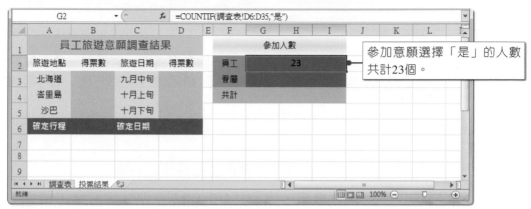

🍓 計算眷屬人數

　　要計算眷屬人數時，可以直接使用加總函數，將「G6:G35」儲存格內的數字加總即可，但為了避免某些人在參加意願選擇了「否」，但又多此一舉的在攜眷人數中填入數字，所以這裡要使用「SUMIF」函數來計算眷屬的人數。SUMIF函數可以計算符合指定條件的數值總和。

語法	SUMIF(Range,Criteria, [Sum_range])
說明	◆ Range：要加總的範圍。 ◆ Criteria：要加總儲存格的篩選條件，可以是數值、公式、文字等。 ◆ Sum_range：將被加總的儲存格，如果省略，則將使用目前範圍內的儲存格。

01 點選「**G3**」儲存格，按下「**公式→函數程式庫→插入函數**」指令按鈕，開啟「插入函數」對話方塊。

02 選取「**數學與三角函數**」中的「**SUMIF**」函數，選擇好後按下「**確定**」按鈕，開啓「函數引數」對話方塊。

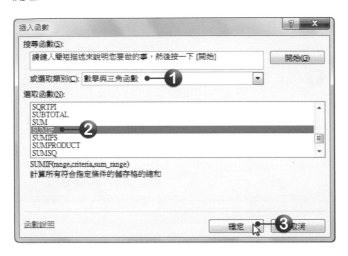

> 要插入SUMIF函數時，也可以直接點選「**公式→函數程式庫→數學與三角函數**」指令按鈕，於選單中選擇「**SUMIF**」函數，即可開啓「函數引數」對話方塊，進行函數的設定。

03 按下「Range」引數的「圖」按鈕，選取比較條件的範圍。

04 按下「**調查表**」工作表標籤，選取「**D6:D35**」儲存格範圍，選擇好後按下「圖」按鈕。

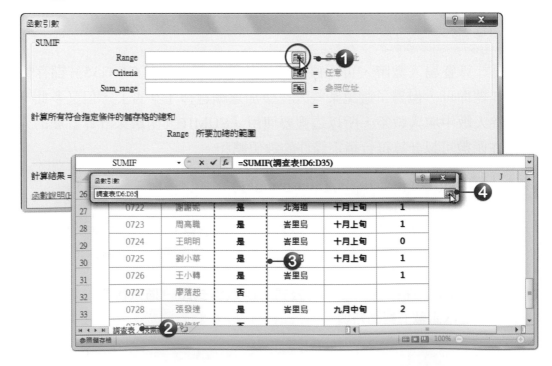

05 回到「函數引數」對話方塊，在「Criteria」引數中輸入「**是**」，輸入好後按下「Sum_range」引數的「圖」按鈕，選取要加總的範圍。

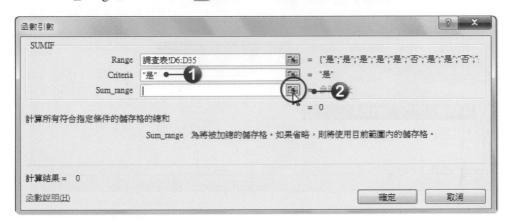

06 按下「**調查表**」工作表標籤，選取「**G6:G35**」儲存格範圍，選擇好後按下「圖」按鈕。

07 回到「函數引數」對話方塊，按下「**確定**」按鈕，即可計算出眷屬人數。

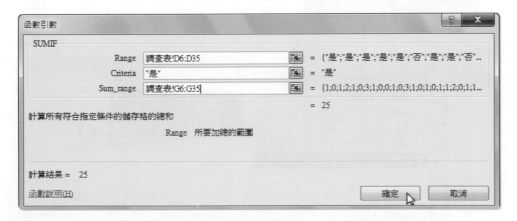

08 回到工作表後，眷屬人數就計算出來了。

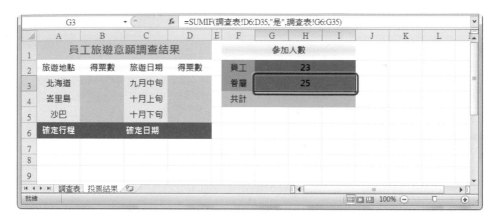

🍓 計算總參加人數

01 點選「**G4**」儲存格，按下「**公式→函數程式庫→插入函數**」指令按鈕，於選單中按下「**加總**」。

02 選擇後，Excel會自動偵測，並框選出加總範圍。

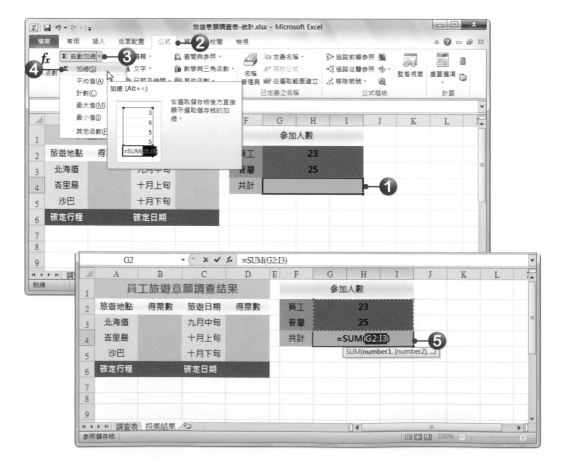

03 範圍沒問題後，按下「Enter」鍵，即可完成總參加人數的計算。

⊙ 計算旅遊地點與旅遊日期得票數

　　這裡同樣使用「COUNTIF」函數來計算在「旅遊地點」與「旅遊日期」的得票數。

旅遊地點的得票數統計

01 點選「**B3**」儲存格，按下「**公式→函數程式庫→插入函數**」指令按鈕，開啟「插入函數」對話方塊。選取「**COUNTIF**」函數，選擇好後按下「**確定**」按鈕。

02 在「函數引數」對話方塊，按下第1個引數(Range)的「▦」按鈕，選取範圍。

03 按下「調查表」工作表標籤，選取「**E6:E35**」儲存格範圍，選擇好後按下「▦」按鈕，回到「函數引數」對話方塊。

04 為了之後要複製公式，這裡先將「列」的範圍設定為絕對位址，請在「6」和「35」前加入「$」符號。

05 接著再按下第2個引數(Criteria)的「▦」按鈕，選取「**A3**」儲存格，選擇好後按下「▦」按鈕，回到「函數引數」對話方塊。

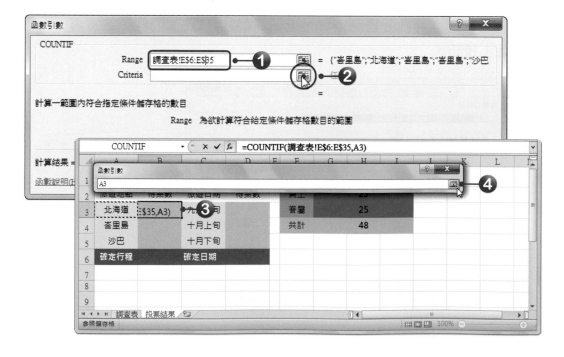

06 設定好後按下「**確定**」按鈕,即可完成北海道得票數的計算。

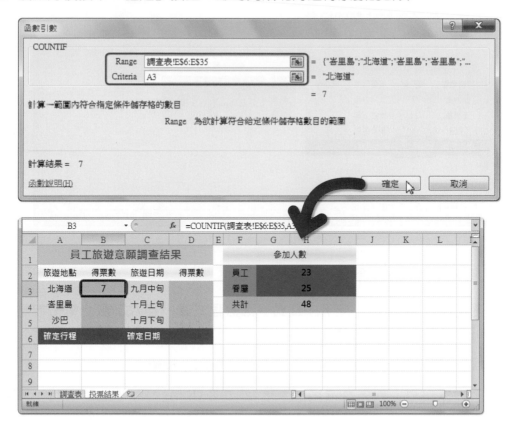

07 將滑鼠游標移至「**B3**」儲存格的填滿控點,將公式複製到「**B4:B5**」儲存格中,即可計算出峇里島與沙巴的得票數。

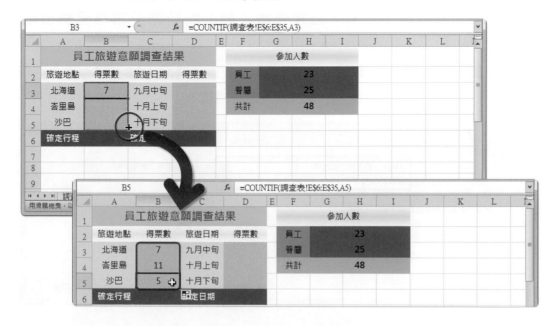

08 旅遊地點的得票數計算完後,最後再將得票數最高的地點填入「B6」儲存格中,就完成了旅遊地點的統計。

旅遊日期的得票數統計

01 點選「**D3**」儲存格,按下「**公式→函數程式庫→插入函數**」指令按鈕,開啟「插入函數」對話方塊。

02 選取「**COUNTIF**」函數,選擇好後按下「**確定**」按鈕。

03 在「函數引數」對話方塊,按下第1個引數(Range)的「📷」按鈕,選取範圍。

04 按下「**調查表**」工作表標籤,選取「**F6:F35**」儲存格範圍,選擇好後按下「📷」按鈕,回到「函數引數」對話方塊。

05 為了之後要複製公式,這裡先將「列」的範圍設定為絕對位址,請在「6」和「35」前加入「$」符號。

06 接著再按下第2個引數(Criteria)的「📷」按鈕,選取「**C3**」儲存格,選擇好後按下「📷」按鈕,回到「函數引數」對話方塊。

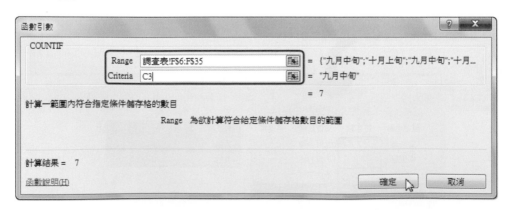

07 設定好後按下「**確定**」按鈕,即可完成九月中旬得票數的計算。

08 將滑鼠游標移至「**D3**」儲存格的填滿控點,將公式複製到「**D4:D5**」儲存格中,即可計算出十月上旬及十月下旬的得票數。

09 旅遊日期的得票數計算完後,最後再將得票數最高的日期填入「**D6**」儲存格中,就完成了旅遊日期的統計。

　　統計資料都完成後,最後即可將結果公布給所有員工了,這裡可以直接使用Excel所提供的電子郵件功能,將工作表傳送出去。只要點選「**檔案→儲存並傳送→使用電子郵件傳送→以附件傳送**」功能,Excel便會自動啟動系統預設的電子郵件軟體來寄送郵件。

是非題

(　　) 1. COUNT函數是計算含有數字的儲存格數量。

(　　) 2. Excel的檔案、活頁簿、工作表及儲存格都可以設定保護。

(　　) 3. 活頁簿一旦啟動保護後，活頁簿內的所有工作表就無法被刪除、複製、移動，但可以插入新的工作表。

(　　) 4. 在Excel中，選取第1列到第3列，再按下滑鼠右鍵，於選單中選擇「插入」，則會插入3列空白列。

選擇題

(　　) 1. 儲存格「A1、A2、A3、A4、A5、A6」資料分別為「45、64、44、76、60、87」，利用COUNTIF()函數，在B2儲存格計算出大於60的值，下列何者正確？
(A)公式：COUNTIF(A1,A6;>60)，值為4。
(B)公式：COUNTIF(A1;A6,>"60")，值為3。
(C)公式：COUNTIF(A1:A6 ,">60")，值為3。
(D)公式：COUNTIF(A1,A6,">60")，值為4。

(　　) 2. 若要與網路上其他使用者編輯同一活頁簿，應利用下列何種功能達成？
(A)「校閱」功能區的「共用活頁簿」 (B)「資料」功能區的「連線」(C)「資料」功能區的「現有連線」 (D)「校閱」功能區的「連線」。

(　　) 3. 在Excel「資料驗證」功能中，「提示訊息」的作用為下列何者？(A)指定該儲存格的輸入法模式 (B)輸入的資料不正確時顯示警訊 (C)設定資料驗證準則 (D)當儲存格被選定時，顯示訊息。

(　　) 4. 若要在儲存格加入超連結的設定，可按下哪一組快速鍵？(A)Ctrl+U (B)Ctrl+K (C)Ctrl+E (D)Ctrl+O。

(　　) 5. 在Excel中，有關資料驗證的描述下列哪個不正確？(A)資料驗證主要功能在於規範資料輸入的限制，以確保資料輸入的正確性 (B)資料驗證可以在儲存格內設定「整數、實數、文字長度、日期」等驗證準則 (C)資料驗證功能無法在儲存格內自行設定函數與公式的驗證準則 (D)當啟動共用活頁簿時，就無法對資料範圍進行資料驗證設定。

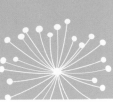

實作題

1. 開啟「Example05→座談會報名表.xlsx」檔案,進行以下設定。

   ✦ 在第1列前插入3列空白列,並加入「音樂座談會報名表」文字藝術師文字,文字格式請自行設定與選擇。

   ✦ 使用資料驗證功能在「座談會名稱」欄位中加入「座談會名稱」清單(清單內容請直接選取儲存格範圍),並加入提示訊息標題「請選擇」;提示訊息內容「請選擇要參加的座談會名稱」。

   ✦ 使用資料驗證功能在「參加名稱」欄位中加入「演講日期」清單(清單內容請直接選取儲存格範圍),並加入提示訊息標題「請選擇」;提示訊息內容「請選擇要參加的日期」。

   ✦ 使用資料驗證功能在「參加名稱」欄位中加入「早場,午場,晚場」清單,並加入提示訊息標題「請選擇」;提示訊息內容「請選擇要參加的場次」。

   ✦ 該份報名表只允許填表者使用「B6:F15」的範圍,該範圍不設定密碼,但請將工作表的保護密碼設定為:chwa-002。

	A	B	C	D	E	F	G	H	I	J	K

（表格圖示）

音樂座談會報名表

姓名	電子郵件	座談會名稱	參加日期	參加場次
王小桃	momo@ms1.chwa.com.tw	峇里島的樂舞戲與生活	1月23日	午場
徐小泰	abc@ms1.chwa.com.tw	烏茲別克手鼓與即藝術		

音樂學堂亞洲樂舞 座談會	
座談會名稱	演講日期
烏茲別克手鼓與即藝術	1月22日 1月23日 1月24日
韓國傳統樂舞與文化政	1月22日 1月23日 1月24日
峇里島的樂舞戲與生活	1月22日 1月23日 1月24日
日本音樂流派觀念與實	1月22日 1月23日 1月24日

※預約報名,欲參加者請填寫報名表。

2. 開啟「Example05→滿意度調查.xlsx」檔案，進行以下設定。

✦ 使用資料驗證功能在「主餐名稱」欄位中加入「主餐名稱」清單(清單內容請直接選取儲存格範圍)。

✦ 使用資料驗證功能在主餐品質、附餐品質、飲料品質、服務態度、上餐速度、餐廳氣氛等欄位中加入「滿意,普通,不滿意」清單，並加入提示訊息標題「請選擇」；提示訊息內容「請選擇對餐飲與服務的滿意度」。

✦ 將活頁簿設定為保護狀態，不設定密碼。

✦ 設定完後請自行填入所有資料。

	主餐名稱	嫩煎牛排	蒜香羊小排	香煎嫩雞	火烤鮭魚	海鮮拼盤	丁骨牛排
主餐名稱		餐飲與服務滿意度調查					
		主餐品質	附餐品質	飲料品質	服務態度	上餐速度	餐廳氣氛
香煎嫩雞		普通	滿意	普通	滿意	滿意	滿意
		滿意	滿意	滿意	普通	不滿意	滿意
		不滿意	滿意	普通	普通	普通	普通
蒜香羊小排		滿意	滿意	滿意	滿意	滿意	滿意

✦ 在「統計結果」工作表中，請利用COUNTIF函數計算出各主餐的點餐率及餐飲與服務滿意度的結果。

✦ 將最後結果E-mail到自己的信箱中。

	A	B	C	D	E	F	G
1	統計結果						
2	主餐名稱	嫩煎牛排	蒜香羊小排	香煎嫩雞	火烤鮭魚	海鮮拼盤	丁骨牛排
3	點餐率	3	2	4	2	2	3
4							
5	餐飲與服務滿意度調查						
6		主餐品質	附餐品質	飲料品質	服務態度	上餐速度	餐廳氣氛
7	滿意	9	9	7	6	8	12
8	普通	5	7	8	8	6	4
9	不滿意	2	0	1	2	2	0

06 產品銷售分析

Example

* **學習目標**

  使用篩選功能找出某些資料、使用小計功能顯示銷售的基本資訊、運用條件
  式加總—SUMIFS函數統計銷售量。

* **範例檔案**

  Example06→產品銷售表.xlsx

* **結果檔案**

  Example06→產品銷售表-篩選結果.xlsx

  Example06→產品銷售表-小計結果.xlsx

  Example06→產品銷售表-排行結果.xlsx

  Example06→產品銷售表-條件式加總結果.xlsx

在「產品銷售分析」範例中，共有三個工作表，利用這些工作表，分別要於「產品明細表」中進行產品的「篩選」；在「各分店銷售明細」工作表中，要利用「小計」功能，看看各分店的銷售業績；在「各分店銷售排行」工作表中，要統計出哪個分店的銷售業績最佳。本範例請開啓「**Example06→產品銷售表.xlsx**」檔案，進行各種產品銷售分析。

👑 篩選的應用

在眾多的資料中，有時候只需要某一部分的資料時，可以利用「**篩選**」功能，把需要的資料留下，隱藏其餘用不著的資料。針對這樣的需求，Excel提供了「**篩選**」功能，可以快速篩選出需要的資料。

🍓 自動篩選

「**自動篩選**」功能可以為每個欄位設一個準則，只有符合每一個篩選準則的資料才能留下來。在設定自動篩選之後，便會將每一個欄位中的儲存格內容都納入篩選選單中，然後在選單中選擇想要瀏覽的資料。經過篩選後，不符合準則的資料就會被隱藏。

以本範例來說，假設欲使用「自動篩選」來檢視「速食麵」的所有產品明細，其作法如下：

01 選取工作表中資料範圍內的任一儲存格，再點選「**資料→排序與篩選→篩選**」指令按鈕。

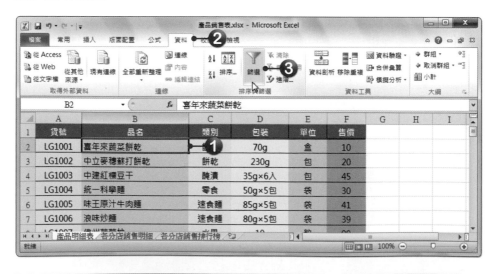

> 按下鍵盤上的「Ctrl+Shift+L」快速鍵，也可以啓動自動篩選功能。

02 點選後每一欄資料標題的右邊，都會出現一個「▼」選單鈕。

03 按下「**類別**」欄位的「▼」選單鈕，再將「**全選**」的勾選取消，將所有勾選取消，再勾選「**速食麵**」項目，勾選好後按下「**確定**」按鈕。

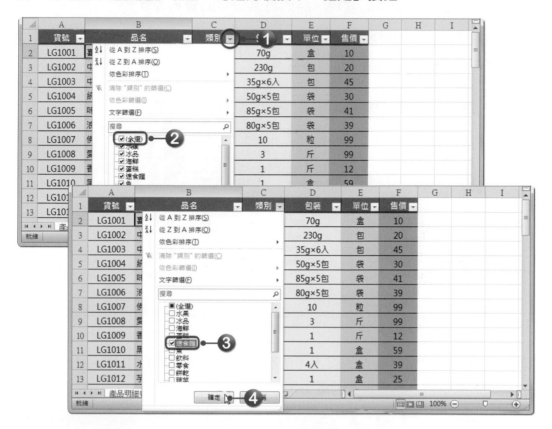

04 選擇好後，「類別」欄位的「▼」選單鈕會變成「▼」選單鈕，並且篩選出「速食麵」類別的資料，而其餘資料就都被隱藏起來。

	A	B	C	D	E	F	G	H	I
1	貨號	品名	類別	包裝	單位	售價			
6	LG1005	味王原汁牛肉麵	速食麵	85g×5包	袋	41			
7	LG1006	浪味炒麵	速食麵	80g×5包	袋	39			
32	LG1031	統一碗麵	速食麵	85g×3碗	組	38			
33	LG1032	維力大乾麵	速食麵	100g×5包	袋	65			
34	LG1033	揚豐肉燥3分拉麵	速食麵	300g×3包	組	69			
53	LG1052	五木拉麵	速食麵	340g×3包	組	79			

產品明細表　各分店銷售明細　各分店銷售排行榜

就緒　從 65 中找出 6 筆記錄　　100%

自訂篩選

使用自訂篩選，可以設定各種條件，例如：大於某個值的資料、排名前幾項的資料、包含某個字的資料、開頭為某個字的資料等。

01 按下「品名」欄位的「▼」選單鈕，於選單中選擇**「文字篩選→自訂篩選」**，開啟「自訂自動篩選」對話方塊。

02 接著，即可進行篩選的設定，這裡要設定的是當品名中有「統一」或是「味王」文字時，就將資料篩選出來。

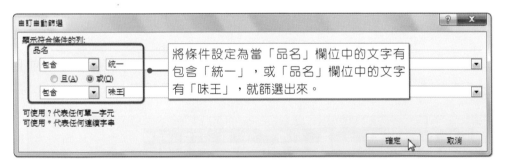

將條件設定為當「品名」欄位中的文字有包含「統一」，或「品名」欄位中的文字有「味王」，就篩選出來。

> 在「自訂自動篩選」對話方塊中，第2個欄位是用來輸入篩選的關鍵字。除了輸入完整的文字，還可以輸入「?」表示任何一個字，輸入「*」表示任何一組連續的文字。例如：設定「貨號」要包含「LG102?」的資料，會篩選出LG1020到LG1029的資料；設定「品名」要包含「*奶」的資料，則會篩選出「義美古早傳統豆奶」、「味全香豆奶」及「福樂牛奶」等三筆資料。

03 設定完成後，品名中有包含「統一」或是「味王」的資料，就會被篩選出來，而在狀態列也會顯示篩選的結果。

	A	B	C	D	E	F
1	貨號	品名	類別	包裝	單位	售價
5	LG1004	統一科學麵	零食	50g×5包	袋	30
6	LG1005	味王原汁牛肉麵	速食麵	85g×5包	袋	41
28	LG1027	統一冰戀草莓雪糕	冰品	75ml×5支	盒	55
32	LG1031	統一碗麵	速食麵	85g×3碗	組	38
48	LG1047	統一寶健	飲料	500cc×12瓶	箱	109

從 65 中找出 5筆記錄

清除篩選

　　清除篩選可分為二種：一種是清除單一欄位的篩選；另一種則是清除所有欄位的篩選。若要清除單一欄位的篩選時，直接在該欄位上按下選單鈕，於選單中選擇「**清除XX的篩選**」功能，即可將被隱藏的資料重新顯示出來。

　　若要清除所有欄位的篩選設定時，可以點選「**資料→排序與篩選→清除**」指令按鈕，即可將所有欄位的篩選設定清除，此時所有資料也都會顯示出來，但篩選的清單鈕還是會存在。

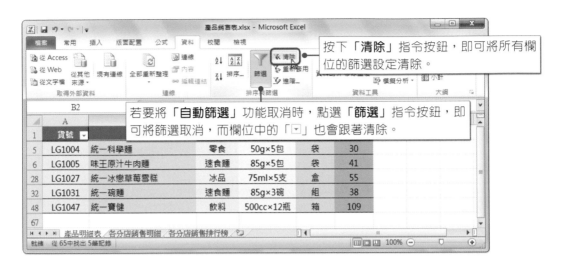

進階篩選

　　利用「**進階篩選**」功能，可以將資料做更進一步的分析，例如：要從資料裡篩選出「類別」為「飲料」及「蛋糕」的資料，但其中該類別的售價還都必須大於50元。像這樣的分析就要使用「**進階篩選**」功能。

01 在現有的資料最上方插入5列，用來設定準則。選取第1列到第5列，按下滑鼠右鍵，於選單中選擇「**插入**」，即可插入5列空白列。

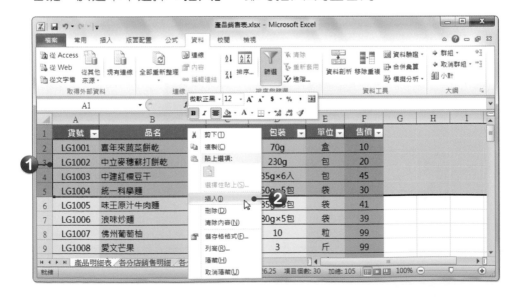

02 選取「**A6:F6**」儲存格，按下鍵盤上的「Ctrl+C」複製快速鍵，複製選取的儲存格。

03 點選「**A1**」儲存格，按下鍵盤上的「Ctrl+V」貼上快速鍵，將複製的資料貼上，這是準備用來做準則的標題。

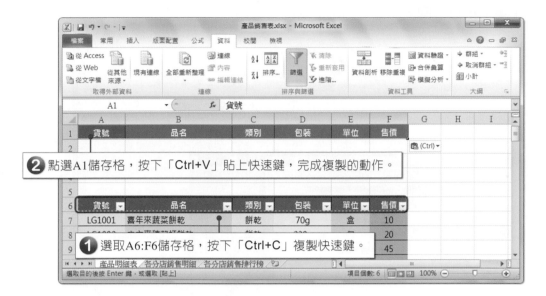

04 在「C2」儲存格中輸入「**飲料**」文字，在「F2」儲存格中輸入「**>50**」，這是第一個準則，此準則是要篩選「飲料」類別，且售價大於50的資料。

05 在「C3」儲存格中輸入「**蛋糕**」文字，在「F3」儲存格中輸入「**>50**」，這是第二個準則，此準則是要篩選「蛋糕」類別，且售價大於50的資料。

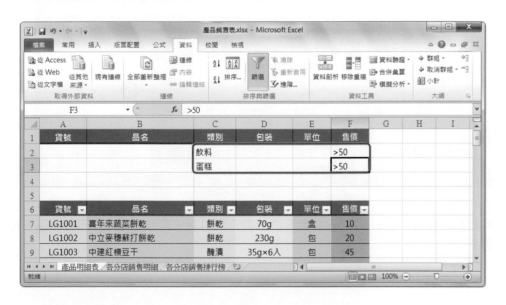

06 準則都設定好後，點選「**資料→排序與篩選→進階**」指令按鈕，開啟「進階篩選」對話方塊。

07 點選「**將篩選結果複製到其他地方**」選項，在「資料範圍」欄位按下「🔲」按鈕，選取「**A6:F71**」儲存格，這個範圍是即將被篩選的資料。範圍選擇好後按「🔲」按鈕，回到「進階篩選」對話方塊中。

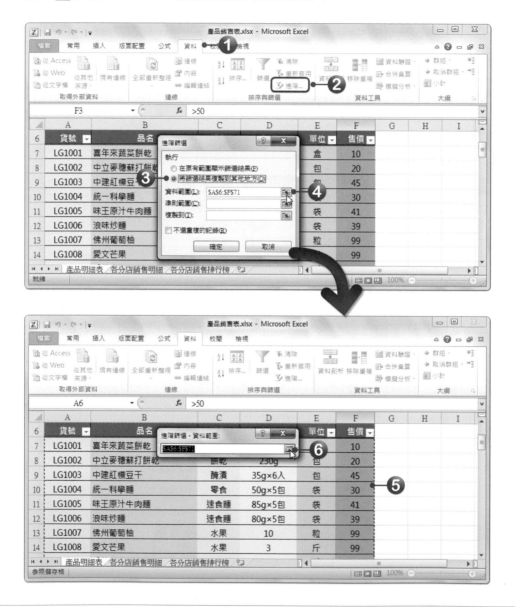

在資料範圍的部分，Excel會自動判斷要篩選的資料範圍，若該範圍是正確的，就不必再重新選取。

08 在「準則範圍」欄位中按下「■」按鈕，選取「**A1:F3**」儲存格，這裡是用來篩選的準則。範圍選擇好後按「■」按鈕，回到「進階篩選」對話方塊中。

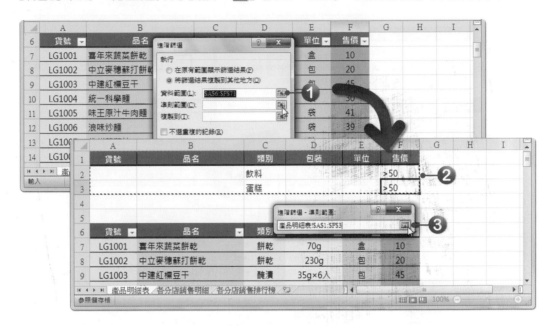

09 在「複製到」欄位中按下「■」按鈕，選取「**H1**」儲存格，表示要將篩選的結果從「**H1**」儲存格開始存放。範圍選擇好後按「■」按鈕，回到「進階篩選」對話方塊中。

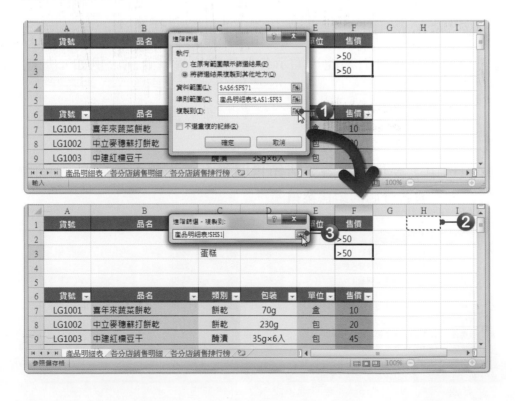

10 設定好後按下「**確定**」按鈕,從「H1」儲存格開始,存放被篩選出來的資料,同時找出「飲料」及「蛋糕」中,售價大於50元的商品。

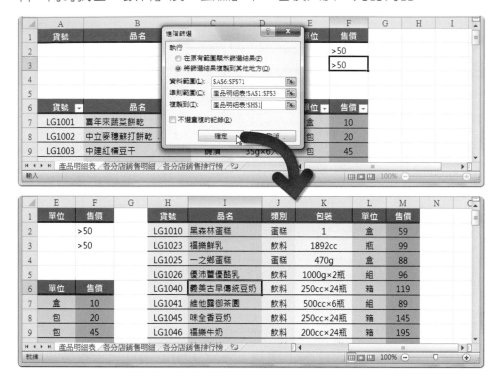

👑 小計

當遇到一份報表中的資料繁雜、互相交錯時,若要從中找到一個種類的資訊時,可以使用「**小計**」功能,顯示各個種類的基本資訊,例如:加總、平均、最大值等。

🍓 使用「小計」功能

在此範例中,要使用「**各分店銷售明細**」工作表內的資料,利用「**小計**」功能,來看看各分店的銷售業績。

	分店名稱	貨號	品名	售價	數量	業績
1	分店名稱	貨號	品名	售價	數量	業績
2	土城店	LG1004	統一科學麵	30	20	$600
3	土城店	LG1002	中立麥穗蘇打餅乾	20	10	$200
4	木柵店	LG1003	中建紅標豆干	45	12	$540
5	板橋店	LG1004	統一科學麵	30	60	$1,800
6	木柵店	LG1005	味王原汁牛肉麵	41	45	$1,845
7	木柵店	LG1006	浪味炒麵	39	26	$1,014
8	板橋店	LG1002	中立麥穗蘇打餅乾	20	57	$1,140
9	板橋店	LG1008	愛文芒果	99	36	$3,564
10	土城店	LG1028	台灣牛100%純鮮乳冰淇淋	89	24	$2,136

產品明細表 / 各分店銷售明細 / 各分店銷售排行榜

01 進入「**各分店銷售明細**」工作表中，先將作用儲存格移至「**分店名稱**」欄位中，再點選「**資料→排序與篩選→從A到Z排序**」指令按鈕，將「分店名稱」欄位照筆劃數遞增排序。

02 接著點選「**資料→大綱→小計**」指令按鈕，開啟「小計」對話方塊，進行小計的設定。

03 接著在「分組小計欄位」選單中選擇「**分店名稱**」，這是要計算小計時分組的依據；在「使用函數」選單中選擇「**加總**」，選擇用加總的方法來計算小計。在「新增小計位置」選單中將「**數量**」及「**業績**」勾選，則會將同一個分組的「數量」及「業績」加總，顯示為小計的資訊。

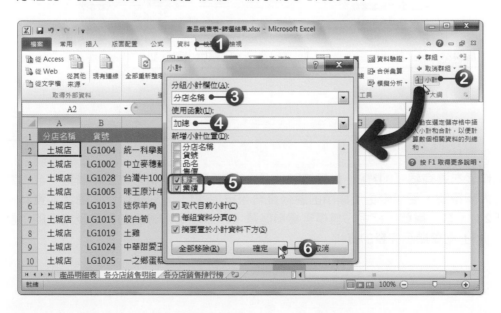

04 都設定好後，按下「**確定**」按鈕，回到工作表中，可以看到每一個分店類別下，顯示一個「小計」。而這裡的小計資訊，是將同一分店的數量和業績加總得來的。

05 產生小計後，在工作表的左邊會有一些「−」按鈕，稱作「展開/摺疊」鈕，按下「−」鈕，會變成「+」鈕，並且隱藏分組的詳細資訊，只顯示每一個分組的小計資訊。再按一下「+」按鈕，又變回「−」按鈕，可以顯示分組的資訊。

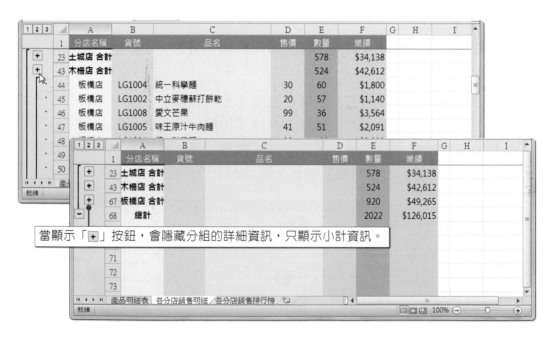

當顯示「+」按鈕，會隱藏分組的詳細資訊，只顯示小計資訊。

在工作表左邊有個「1 2 3」大綱符號，這大綱符號是將資料分成三個層級，經由點按這些大綱符號，便可變更所顯示的層級資料。按下「1」，只會顯示「總計」資料；按下「2」，會將貨號、品名、售價等資料隱藏，只顯示每個分店的數量及業績的小計；按下「3」則會顯示完整的資料。

🍓 移除「小計」功能

如果不需要「小計」了，只要再點選「**資料→大綱→小計**」指令按鈕，於「小計」對話方塊中，按下「**全部移除**」即可。

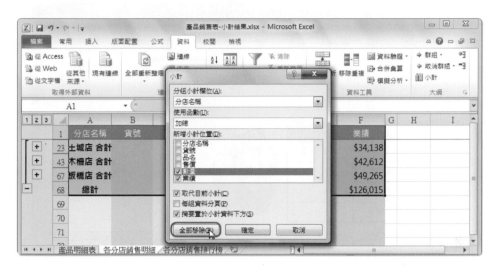

👑 銷售排行榜

將各分店的銷售明細利用「小計」功能運算後，便知道三家分店中，銷售業績最佳的是「板橋店」，再來是「木柵店」，而「土城店」則是最後一名。

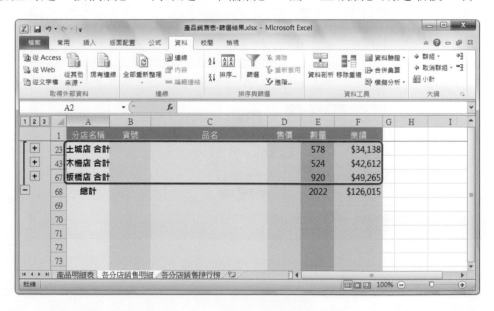

有了這些資訊後，便可以在「**各分店銷售排行榜**」工作表中，製作銷售排行榜。

01 點選「**各分店銷售排行榜**」工作表，在「分店名稱」欄位中分別填入「**板橋店、木柵店、土城店**」等分店名稱。

02 在「名次」欄位中分別填入「**1、2、3**」等名次。

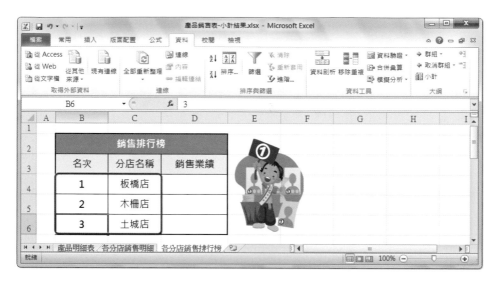

03 在「銷售業績」儲存格中，我們要直接對照「各分店銷售明細」工作表，所計算出來的「小計」儲存格。所以，請於「**D4**」儲存格中輸入「**=**」，輸入好後點選「**各分店銷售明細**」工作表。

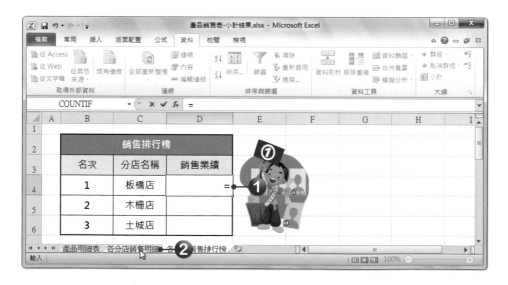

04 進入「**各分店銷售明細**」工作表後，直接點選板橋店的業績小計，也就是「**F67**」儲存格，點選後「F67」儲存格會有虛線框線，表示已被選取。

05 點選好後，按下「Ｅｎｔｅｒ」鍵，回到「**各分店銷售排行榜**」工作表中，於「D4」儲存格中就會顯示板橋店的業績小計。

06 依照同樣對照方式，依序為木柵店及土城店也設定對應的業績小計，這樣銷售排行榜便製作完成了。

☰ 條件式加總—SUMIFS

　　表格設計好了之後，有時候仍會遇到需要特別計算的例子，例如：若要臨時計算板橋店的「統一科學麵」的銷售業績，是不是有什麼方法可以應付類似這樣的計算呢？此時，不妨利用「**SUMIFS**」函數，它可以自訂加總條件，快速計算出結果。

語法	SUMIFS(Sum_range,Criteria_range1,Criteria1,…)
說明	◆ Sum_range：此為必要引數，這是要計算總和的一個或多個儲存格，如果是保留空白或文字值，則會忽略。 ◆ Criteria_range1：此為必要引數，是要以特定條件評估的儲存格範圍。 ◆ Criteria1：此為必要引數，是用以定義criteria_range1引數中要相加之儲存格的準則，可以是數字、運算式、儲存格參照或文字。

01 進入「**各分店銷售明細**」工作表，點選任一儲存格，也就是要存放加總結果的儲存格。

02 點選「**公式→函數程式庫→數學與三角函數**」指令按鈕，於選單中點選「**SUMIFS**」函數。

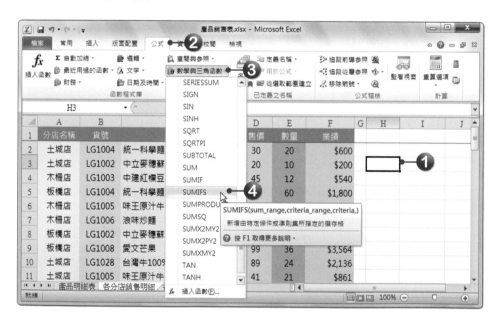

03 開啟「函數引數」對話方塊後，按下「Sum_range」引數的「![icon]」按鈕，選取要加總的範圍。

04 接著請選取「**F2:F64**」儲存格，選取好後按下「![icon]」按鈕，回到「函數引數」對話方塊中。

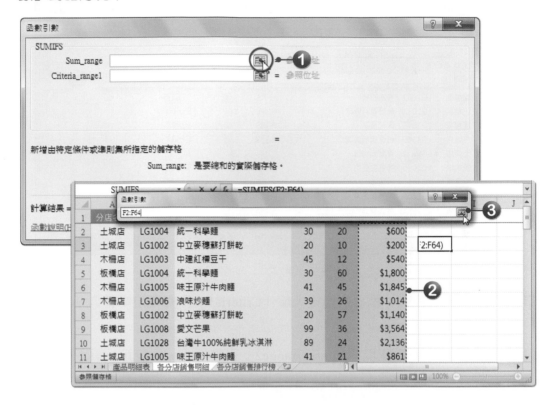

05 回到「函數引數」對話方塊後，再按下「Criteria_range1」引數的「![icon]」按鈕，選取要設定為條件的範圍。

06 接著請選取「**A2:A64**」儲存格，選取好後按下「◨」按鈕，回到「函數引數」對話方塊中。

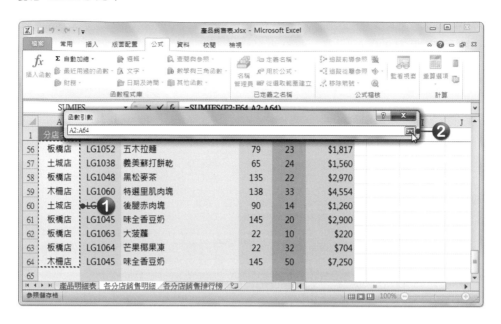

07 回到「函數引數」對話方塊後，於「Criteria1」引數欄位中輸入「**=板橋店**」條件。

08 輸入好後，接著按下「Criteria_range2」引數的「◨」按鈕，選取第二個要設定為條件的範圍。

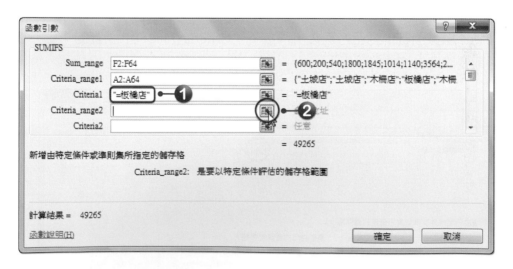

09 接著請選取「**C2:C64**」儲存格,選取好後按下「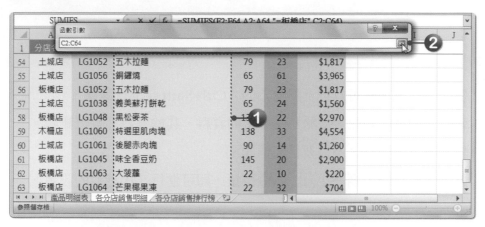」按鈕,回到「函數引數」對話方塊中。

10 回到「函數引數」對話方塊後,於「Criteria2」引數欄位中輸入「**=統一科學麵**」條件。到這裡整個條件都設定好了,最後按下「**確定**」按鈕,即可完成條件式加總的計算。

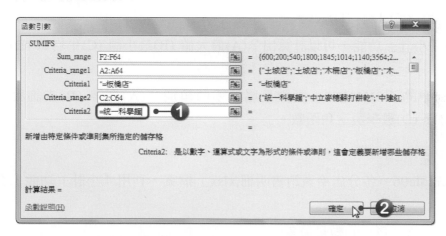

11 回到工作表後,即可計算出板橋店的「統一科學麵」銷售業績。

是非題

( ) 1. 要開啟篩選功能可以按下鍵盤上的「Ctrl+Shift+L」快速鍵。

( ) 2. 執行「篩選」功能後，除了留下來的資料，其餘資料都會被刪除。

( ) 3. 設計篩選準則時，不需要任何標題。

( ) 4. 點選「資料→大綱→小計」指令按鈕，即可進行「小計」的設定。

選擇題

( ) 1. 將篩選準則輸入為「???冰沙」，不可能篩選出下列哪一筆資料？(A)草莓冰沙 (B)巧克力冰沙 (C)百香果冰沙 (D)翡冷翠冰沙。

( ) 2. 輸入篩選準則時，以下哪個符號可以代表一串連續的文字？(A)「*」(B)「?」(C)「/」(D)「+」。

( ) 3. 利用「小計」功能，可以計算出？(A)最大值 (B)最小值 (C)平均值 (D)以上皆可。

( ) 4. Excel中的「SUMIFS」函數是屬於哪個類別？(A)文字 (B)查詢與參照 (C)財務 (D)數學與三角函數。

實作題

1. 開啟「Example06→各分店冷氣銷售明細.xlsx」檔案，利用「小計」功能，進行以下設定。

   ✦ 找出哪一台冷氣賣出的數量最多。

		A	B	C	D	E	F	G	H
1 2 3		分店名稱	品名	售價	數量	業績			
	1								
+	15		西屋側吹式冷氣 合計		5				
+	17		西屋側吹窗型冷氣 合計		5				
+	21		惠而浦窗型冷氣 合計		15				
+	24		普騰一對一分離式冷氣 合計		5				
+	26		普騰左側吹式窗型冷氣 合計		1				
+	28		普騰窗型冷氣 合計		7				
+	31		聲寶一對二分離式冷氣 合計		2				
+	35		聲寶窗型冷氣 合計		17				
-	36		總計		76				

工作表1 / 工作表2 / 工作表3

✦ 哪一個分店的銷售業績最好。

1 2 3		A	B	C	D	E	F	G	H
	1	分店名稱	品名	售價	數量	業績			
+	8	永和 合計				$209,210			
+	15	桃園 合計				$190,710			
+	21	景美 合計				$146,340			
+	27	楊梅 合計				$167,420			
−	28	總計				$713,680			
	29								

工作表1 / 工作表2 / 工作表3

✦ 各分店的銷售業績平均值為多少。

1 2 3		A	B	C	D	E	F	G	H
	1	分店名稱	品名	售價	數量	業績			
+	8	永和 平均值				$34,868			
+	15	桃園 平均值				$31,785			
+	21	景美 平均值				$29,268			
+	27	楊梅 平均值				$33,484			
−	28	總計平均數				$32,440			
	29								

工作表1 / 工作表2 / 工作表3

2. 開啟「Example06→拍賣交易紀錄.xlsx」檔案，進行以下設定。

✦ 分別找出商品名稱包含「場刊」的所有拍賣紀錄。

	A	B	C	D	E	F	G	H
1	拍賣編號	商品名稱	結標日	得標價格	賣家代號	賣家姓名		
15	53721737	Kyo to Kyo2009場刊	4月29日	¥500	ki	堀口		
23	53535956	2009夏Con場刊	5月6日	¥1,000	e11a	木下		
24	53767981	2009春Con場刊	5月6日	¥900	doraa	小林		
26	e24909593	2009春Con場刊	5月8日	¥1,300	basara	倉家		
29	e25058192	2008夏Con場刊	5月10日	¥1,000	nazu	白岩		
30	c36126932	2009年場刊	5月10日	¥630	blue	秋山		
33	e24935032	Kyo to Kyo場刊2冊	5月10日	¥5,750	satoko	笠原		
35	53570356	新宿少年偵探團場刊	5月15日	¥510	yamato	大和		
37	54735835	Stand by me場刊	5月17日	¥8,250	yunrun	成田		
39	e25533571	Johnnys祭場刊	5月18日	¥1,400	sam	鮫島		

工作表1 / 工作表2 / 工作表3

✦ 找出得標價格前5名的拍賣紀錄。

	A	B	C	D	E	F	G	H
1	拍賣編號	商品名稱	結標日	得標價格	賣家代號	賣家姓名		
17	53734100	Jr.時代雜誌內頁47頁	5月1日	¥3,200	HINA	平木		
22	d30567193	雜誌內頁240頁	5月4日	¥3,600	satoko	笠原		
28	e25018091	會報1～13	5月9日	¥3,300	michi	後藤		
33	e24935032	Kyo to Kyo場刊2冊	5月10日	¥5,750	satoko	笠原		
37	54735835	Stand by me場刊	5月17日	¥8,250	yunrun	成田		
48								

工作表1 / 工作表2 / 工作表3

3. 開啟「Example06→書籍銷售表.xlsx」檔案，進行以下設定。

✦ 找出「斷背山」一書在第三季的銷售總金額。

✦ 找出「斷背山」一書在第三季的銷售總數量。

	A	B	C	D	E	F	G	H
1			102年全華書局書籍銷售明細表					
2	銷售季期	書籍編號	書名	定價	銷售數量	銷售金額		斷背山第三季銷售金額
3	1	15139	藍海策略-開創無人競爭的全新市場	$450	2	$900		$4,200
4	3	32125	哈利波特6-混血王子的背叛	$529	3	$1,587		斷背山第三季銷售數量
5	2	22154	數位密碼	$350	4	$1,400		14
6	2	41542	李伯伯最愛的40本書	$240	1	$240		
7	3	32145	斷背山	$300	5	$1,500		
8	1	81420	美容大王	$280	6	$1,680		
9	4	21542	達文西密碼	$350	1	$350		
10	2	37514	在天堂遇見的五個人	$250	5	$1,250		
11	3	38547	最後十四堂星期二的課	$220	4	$880		
12	3	28417	微物證據	$390	9	$3,510		
13	2	35847	盲目的烏鴉	$320	10	$3,200		
14	1	41325	追風箏的孩子	$280	50	$14,000		
15	4	48572	天上掉下來的乳酪	$200	3	$600		
16	2	18754	富爸爸·窮爸爸	$250	5	$1,250		

銷售明細

07 樞紐分析表製作
Example

✱ 學習目標

建立樞紐分析表、隱藏明細資料、篩選資料、設定標籤群組、交叉分析篩選器、修改欄位名稱、以百分比顯示資料、銷售小計、依銷售總額排序、分頁顯示、改變報表格式、製作樞紐分析圖。

✱ 範例檔案

Example07→數位相機銷售表.xlsx

✱ 結果檔案

Example07→數位相機銷售表-樞紐分析表.xlsx
Example07→數位相機銷售表-交叉分析表.xlsx
Example07→數位相機銷售表-分頁顯示.xlsx
Example07→數位相機銷售表-報表格式.xlsx
Example07→數位相機銷售表-樞紐分析圖.xlsx

當我們運用Excel輸入了許多流水帳的資料，是很難從這些資料中，一下子就分析出這些資料所代表的意義。所以Excel提供了一個資料分析的利器—**「樞紐分析表」**。

「樞紐分析表」是一種可以量身訂作的表格，我們只需拖曳幾個欄位，就能夠將大筆的資料自動分類，同時顯示分類後的小計資訊，而它根據各種不同的需求，能隨便改變欄位位置，進而即時顯示出不同的訊息。本範例請開啓**「Example07→數位相機銷售表.xlsx」**檔案，進行樞紐分析表的製作。

	A	B	C	D	E	F	G	H	I	J
1	訂單編號	銷售日期	門市	廠牌	型號	單價	數量	銷售量		
2	ORD0001	1月8日	台北	SONY	Cyber-shot TX55	$12,980	2	$25,960		
3	ORD0002	1月14日	台中	Canon	IXUS 1000 HS	$9,800	4	$39,200		
4	ORD0003	1月15日	台北	RICOH	CX2	$10,490	2	$20,980		
5	ORD0004	1月15日	新竹	Panasonic	DMC-GF3	$12,990	3	$38,970		
6	ORD0005	1月17日	高雄	Panasonic	DMC-TS3	$14,990	1	$14,990		
7	ORD0006	1月21日	新竹	SONY	NEX-7	$21,980	3	$65,940		
8	ORD0007	1月25日	台北	SONY	NEX-5N	$16,980	2	$33,960		
9	ORD0008	2月2日	台中	SONY	Cyber-shot TX55	$12,980	2	$25,960		
10	ORD0009	2月5日	台南	Panasonic	DMC-G10	$18,990	1	$18,990		
11	ORD0010	2月7日	台中	Canon	PowerShot G12	$14,900	5	$74,500		
12	ORD0011	2月7日	台北	Canon	PowerShot SX10 IS	$13,990	1	$13,990		
13	ORD0012	2月10日	台中	Panasonic	DMC-FZ100	$14,900	1	$14,900		
14	ORD0013	2月14日	台北	RICOH	CX5	$8,888	1	$8,888		
15	ORD0014	2月18日	高雄	FUJIFILM	Real 3D W3	$16,900	4	$67,600		

銷售明細

> 像這樣的流水帳，很難看出哪一款相機賣得最好。

👑 建立樞紐分析表

在這個範例中，要將數位相機全年度的銷售紀錄建立一個樞紐分析表，讓我們可以馬上看到各種相關的重要資訊。

01 選取工作表中資料範圍內的任一個儲存格，再點選**「插入→表格→樞紐分析表」**指令按鈕，於選單中選擇**「樞紐分析表」**。

02 開啟「建立樞紐分析表」對話方塊後，Excel會自動選取儲存格所在的表格範圍，請確認範圍是否正確。點選**「新工作表」**，將產生的樞紐分析表放置在新的工作表中，都設定好後按下**「確定」**按鈕。

此範圍Excel會自動判斷，若範圍不正確時，可自行重新選取。

03 Excel就會自動新增一個**「工作表1」**，並於工作表中顯示一個樞紐分析表的提示，而在工作表的右邊則會有**「樞紐分析表欄位清單」**。Excel會從樞紐分析表的來源範圍，自動分析出欄位，通常是將一整欄的資料當作一個欄位，這些欄位可以在**「樞紐分析表欄位清單」**中看到。

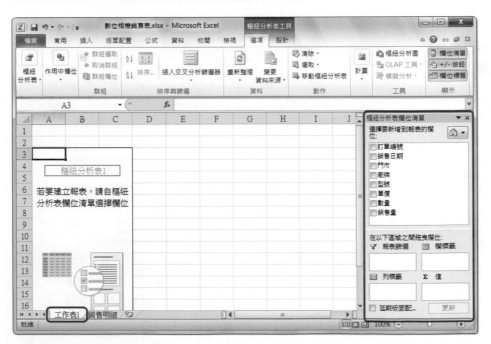

在工作表右邊的「樞紐分析表欄位清單」可依需求選擇顯示或隱藏，只要點選**「樞紐分析表工具→選項→顯示→欄位清單」**指令按鈕，即可將「樞紐分析表欄位清單」隱藏起來。

♔ 產生樞紐分析表的資料

有了樞紐分析表後，接著要開始在樞紐分析表中進行版面的配置及加入欄位的動作。

🍓 加入欄位

在此範例中，要將「門市」加入**「報表篩選」**中；將「銷售日期」加入**「列標籤」**中；將「廠牌」、「型號」加入**「欄標籤」**中；將「數量」及「銷售量」加入**「Σ值」**區域中。以下為各區域的說明：

◆ 報表篩選：限制下方的欄位只能顯示指定資料。

◆ 列標籤：用來將資料分類的項目。

◆ 欄標籤：用來將資料分類的項目。

◆ Σ值：用來放置要被分析的資料，也就是直欄與橫列項目相交所對應的資料，通常是數值資料。

01 選取樞紐分析表欄位清單中的**「門市」**欄位，將它拖曳到**「報表篩選」**區域中。

> 點選**「樞紐分析表工具→選項→顯示」**群組中的**「欄位清單」**，可以控制「樞紐分析表欄位清單」窗格的開啟與關閉。

02 選取「**廠牌**」欄位，將它拖曳到「**欄標籤**」區域中；選取「**型號**」欄位，將它拖曳到「**欄標籤**」區域中。在樞紐分析表中就可以對照出每一個日期所交易的型號以及數量。

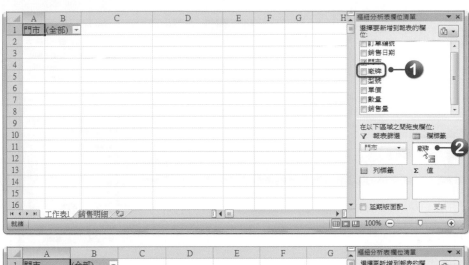

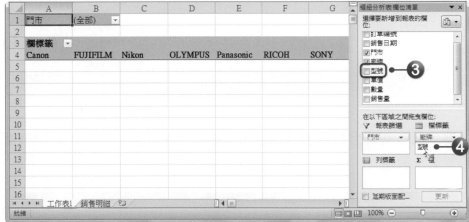

03 選取「**銷售日期**」欄位，將它拖曳到「**列標籤**」區域中。

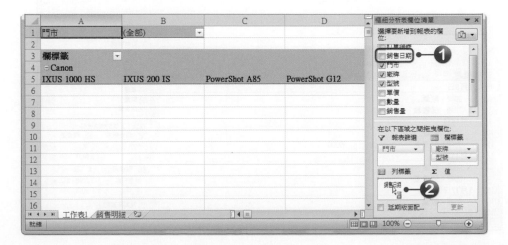

04 選取「**數量**」欄位，將它拖曳到「**Σ 值**」區域中。

05 選取「**銷售量**」欄位，將它拖曳到「**Σ 值**」區域中，現在「**Σ 值**」區域中，
同時顯示「數量」以及「銷售額」兩項資料。

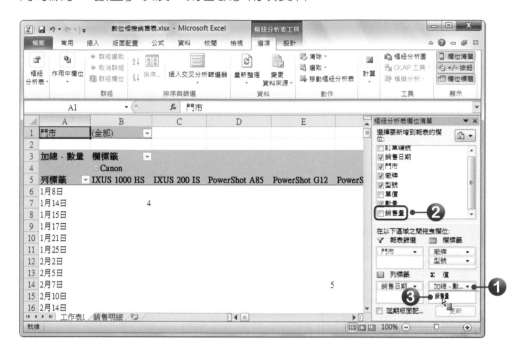

06 到這裡，基本樞紐分析表就完成了，從樞紐分析表中可以看出各廠牌產品的
銷售數量及業績。

移除欄位

若要移除某個欄位時，直接在欄位上按一下滑鼠左鍵，於選單中選擇「**移除欄位**」，即可將欄位從區域中移除，而此欄位的資料也會從工作表中消失。

樞紐分析表的使用

當樞紐分析表建立好，即可開始進一步的使用樞紐分析表。

隱藏明細資料

雖然「樞紐分析表」對於資料的分析很有幫助，但有時分析表中過多的欄位反而會使人無所適從，因此，必須適時地隱藏暫時不必要出現的欄位。

例如：我們方才製作出的樞紐分析表，詳細列出各個廠牌中所有型號的銷售資料。假若現在只想察看各廠牌間的銷售差異，那麼其下所細分的各家「型號」資料反而就不是分析重點了。

在這樣的情形下，應該將有關「型號」的明細資料暫時隱藏起來，只檢視「廠牌」標籤的資料就可以了。

01 按下「Canon」廠牌前的「－」摺疊鈕，即可將「Canon」廠牌下的各款型號的明細資料隱藏起來。

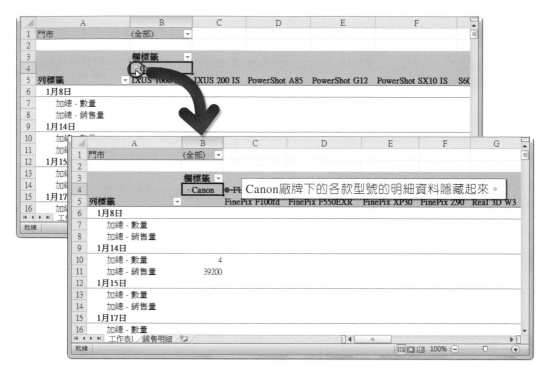

Canon廠牌下的各款型號的明細資料隱藏起來。

02 再利用相同方式，即可將其他廠牌的資料明細隱藏起來。將多餘的資料隱藏後，反而更能馬上比較出各個廠牌之間的銷售差異。

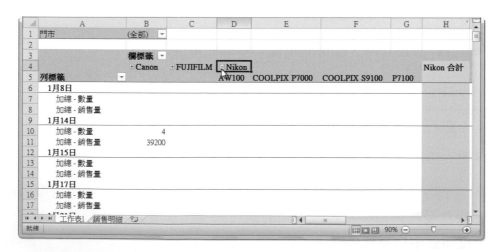

如果要再次顯示被隱藏的明細資料，只要再按「＋」展開鈕，即可將其下分類標籤的詳細資料再度顯示出來了。

隱藏所有明細資料

因為各家品牌眾多，如果要一個一個設定隱藏，恐怕要花上一點時間。還好Excel提供了「一次搞定」的功能，如果想要一次隱藏所有「廠牌」明細資料的話，可以這樣做：

01 將作用儲存格移至廠牌欄位中，再點選「**樞紐分析表工具→選項→作用中欄位→摺疊整個欄位**」指令按鈕。

02 點選後，所有的型號資料都隱藏起來了，這樣是不是節省了很多重複設定的時間呢！

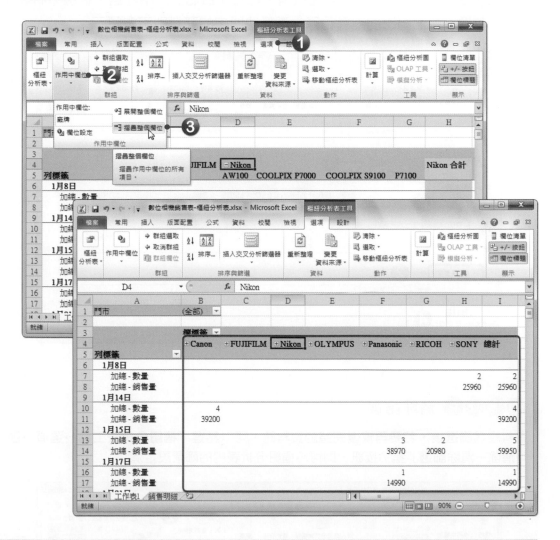

若要將所有隱藏的欄位都顯示時，只要點選「**樞紐分析表工具→選項→作用中欄位→展開整個欄位**」指令按鈕即可。

資料的篩選

　　樞紐分析表中的每個欄位旁邊都有「▾」選單鈕，它是用來設定篩選項目的。當按下任何一個欄位的「▾」選單鈕，從選單中選擇想要顯示的資料項目，即可完成篩選的動作。

　　例如：要在分析表只顯示「台北」門市中，所有「Canon」及「SONY」這兩個品牌的數位相機銷售資料時，其作法如下：

01 點選「**門市**」標籤旁的「▾」選單鈕，於選單中先將「**選取多重項目**」勾選起來。接著將「**(全部)**」的勾選取消，再將「**台北**」門市勾選，這樣分析表中就只會顯示台北門市的銷售紀錄，而其他門市的資料則不會顯示。

知識補充 **清除篩選**

資料經過篩選後，若要再恢復完整的資料時，可以點選「**樞紐分析表工具→選項→動作→清除→清除篩選**」指令按鈕，即可將樞紐分析表內的篩選設定清除。

02 再點選「**欄標籤**」的「▼」選單鈕,選取「**廠牌**」欄位,並取消「**(全選)**」選
項。再勾選「**Canon**」及「**SONY**」,則資料又會被篩選出只有這兩家廠牌的
銷售資料。

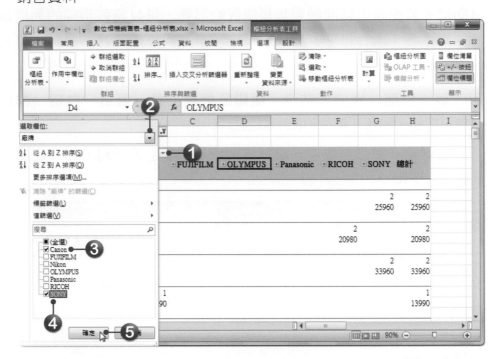

03 在樞紐分析表中就只顯示了「**Canon**」及「**SONY**」的資料。

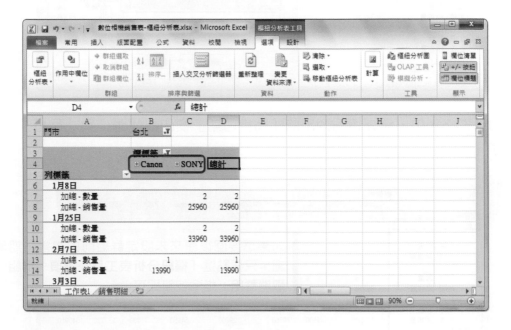

設定標籤群組

在目前的樞紐分析表中，將一整年的銷售明細逐日列出，但這對資料分析並無任何助益。若要看出時間軸與銷售情況的影響，可以將較瑣碎的列標籤設定群組，例如：將「銷售日期」分成以每一「季」或每一「月」分組，以呈現資料之中所隱藏的意義。

01 選取「**銷售日期**」欄位，點選「**樞紐分析表工具→選項→群組→群組欄位**」指令按鈕，開啟「**數列群組**」對話方塊。

02 在「數列群組」對話方塊中，設定間距值為「**季**」及「**月**」，設定好後按下「**確定**」按鈕。

03 回到工作表中，原先逐日列出的「銷售日期」便改以「季」與「月份」呈現了。

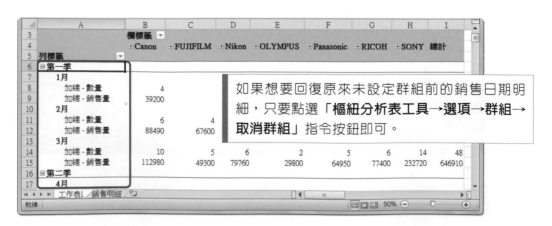

如果想要回復原來未設定群組前的銷售日期明細，只要點選「**樞紐分析表工具→選項→群組→取消群組**」指令按鈕即可。

🍓 更新樞紐分析表

樞紐分析表是根據來源資料所產生的，所以若來源資料有變動時，樞紐分析表的資料也必須跟著變動，這樣資料才會是正確的。

當來源資料有更新時，請點選「**樞紐分析表工具→選項→資料→重新整理**」指令按鈕，或按下「**Alt+F5**」快速鍵。若要全部更新的話，按下「**重新整理**」指令按鈕的下半部按鈕，於選單中點選「**全部重新整理**」，或按下「**Ctrl+Alt+F5**」快速鍵，即可更新樞紐分析表內的資料。

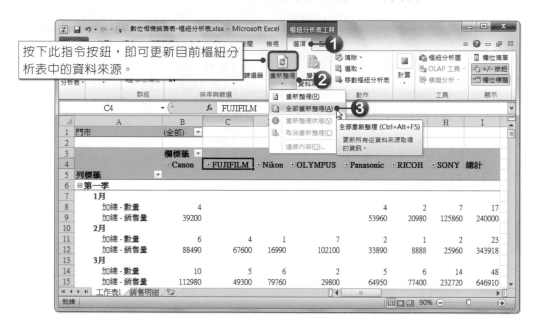

👑 交叉分析篩選器的使用

使用「交叉分析篩選器」可以將樞紐分析表內的資料做更進一步的交叉分析，例如：

✦ 想要知道「台北」門市「Canon」廠牌的銷售數量及銷售金額為何？

✦ 想要知道「台北」門市「Canon」及「SONY」廠牌在「第三季」的銷售數量及銷售金額為何？

此時，便可使用「交叉分析篩選器」來快速統計出我們想要的資料。

🍓 插入交叉分析篩選器

01 點選「**樞紐分析表工具→選項→排序與篩選→插入交叉分析篩選器**」指令按鈕，開啟「插入交叉分析篩選器」對話方塊。

02 選擇要分析的欄位，這裡請勾選「**門市**」、「**廠牌**」及「**季**」等欄位。勾選好後按下「**確定**」按鈕。

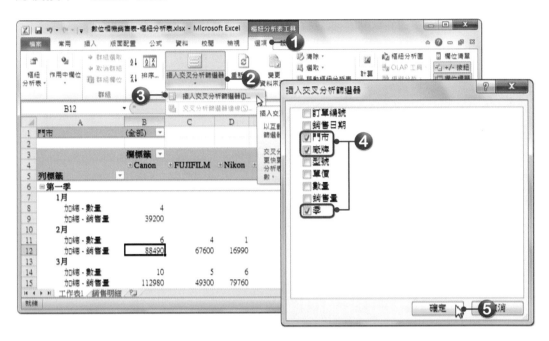

03 回到工作表後，便會出現我們所選擇的交叉分析篩選器。

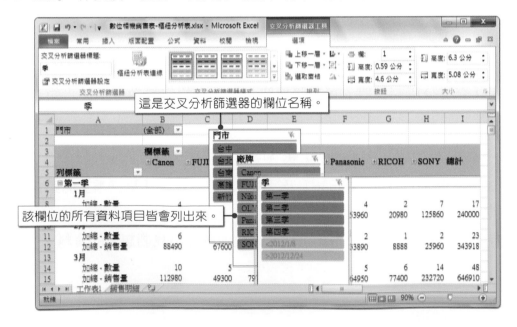

04 交叉分析篩選器加入後，將滑鼠游標移至篩選器上，按下滑鼠左鍵不放並拖曳滑鼠，即可調整篩選器的位置。將滑鼠游標移至篩選器的邊框上，按下滑鼠左鍵不放並拖曳滑鼠，即可調整篩選器的大小。

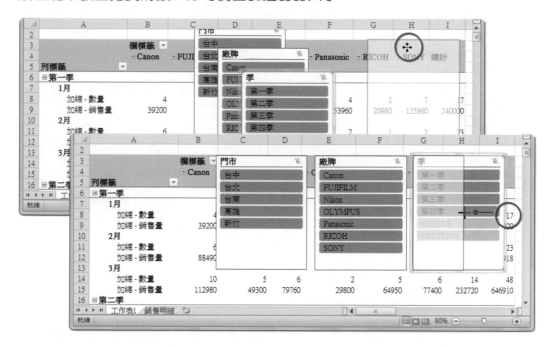

05 篩選器位置調整好後，接下來就可以進行交叉分析的動作了，首先，我們想要知道「台北門市Canon廠牌的銷售數量及銷售金額為何？」。此時，只要在「**門市**」篩選器上點選「**台北**」；在「**廠牌**」篩選器上點選「**Canon**」，即可馬上看到分析結果。

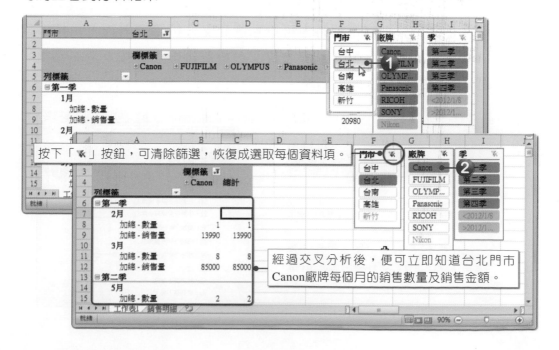

按下「 」按鈕，可清除篩選，恢復成選取每個資料項。

經過交叉分析後，便可立即知道台北門市Canon廠牌每個月的銷售數量及銷售金額。

06 接著想要知道「台北門市Canon及SONY廠牌在第三季的銷售數量及銷售金額為何？」。此時，只要在「**門市**」篩選器上點選「**台北**」；在「**廠牌**」篩選器上點選「**Canon**」及「**SONY**」；在「**季**」篩選器上點選「**第三季**」，即可馬上看到分析結果。

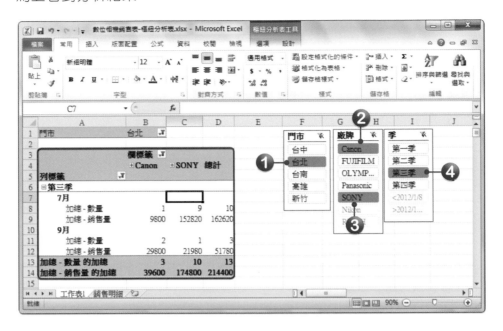

要選取一個以上的資料項時，可先按著「Ctrl」鍵不放，再一一去點選。

刪除交叉分析篩選器

若不需要交叉分析篩選器時，可以點選交叉分析篩選器後，再按下鍵盤上的「Delete」鍵，即可刪除；或是在交叉分析篩選器上，按下滑鼠右鍵，於選單中點選「**移除**」選項，即可刪除。

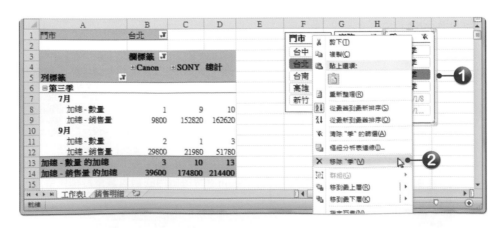

美化交叉分析篩選器

在「**交叉分析篩選器工具→選項**」功能中，可以進行樣式、排列、大小等美化工作。

更換樣式

選取要更換樣式的交叉分析篩選器，在「**交叉分析篩選器工具→選項→交叉分析篩選器樣式**」群組中，即可選擇要套用的樣式。

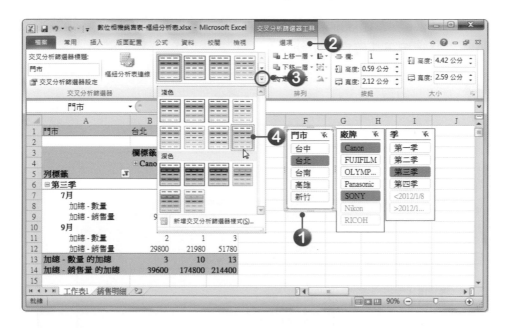

欄位數設定

選取要設定的交叉分析篩選器，在「**交叉分析篩選器工具→選項→按鈕→欄**」指令按鈕中，輸入要設定的欄數，即可調整交叉分析篩選器的欄位數。

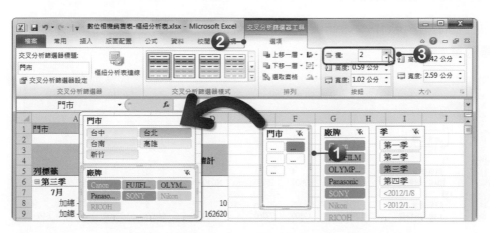

♛ 調整樞紐分析表

● 修改欄位名稱

當建立樞紐分析表時，樞紐分析內的欄位名稱是Excel自動命名的，但有時這些命名方式並不符合需求，所以這裡就來將欄位名稱做個修改。

01 點選「**A8**」儲存格，也就是「加總-數量」欄位名稱，再點選「**樞紐分析表工具→選項→作用中欄位→欄位設定**」指令按鈕。

02 開啟「值欄位設定...」對話方塊，於「自訂名稱」欄位中輸入「**銷售總數**」文字，輸入好後按下「**確定**」按鈕。

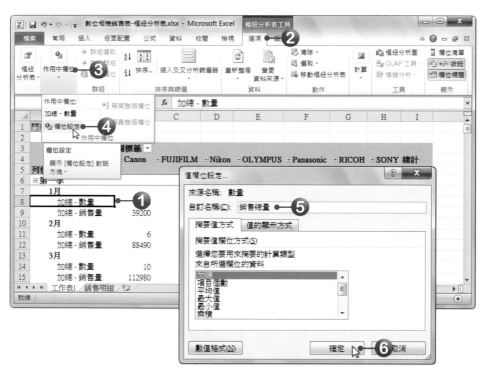

03 回到樞紐分析表中，每一個月份的資料名稱「加總-數量」都一併修改成「**銷售總量**」了。

	A	B	C	D	E	F	G	H	I
4		⊞Canon	⊞FUJIFILM	⊞Nikon	⊞OLYMPUS	⊞Panasonic	⊞RICOH	⊞SONY	總計
5	列標籤 ▾								
6	⊟第一季								
7	1月								
8	銷售總量	4				4	2	7	17
9	加總 - 銷售量	39200				53960	20980	125860	240000
10	2月								
11	銷售總量	6	4	1	7	2	1	2	23
12	加總 - 銷售量	88490	67600	16990	102100	33890	8888	25960	343918
13	3月								
14	銷售總量	10	5	6	2	5	6	14	48
15	加總 - 銷售量	112980	49300	79760	29800	64950	77400	232720	646910

04 接著再選取「**A9**」儲存格，也就是「加總-銷售量」欄位名稱，再點選「**樞紐分析表工具→選項→作用中欄位→欄位設定**」指令按鈕。

05 開啟「值欄位設定...」對話方塊，於「自訂名稱」欄位中輸入「**銷售總額**」，輸入好後按下「**數值格式**」按鈕，進行格式的設定。

06 開啟「儲存格格式」對話方塊，於類別中點選「**貨幣**」，將小數位數設為「**0**」，負數表示方式選擇「**-$1,234**」，設定好後按下「**確定**」按鈕。

07 回到「值欄位設定...」對話方塊後，按下「**確定**」按鈕，回到工作表後，每一個月份的資料名稱「加總-銷售量」都一併修改成「**銷售總額**」了，且數值也套用了「貨幣」格式。

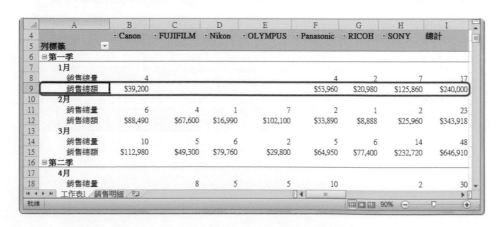

	A	B	C	D	E	F	G	H	I
4		⊕Canon	⊕FUJIFILM	⊕Nikon	⊕OLYMPUS	⊕Panasonic	⊕RICOH	⊕SONY	總計
5	列標籤								
6	⊟第一季								
7	1月								
8	銷售總量	4				4	2	7	17
9	銷售總額	$39,200				$53,960	$20,980	$125,860	$240,000
10	2月								
11	銷售總量	6	4	1	7	2	1	2	23
12	銷售總額	$88,490	$67,600	$16,990	$102,100	$33,890	$8,888	$25,960	$343,918
13	3月								
14	銷售總量	10	5	6	2	5	6	14	48
15	銷售總額	$112,980	$49,300	$79,760	$29,800	$64,950	$77,400	$232,720	$646,910
16	⊟第二季								
17	4月								
18	銷售總量		8		5	10		2	30

以百分比顯示資料

　　雖然原始銷售資料是以數值表示，但在樞紐分析表中，不僅可以呈現數值，還可以將這些數值轉換成百分比格式，如此一來，我們就可以直接看出這些數值所佔的比例了。以本例來說明，若想直接比較同一種型號的數位相機，於一到十二月各月所佔的銷售百分比，設定方式如下：

01 點選「**銷售總量**」項目，再點選「**樞紐分析表工具→選項→作用中欄位→欄位設定**」指令按鈕，開啟「值欄位設定...」對話方塊。

02 點選「**值的顯示方式**」標籤，在「值的顯示方式」選單中，選擇「**欄總和百分比**」選項，選擇好後按下「**確定**」按鈕。

03 回到工作表後，則每一款數位相機的銷售總量，皆依每個月所銷售的比例以百分比顯示。

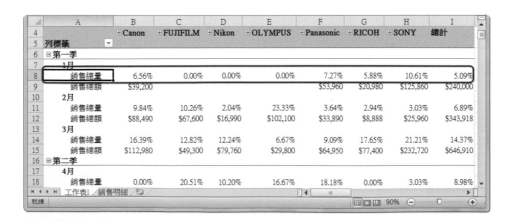

	A	B	C	D	E	F	G	H	I
4		⊞Canon	⊞FUJIFILM	⊞Nikon	⊞OLYMPUS	⊞Panasonic	⊞RICOH	⊞SONY	總計
5	列標籤 ▼								
6	⊟第一季								
7	1月								
8	銷售總量	6.56%	0.00%	0.00%	0.00%	7.27%	5.88%	10.61%	5.09%
9	銷售總額	$39,200				$53,960	$20,980	$125,860	$240,000
10	2月								
11	銷售總量	9.84%	10.26%	2.04%	23.33%	3.64%	2.94%	3.03%	6.89%
12	銷售總額	$88,490	$67,600	$16,990	$102,100	$33,890	$8,888	$25,960	$343,918
13	3月								
14	銷售總量	16.39%	12.82%	12.24%	6.67%	9.09%	17.65%	21.21%	14.37%
15	銷售總額	$112,980	$49,300	$79,760	$29,800	$64,950	$77,400	$232,720	$646,910
16	⊟第二季								
17	4月								
18	銷售總量	0.00%	20.51%	10.20%	16.67%	18.18%	0.00%	3.03%	8.98%

工作表1 銷售明細

☕ 改變資料欄位的摘要方式

　　使用樞紐分析表時，預設的資料欄位都是用「加總」方式統計，能否改成其他的統計方法呢？例如：平均值、標準差。答案是可以的，只要修改資料的摘要方式即可。

　　只要點選「**樞紐分析表工具→選項→作用中欄位→欄位設定**」指令按鈕，開啟「值欄位設定」對話方塊，選擇要計算的類型，選擇好後按下「**確定**」按鈕，即可改變資料欄位的摘要方式。

☕ 資料排序

　　在樞紐分析表中，也可以使用「**排序**」功能，將資料進行排序的動作，這裡要將各廠牌的數位相機以年度銷售額由多至少排序。

01 點選欄標籤的選單鈕，於選單中點選「**更多排序選項**」，開啟「排序(廠牌)」對話方塊。

02 點選「**遞減(Z到A)方式**」，並於選單中選擇「**銷售總額**」，我們要依銷售總額來遞減排序廠牌，選擇好後按下「**確定**」按鈕。

03 廠牌的分類就會以整年度的銷售額，由多至少排序。從樞紐分析表中，可以看出「SONY」的數位相機是年度銷售額最高的。

單季銷售小計

雖然目前的樞紐分析表上已經將銷售日期群組成每季及每月，但在資料欄位中仍然只顯示各月總和，並無法計算出每一季的單季總和。若要比對單季的加總值，就需要另外設定「小計」功能。

01 先點選列標籤中的**「第一季」**，再點選**「樞紐分析表工具→選項→作用中欄位→欄位設定」**指令按鈕，開啟「欄位設定」對話方塊。

02 在「欄位設定」對話方塊中的**「小計」**選項，選擇**「自訂」**。由於要計算各季的加總值，所以點選**「加總」**選項，選擇好後按下**「確定」**按鈕。

03 回到工作表後，每一季的分類標籤下，就會顯示單季三個月的數量及銷售量資料的加總小計。

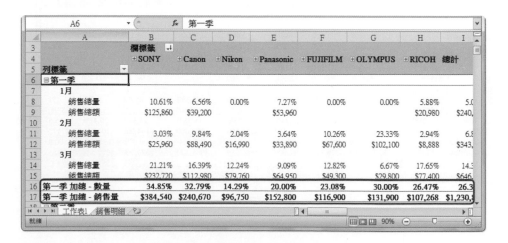

設定樞紐分析表選項

在樞紐分析表的最右側和最下方,總是會有個「總計」欄位,這是Excel自動產生的,用來顯示每一欄和每一列加總的結果。如果不需要這兩個部分,要如何修改?另外,樞紐分析表中空白的部分表示沒有資料,不妨加上一個破折號,表示該欄位沒有資料。以上這些需求,都可以在樞紐分析表的「樞紐分析表選項」對話方塊中修改。

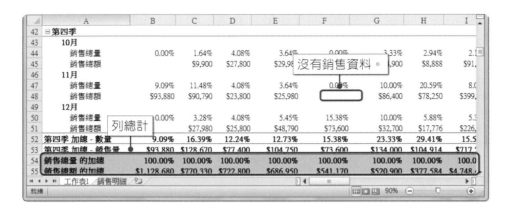

01 點選「**樞紐分析表工具→選項→樞紐分析表→選項**」指令按鈕,於選單中選擇「**選項**」,開啟「樞紐分析表選項」對話方塊。

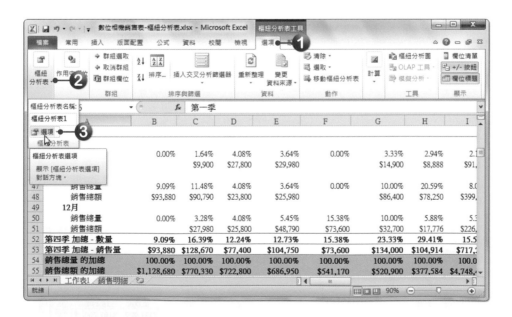

02 勾選「**若為空白儲存格，顯示**」選項，在欄位裡輸入「—」，則沒有資料的欄位，會顯示一個「—」破折號。

03 點選「**總計與篩選**」標籤，將「**顯示列的總計**」和「**顯示欄的總計**」勾選取消，設定好後按下「**確定**」按鈕。

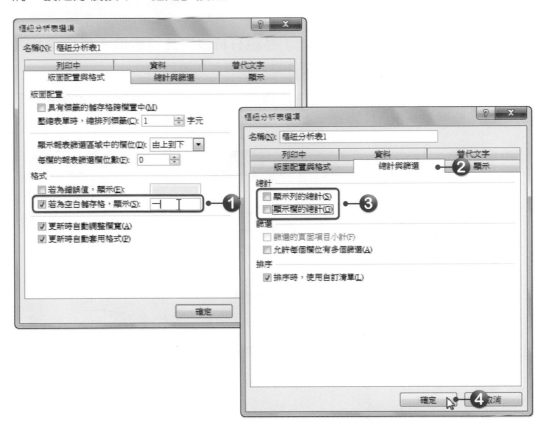

04 回到工作表後，沒資料的儲存格會加上「—」，而在樞紐分析表中的最右邊和最下面就不會出現總計資訊。

	A	B	C	D	E	F	G	H	I
41	第三季 加總 - 銷售量	$222,740	$163,560	$278,270	$161,690	$159,450	$205,500	$129,850	
42	第四季								
43	10月								
44	銷售總量	0.00%	1.64%	4.08%	3.64%	0.00%	3.33%	2.94%	
45	銷售總額	—	$9,900	$27,800	$29,980	—	$14,900	$8,888	
46	11月								
47	銷售總量	9.09%	11.48%	4.08%	3.64%	0.00%	10.00%	20.59%	
48	銷售總額	$93,880	$90,790	$23,800	$25,980	—	$86,400	$78,250	
49	12月								
50	銷售總量	0.00%	3.28%	4.08%	5.45%	15.38%	10.00%	5.88%	
51	銷售總額	—	$27,980	$25,800	$48,790	$73,600	$32,700	$17,776	
52	第四季 加總 - 數量	9.09%	16.39%	12.24%	12.73%	15.38%	23.33%	29.41%	
53	第四季 加總 - 銷售量	$93,880	$128,670	$77,400	$104,750	$73,600	$134,000	$104,914	
54									

👑 分頁顯示報表

利用報表篩選欄位指定下方資料的範圍時，一次只能選擇一個項目，但如果使用「**顯示報表篩選頁面**」功能，就可以將每個項目的資料，顯示在不同的工作表上。

01 點選「**門市**」欄位，再點選「**樞紐分析表工具→選項→樞紐分析表→選項**」指令按鈕，於選單中選擇「**顯示報表篩選頁面**」。

02 在「顯示報表篩選頁面」對話方塊中，選擇要使用的欄位。本例剛好只有一個，點選「**門市**」，選擇好之後，按下「**確定**」按鈕。

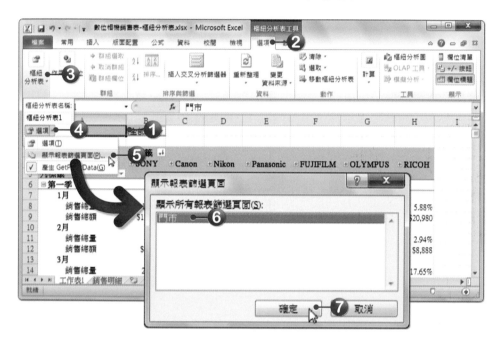

03 回到工作表中，就可以看到每一家門市的銷售紀錄都分別呈現在新的工作表中，而原先的樞紐分析表並不會因此受到影響。

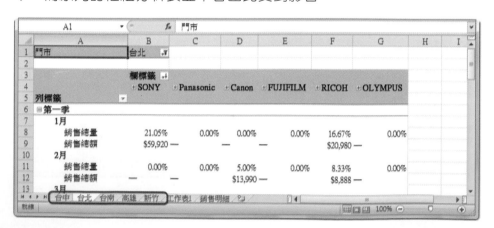

👑 套用樞紐分析表樣式

Excel提供了樞紐分析表樣式，讓我們可以直接套用於樞紐分析表中，而不必自行設定樞紐分析表的格式。

點選「**樞紐分析表工具→設計**」索引標籤，在「**樞紐分析表樣式**」群組中就有許多不同的樣式，直接點選想要使用的樣式即可。

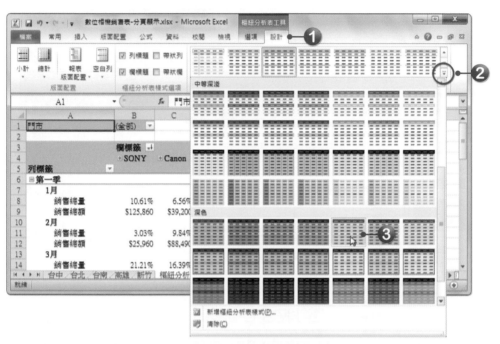

👑 製作樞紐分析圖

　　將樞紐分析表的概念延伸，使用拖曳欄位的方式，也可以產生樞紐分析圖。要建立樞紐分析圖時，可以使用以下的方法。

01 建立樞紐分析表後，點選「**樞紐分析表工具→選項→工具→樞紐分析圖**」指令按鈕，開啟「插入圖表」對話方塊。

02 選擇要使用的圖表類型，選擇好後按下「**確定**」按鈕，在工作表中就會產生樞紐分析圖。

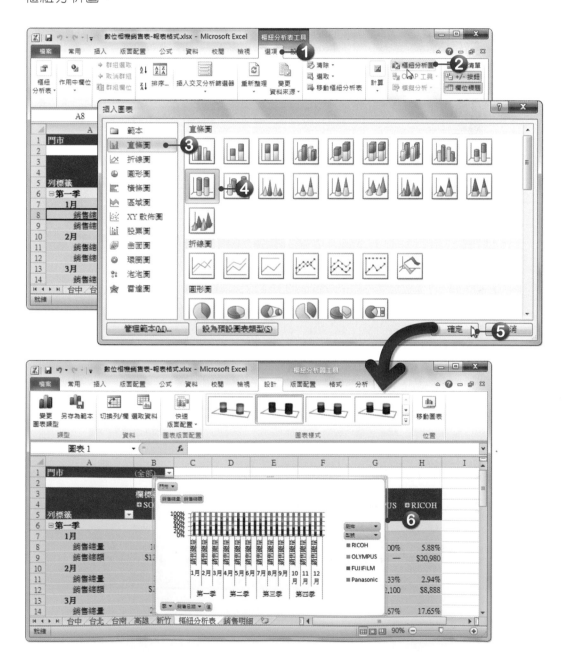

03 接著點選「**樞紐分析圖工具→設計→位置→移動圖表**」指令按鈕,開啟「移動圖表」對話方塊,點選「**新工作表**」,並將工作表命名為「**樞紐分析圖**」,設定好後按下「**確定**」按鈕,即可將樞紐分析圖移至新的工作表中。

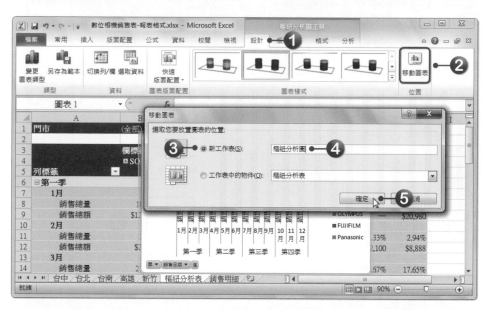

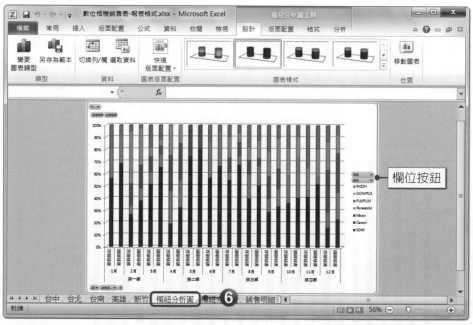

04 接著按下圖表中的「**廠牌**」欄位按鈕，於選單中選擇Canon、Nikon及SONY
三個廠牌的每月銷售紀錄，選擇好後按下「**確定**」按鈕。

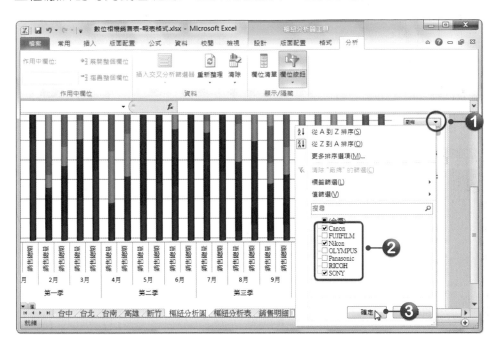

05 圖表就只會顯示Canon、Nikon及SONY三個廠牌的每月銷售紀錄。

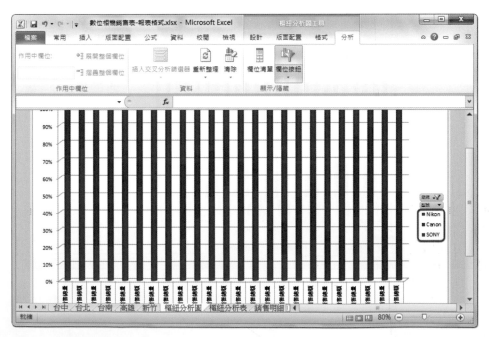

在樞紐分析圖上進行篩選的設定時，這些設定也會反應到它所根據的樞紐分析表中。

06 樞紐分析圖就如同樞紐分析表的概念與操作方式，我們同樣可以依照所選定的顯示條件，看到樞紐分析圖的多樣變化。

07 在圖表中顯示了各種欄位按鈕，若要隱藏這些欄位按鈕時，可以點選「**樞紐分析圖工具→分析→顯示/隱藏→欄位按鈕**」指令按鈕，即可將圖表中的欄位按鈕全部隱藏；或是按下選單鈕，選擇要隱藏或顯示的欄位按鈕。

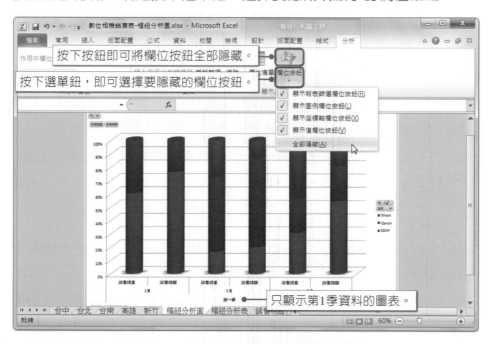

08 樞紐分析圖製作好後，可以在「**樞紐分析圖工具→設計**」索引標籤中，設定變更圖表類型、設定圖表的版面配置、更換圖表的樣式等。

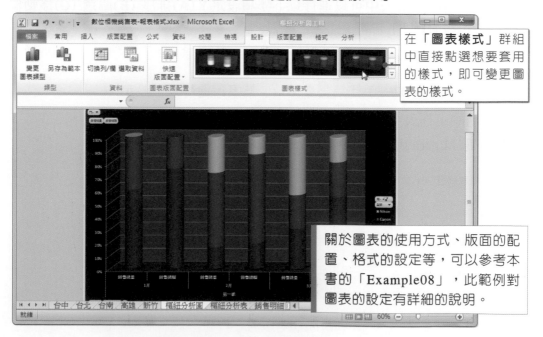

是非題

( ) 1. 樞紐分析表上的欄位一旦拖曳確定，就不能再改變。

( ) 2. 在樞紐分析表上的欄位名稱是可以進行修改的。

( ) 3. 樞紐分析圖上的欄位，是固定不能改變的。

( ) 4. 使用樞紐分析表時，預設的資料欄位都是用「加總」方式統計，但還是可以依需求選擇其他不同的統計方式。

( ) 5. 樞紐分析表是根據來源資料所產生的，若來源資料有變動時，樞紐分析表的資料也可以跟著變動。

選擇題

( ) 1. 使用下列哪一個功能，可以將數值或日期欄位，按照一定的間距分類？(A)分頁顯示 (B)小計 (C)排序 (D)群組。

( ) 2. 在Excel中，關於樞紐分析表下列哪一敘述正確？(A)樞紐分析表的結果可設定產生在同一張或另一張工作表中 (B)來源資料更改後樞紐分析表不會自動更正 (C)樞紐分析表的「總計列」或「總計欄」可以選擇要或不要 (D)以上皆是。

( ) 3. 在樞紐分析表中可以進行以下哪項設定？(A)排序 (B)篩選 (C)移動樞紐分析表 (D)以上皆可。

實作題

1. 開啟「Example07→手機銷售量.xlsx」檔案，進行以下設定。

◆ 在新的工作表中製作樞紐分析表。

◆ 樞紐分析表的版面配置如下圖所示。

- ✦ 將「交易日期」欄位設定群組，分別設爲「季」、「月」。
- ✦ 在「類別」和「廠牌」欄位中篩選出全配、HTC廠牌的資料。
- ✦ 將樞紐分析表套用一個樣式。

配備	全配	▼					
加總 - 數量	欄標籤	▼				HTC 合計	總計
	⊟HTC						
列標籤	▼ HTC Touch 3G	HTC Touch Dual	HTC Touch Color	HTC Touch Pro			
⊟第一季							
1月	2	2	6			10	10
2月	6			5		11	11
3月		2	2			4	4
總計	8	4	8	5		25	25

- ✦ 在新工作表中製作一個百分比堆疊圓柱圖，在類別中，顯示「第一季」及「第二季」的資料；在數列中，顯示「HTC」及「Apple」廠牌。
- ✦ 將圖表套用圖表樣式。

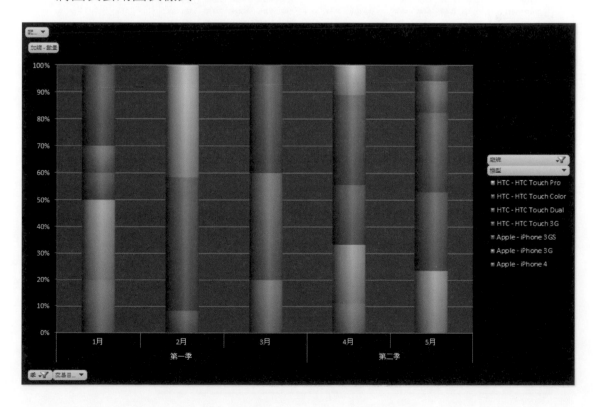

2. 開啓「Example07→水果上價行情.xlsx」檔案,進行以下設定。

+ 將水果的行情資料做成樞紐分析表,觀察每種水果一週的平均上價價格。樞紐分析表的版面配置如右圖所示。

+ 將資料欄位的「上價」,摘要方式設爲「平均值」,數值格式設爲小數位數2位。

+ 修改樞紐分析表選項,不要顯示列總計,沒有資料的欄位顯示「無資料」文字。

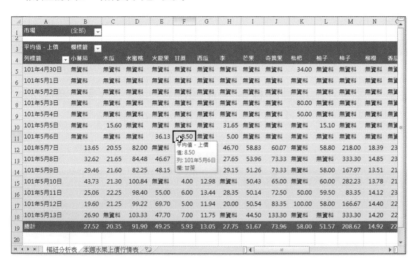

+ 將各個市場的資料分頁顯示於工作表中。

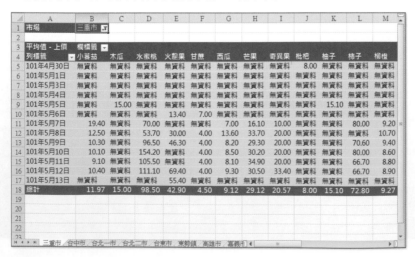

08 分析圖表的製作

＊ 學習目標

走勢圖的使用、圖表的使用、圖表的調整、設定資料來源、選擇圖表位置、
圖表格式的設定、圖表的版面配置、圖表的組合運用。

＊ 範例檔案

Example08→星冰樂銷售統計.xlsx

Example08→營業額統計.xlsx

Example08→年齡與血壓的關係.xlsx

Example08→女藝人形象調查.xlsx

Example08→單曲銷售紀錄.xlsx

＊ 結果檔案

Example08→星冰樂銷售統計-結果.xlsx

Example08→營業額統計-結果.xlsx

Example08→年齡與血壓的關係-結果.xlsx

Example08→女藝人形象調查-結果.xlsx

Example08→單曲銷售紀錄-結果.xlsx

　　圖表是Excel中很重要的功能，因為一大堆的數值資料，都比不上圖表的一目了然，透過圖表能夠很容易解讀出資料的意義。所以，這裡要利用五個範例學習如何輕鬆又快速地製作出美觀的圖表。

認識圖表

　　Excel提供了多種圖表類型，每一個類型下還有副圖表類型，下表所列為各圖表類型的說明。

圖示	類型	說明
	直條圖	比較同一類別中數列的差異。(橫條圖、圓柱圖、圓錐圖、金字塔圖的功能都與直條圖相同)
	折線圖	表現數列的變化趨勢，最常用來觀察數列在時間上的變化。
	圓形圖	顯示一個數列中，不同類別所佔的比重。
	橫條圖	比較同一類別中，各數列比重的差異。
	區域圖	表現數列比重的變化趨勢。
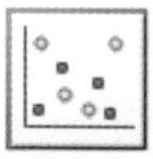	XY散佈圖	XY散佈圖沒有類別項目，它的水平和垂直座標軸都是數值，因為它是專門用來比較數值之間的關係。
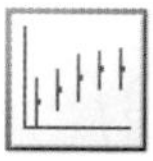	股票圖	呈現股票資訊。
	曲面圖	呈現兩個因素對另一個項目的影響。
	環圈圖	同時比較多個數列，不同類別所佔的比重。
	泡泡圖	泡泡圖是從XY散佈圖延伸而來，XY散佈圖一次只能比較一對數值的關係，泡泡圖則可以比較三個數值的關係。
	雷達圖	表現數列偏離中心點的情形，以及數列分布的範圍。

👑 星冰樂銷售統計—走勢圖

在第1個範例中，要先使用「**走勢圖**」功能，讓我們能快速了解該儲存格的變化。這裡請開啟「**星冰樂銷售統計.xlsx**」檔案，跟著我們一起製作走勢圖及直條圖。

🍓 建立走勢圖

在「星冰樂銷售統計」範例中，要為每個星冰樂加上「走勢圖」，好讓我們一眼就可以看到營業額的變化。

01 選取要建立走勢圖的資料範圍，依範例為「**B2:F8**」，選取好後點選「**插入→走勢圖→折線圖**」指令按鈕。

02 開啟「**建立走勢圖**」對話方塊後，在資料範圍欄位中就會直接顯示「**B2:F8**」範圍，若要修改範圍，按下「🖳」按鈕，即可於工作表中重新選取資料範圍。

03 接著選取走勢圖要擺放的位置範圍，請按下「🖳」按鈕。

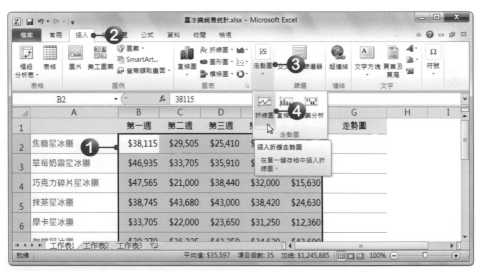

04 於工作表中選取「**G2:G8**」範圍，選取好後按下「」按鈕，回到「建立走勢圖」對話方塊，按下「**確定**」按鈕。

05 回到工作表後，位置範圍就會顯示走勢圖。

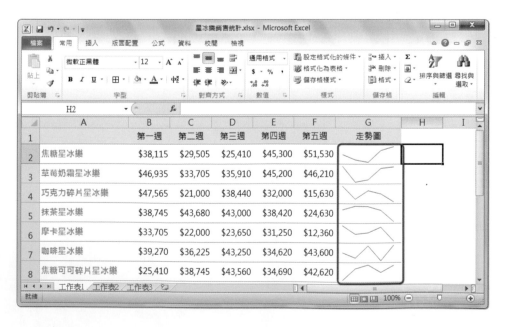

走勢圖格式設定

顯示標記

在走勢圖中加入「標記」，可以立即看出走勢圖的最高點及最低點落在哪裡，只要將「走勢圖工具→設計→顯示」群組中的「標記」勾選即可。

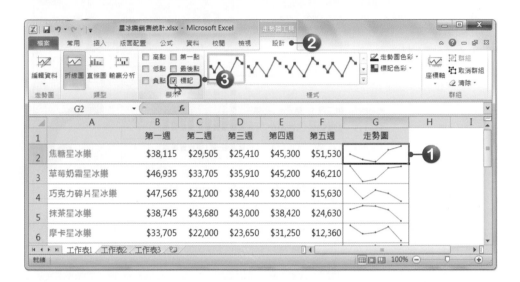

走勢圖樣式

在「走勢圖工具→設計→樣式」群組中，可以選擇走勢圖的樣式。

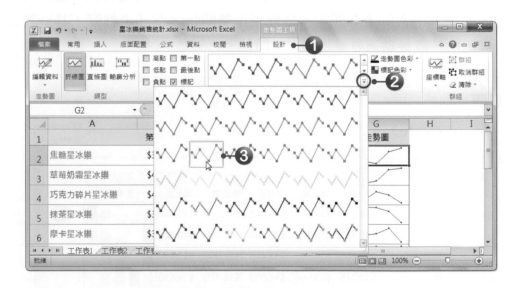

變更標記色彩

加上標記後，還可以針對標記的高點、低點、第一點及最後點等標記變更色彩，點選「**走勢圖工具→設計→樣式→標記色彩**」指令按鈕，於選單中選擇要變更的標記，即可選擇要使用的色彩。

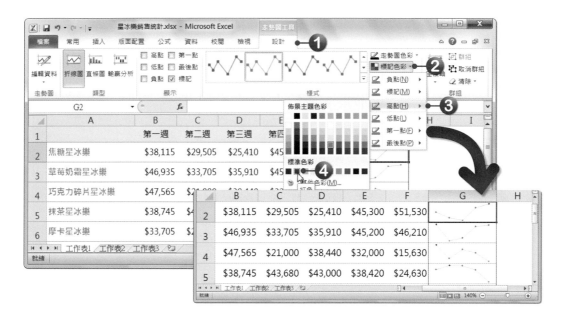

🍓 變更走勢圖類型

Excel提供了折線圖、直條圖及輸贏分析等三種類型的走勢圖，使用時，可依資料內容選擇適當的走勢圖。若要變更走勢圖時，在「**走勢圖工具→設計→類型**」群組中，直接點選要變更的類型即可。

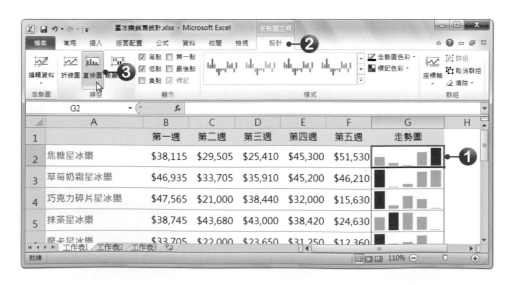

清除走勢圖

　　若要清除走勢圖時，點選「**走勢圖工具→設計→群組→清除**」指令按鈕，於選單中選擇「**清除選取的走勢圖**」，即可將被選取的儲存格中的走勢圖清除；若點選「**清除選取的走勢圖群組**」，則會將所有儲存格內的走勢圖都清除。

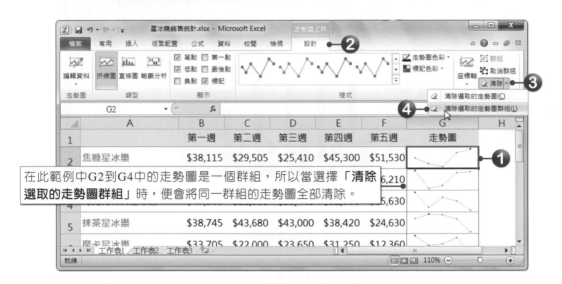

在此範例中G2到G4中的走勢圖是一個群組，所以當選擇「**清除選取的走勢圖群組**」時，便會將同一群組的走勢圖全部清除。

營業額統計—直條圖

　　這裡請開啟「營業額統計.xlsx」檔案，進行直條圖的製作。在「營業額統計」範例中，要將各分店的營業額以「直條圖」來呈現。

於工作表中插入圖表

01 將作用儲存格移至資料的任何一個儲存格中，點選「**插入→圖表→直條圖**」指令按鈕，於選單中選擇「**立體直條圖**」，點選後，在工作表就會出現該圖表。

02 圖表建立完成後，在功能區中會自動出現「**圖表工具**」關聯式索引標籤，在此索引標籤下可以進行圖表樣式、版面配置、格式等設定。

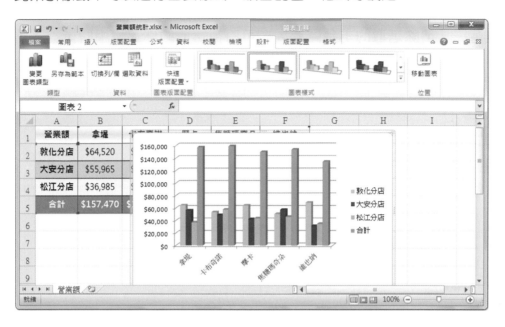

03 點選「**圖表工具→設計→圖表樣式→其他**」按鈕，開啟「**圖表樣式**」選單，於選單中選擇要使用的樣式。

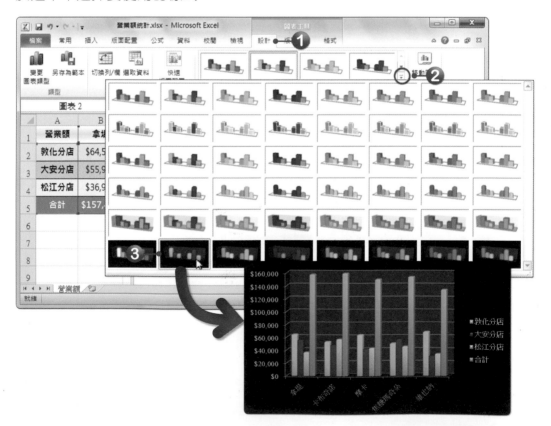

🍓設定資料來源

Excel製作圖表時，必須指定「數列」要循列還是循欄。如果「數列資料」選擇「列」，則會把一列當做一組「數列」，把一欄當作一個「類別」。在範例中，「合計」這一列的資料並不能出現在圖表中，所以我們要重新選取資料範圍。

	A	B	C	D	E	F	
1	營業額	拿堤	卡布奇諾	摩卡	焦糖瑪奇朵	維也納	— 類別
2	敦化分店	$64,520	$53,420	$64,200	$50,715	$68,710	
3	大安分店	$55,965	$48,405	$42,105	$57,120	$31,080	— 數列
4	松江分店	$36,985	$57,435	$43,650	$45,985	$34,545	
5	合計	$157,470	$159,260	$149,955	$153,820	$134,335	

01 點選「**圖表工具→設計→資料→選取資料**」指令按鈕，開啟「選取資料來源」對話方塊。

02 點選要移除的「**合計**」數列，按下「**移除**」按鈕，設定好後，再按下「**確定**」按鈕。

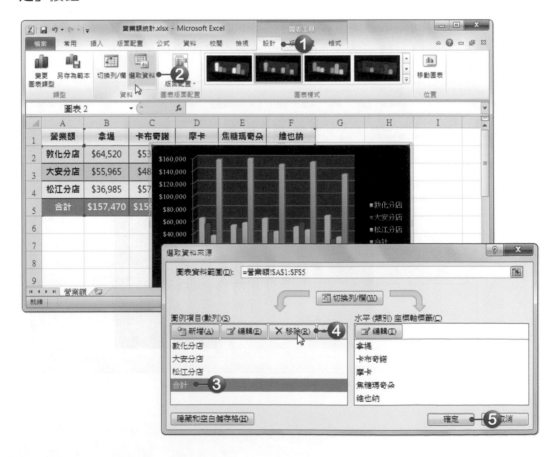

03 回到工作表中，圖表的「合計」數列就被移除了。

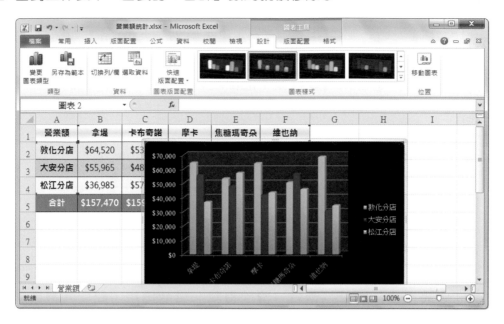

🍓 調整圖表位置及大小

　　在工作表中的圖表，是可以進行搬移的動作，只要將滑鼠游標移至圖表外框上，再按下滑鼠左鍵不放，即可調整圖表在工作表中的位置。

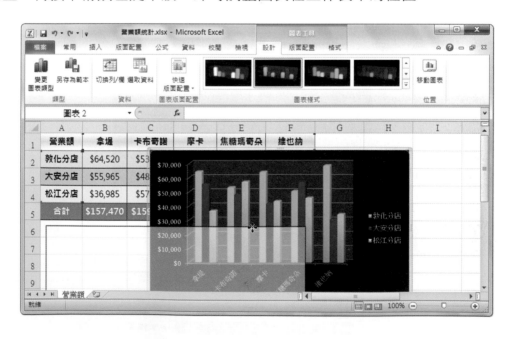

要調整圖表的大小時，只要將滑鼠游標移至圖表周圍的控制點上，再按下滑鼠左鍵不放，並拖曳滑鼠，即可調整圖表的大小。

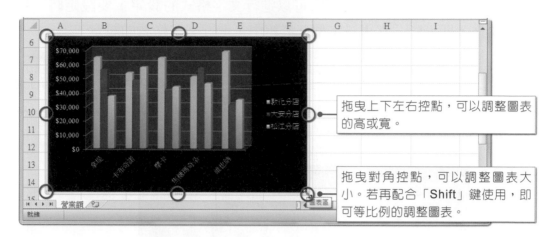

拖曳上下左右控點，可以調整圖表的高或寬。

拖曳對角控點，可以調整圖表大小。若再配合「Shift」鍵使用，即可等比例的調整圖表。

🍓 套用圖表版面配置

圖表是由許多物件組合而成的，這些物件包含了圖表標題、座標軸標題、圖例、資料標籤等，若要快速地在圖表中加入這些物件，可以使用Excel預設版面配置，將圖表加上不同的物件。

01 點選「**圖表工具→設計→圖表版面配置→快速版面配置**」指令按鈕，於選單中直接選擇預設好的版面。

02 選擇好後圖表就會套用所選擇的版面了。

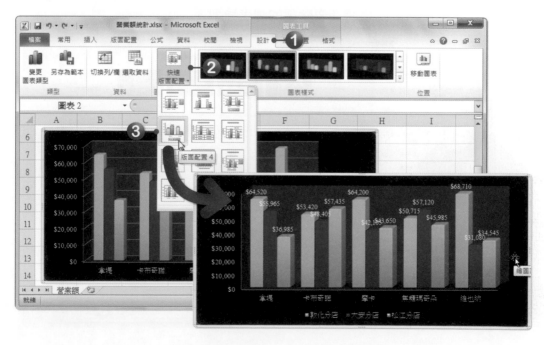

修改圖表文字格式

在圖表中的任何文字物件都可以進行文字格式的設定，要設定時，只要選取該物件，即可到「**常用→字型**」群組中，進行文字格式的設定。

變更圖表類型

製作好的圖表可以隨時進行變更圖表類型的動作。

01 選取要變更類型的圖表，再點選「**圖表工具→設計→類型→變更圖表類型**」指令按鈕，即可選擇要變更的圖表類型。

02 開啟「變更圖表類型」對話方塊，即可選擇要使用的圖表，選擇好後按下「**確定**」按鈕，圖表就會被變更。

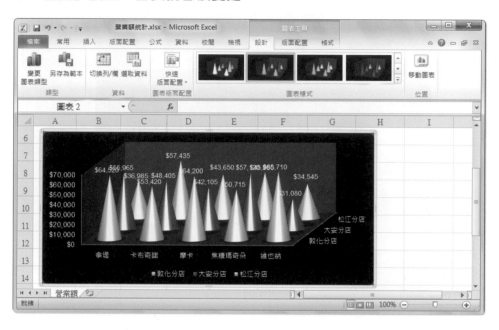

🍓 移動圖表位置

在預設情況下，建立圖表時，圖表會和資料來源放在同一個工作表中，如果要將圖表放在另一個工作表，可以使用「**移動圖表**」功能進行。

01 點選「**圖表工具→設計→位置→移動圖表**」指令按鈕，選擇圖表要放置的位置。

02 選擇「**新工作表**」後，就會產生一個「統計圖」工作表，在工作表中存放著我們所製作的圖表。

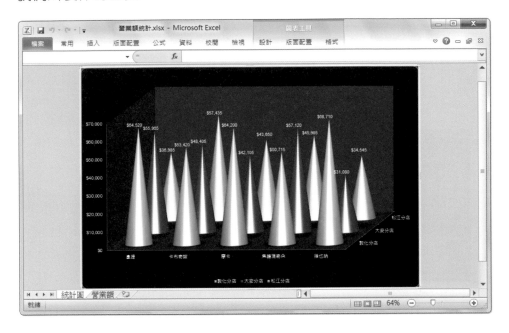

👑 年齡與血壓的關係—XY散佈圖

在「年齡與血壓的關係」範例中，要使用XY散佈圖來表達年齡與血壓的關係。

🍓 插入XY散佈圖

在製作XY散佈圖時，每組數列都必須要有X值與Y值，在此範例中，年齡為X值，血壓則為Y值。

01 進入「男」工作表中，將作用儲存格移至資料的任何一個儲存格中，再點選「**插入→圖表→XY散佈圖**」指令按鈕，於選單中選擇「**帶有資料標記的XY散佈圖**」。

02 點選後，工作表中就會出現該圖表。

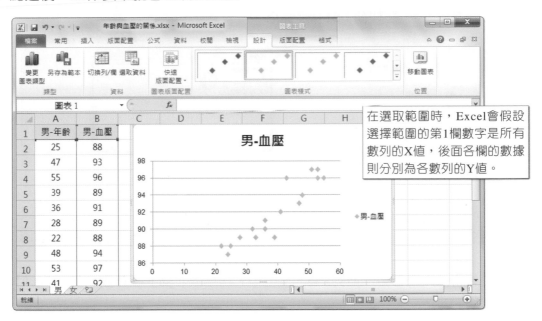

在選取範圍時，Excel會假設選擇範圍的第1欄數字是所有數列的X值，後面各欄的數據則分別為各數列的Y值。

🍓 新增資料來源

男性的XY散佈圖製作好後，接著將女性的資料也加入到XY散佈圖中。

01 點選製作好的XY散佈圖，再點選「**圖表工具→設計→資料→選取資料**」指令按鈕，開啟「選取資料來源」對話方塊，按下「**新增**」按鈕。

02 開啟「編輯數列」對話方塊,將插入點移至「**數列名稱**」欄位中,再選取「**女**」工作表中的「**B1**」儲存格。

03 接著將插入點移至「**數列X值**」欄位中,再選取「**女**」工作表中的「**A2:A19**」儲存格。

04 接著將插入點移至「**數列Y值**」欄位中,再選取「**女**」工作表中的「**B2:B19**」儲存格,選擇好按下「**確定**」按鈕。

05 回到「選取資料來源」對話方塊後,在「圖例項目(數列)」中就會多了一個「女-血壓」的數列資料,沒問題後按下「**確定**」按鈕。

06 回到工作表後，女性的血壓資料加入了。

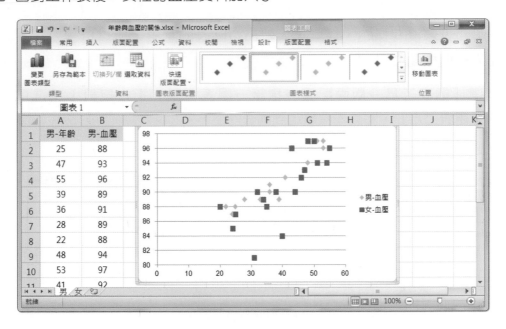

「XY散佈圖」沒有類別項目，它的水平和垂直座標軸都是數值，因為它是專門用來比較數值之間的關係。兩兩成對的數值被視為XY座標繪製到XY平面上，XY散佈圖可以有多組數列，表示X座標對應到很多個Y座標。

07 接著來更換一下圖表樣式，請於「**圖表工具→設計→圖表樣式**」群組中挑選一個想要使用的樣式。

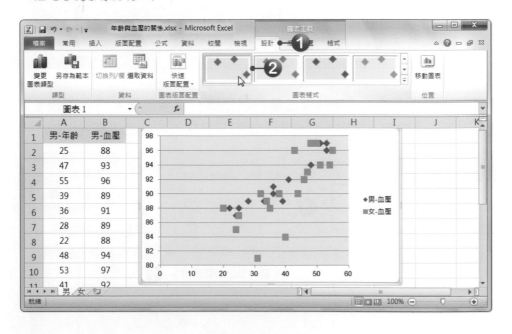

加入圖表標題

　　一個圖表若沒有標題，很難讓人看出這圖表的意義，所以這裡要在圖表的上方加入一個標題文字。

01 點選「**圖表工具→版面配置→標籤→圖表標題**」指令按鈕，於選單中選擇「**圖表上方**」，將圖表標題加到圖表的上方。

02 點選後，在圖表上方就會加入「**圖表標題**」物件。

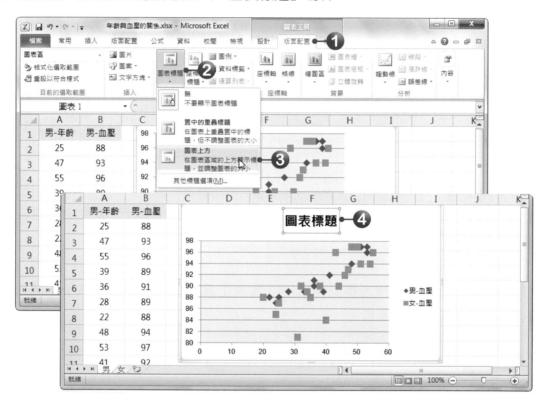

03 接著在該物件中輸入「**年齡與血壓的關係圖**」文字，文字輸入完後，選取該物件，再到「**常用→字型**」群組中，進行文字格式設定的工作。

🍓加入座標軸標題

圖表標題有了以後，接著要於圖表中加入座標軸標題。

01 點選「圖表工具→版面配置→標籤→座標軸標題」指令按鈕，於選單中選擇「**主水平軸標題→座標軸下方的標題**」，將水平軸標題文字置於座標軸的下方。

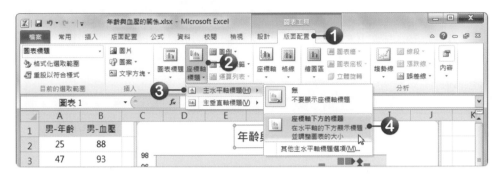

02 點選後，在圖表下方就會加入「**座標軸標題**」物件，接著直接在該物件中輸入「**年齡**」文字，並修改該文字的格式。

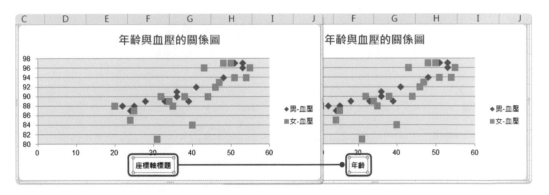

03 接著再點選「**圖表工具→版面配置→標籤→座標軸標題**」指令按鈕，於選單中選擇「**主垂直軸標題→垂直標題**」。

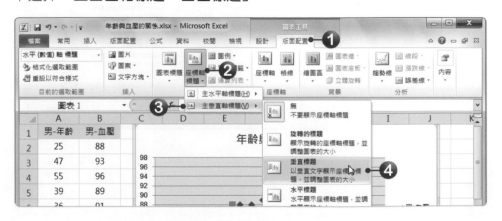

04 點選後，在圖表左邊就會加入「**座標軸標題**」物件，接著直接在該物件中輸入「**血壓**」文字，並修改該文字的格式。

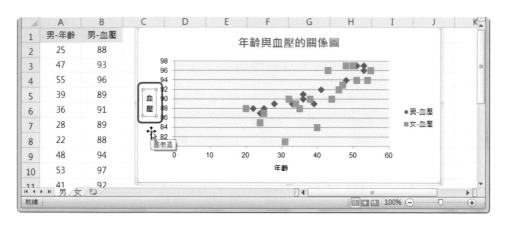

修改座標軸

在預設情況下圖表會直接顯示主水平座標軸與主垂直座標軸，但有時候座標軸數值間距並不是我們想要的，所以這裡要修改一下。

01 點選「**圖表工具→版面配置→座標軸→座標軸**」指令按鈕，於選單中選擇「**主水平軸→其他主水平軸選項**」，開啟「**座標軸格式**」對話方塊。

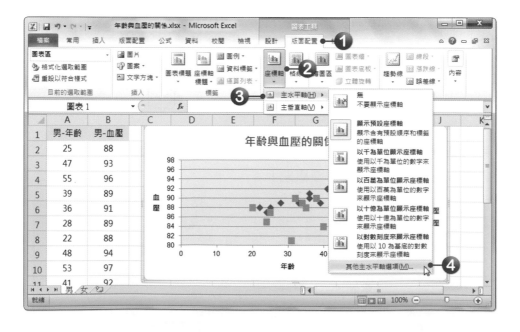

02 將最小值設定為「**固定15**」、最大值「**固定65**」。在進行設定時，圖表會立即顯示設定的結果，設定好後按下「**關閉**」按鈕即可。

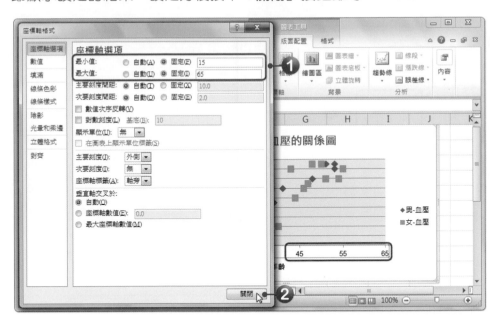

🍓 修改資料數列格式

01 在圖表中的任一「女-血壓」數列標記上按下滑鼠右鍵，於選單中點選「**資料數列格式**」，開啟「資料數列格式」對話方塊。

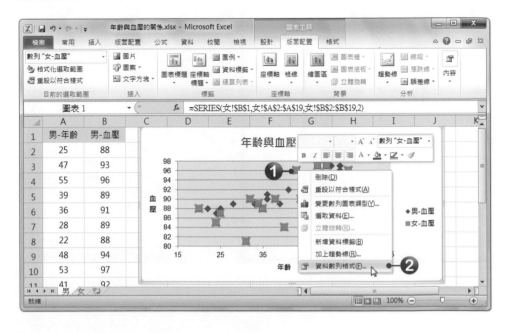

02 點選「**標記選項**」標籤，於標記類型中點選「**內建**」，再按下選單鈕，於選單中選擇「**圓點**」標記，並將大小修改為「**6**」。

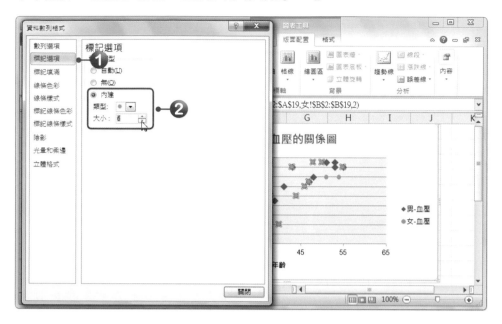

03 點選「**陰影**」標籤，按下預設格式選單鈕，選擇「**中央位移**」格式，選擇好後按下「**關閉**」按鈕。

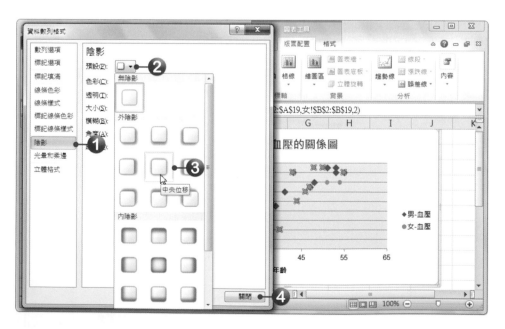

04 接著再利用相同方式,將「男-血壓」的資料標記也加上陰影效果。

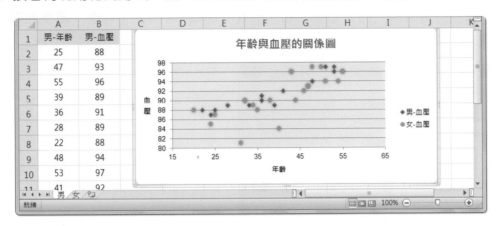

🍓 加上趨勢線

　　用點表示數值的圖表,例如:折線圖或XY散佈圖,都可以加上趨勢線。趨勢線不單只是一條線,而是一種數學的方程式圖形,具有預測未來數值的功能。這裡就來看看該如何為圖表加上趨勢線。

01 點選「**女-血壓**」數列資料,再點選「**圖表工具→版面配置→分析→趨勢線**」指令按鈕,於選單中點選「**其他趨勢線選項**」,開啟「趨勢線格式」對話方塊。

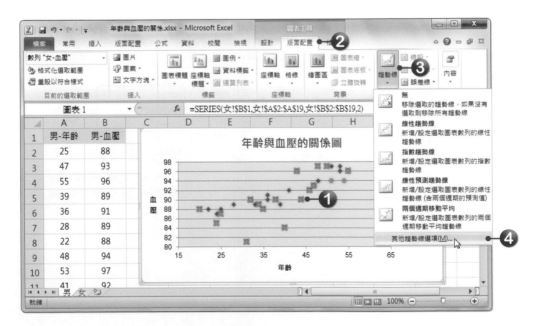

02 點選「趨勢線選項」標籤，選擇「**多項式**」類型，順序設定為「**3**」，在「趨勢預測」選項中，將「正推」和「倒推」都輸入「**5**」，勾選「**圖表上顯示公式**」選項。

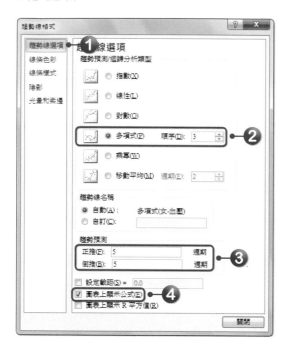

03 點選「**線條色彩**」標籤，將線條設為「**實心線條**」，並將色彩設定為「**紅色**」，透明度設定為「**70%**」。

04 點選「**線條樣式**」標籤，進行線條樣式的設定，設定好後按下「**關閉**」按鈕。

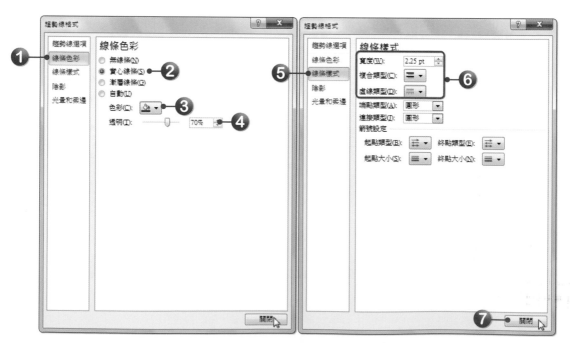

05 加入趨勢線後，在圖表中會產生「女-血壓」數列的趨勢線，它會往前和往後預測5個單位的線條走勢，並顯示建立趨勢線的公式。

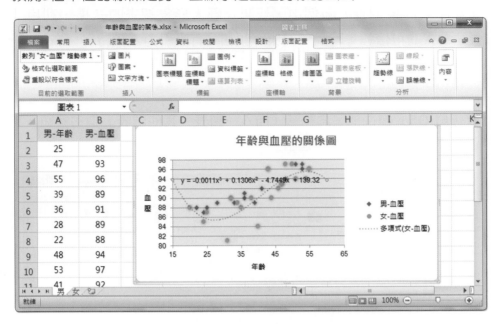

　　到這裡XY散佈圖大致上就完成，最後可以將完成的圖表移至新的工作表，或是再做一些格式上的修改，讓圖表更具專業度。

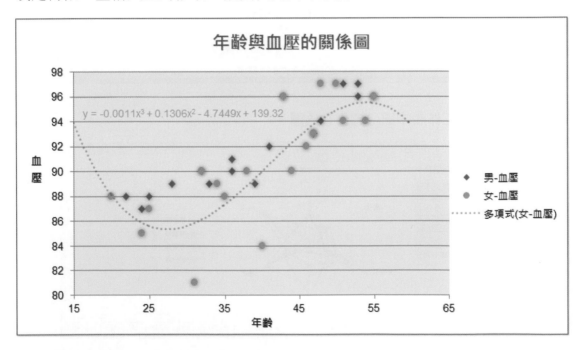

在圖表中的公式是可以自行搬移到適當的位置，點選公式物件後，按下滑鼠左鍵不放，並拖曳滑鼠，即可進行搬移的動作。

👑 女藝人形象調查—雷達圖

在「女藝人形象調查」範例中，要將女藝人形象調查的結果，利用「雷達圖」來表達藝人的可信賴、時尚、健康、親和、有吸引力、獨特等分布情形。

🍓 插入雷達圖

01 選取「**A1:G5**」儲存格，再點選「**插入→圖表→其他圖表**」指令按鈕，於選單中選擇「**帶有資料標記的雷達圖**」。

02 點選後，在工作表中即可看到雷達圖。

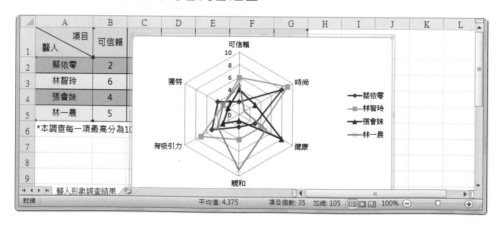

03 接著點選「**圖表工具→設計→位置→移動圖表**」指令按鈕，將圖表移至「**新工作表**」中，並將工作表命名為「**雷達圖**」，設定好後按下「**確定**」按鈕。

04 接著點選圖表中的「**類別標籤**」，再進入「**常用→字型**」群組中，進行文字格式的設定。

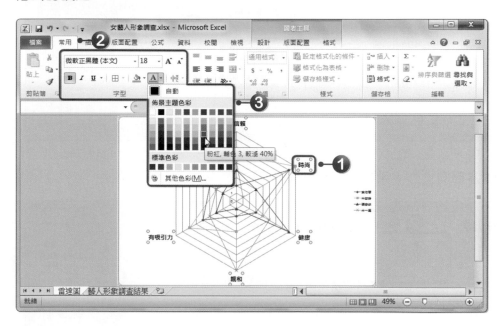

05 在圖表上方加入圖表標題，標題文字為「女藝人形象調查雷達圖」，並進行文字格式。

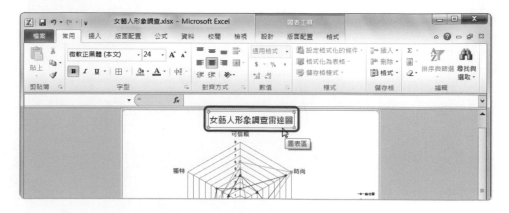

修改圖例位置

01 點選「**圖表工具→版面配置→標籤→圖例**」指令按鈕,選擇「**在下方顯示圖例**」。

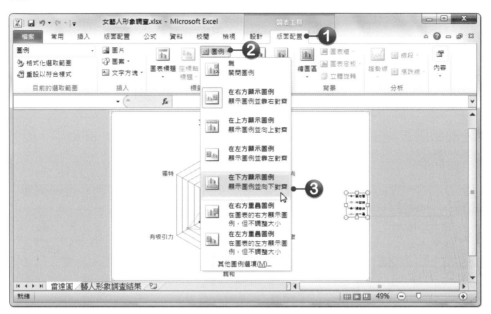

02 點選圖例物件,進行文字格式設定。

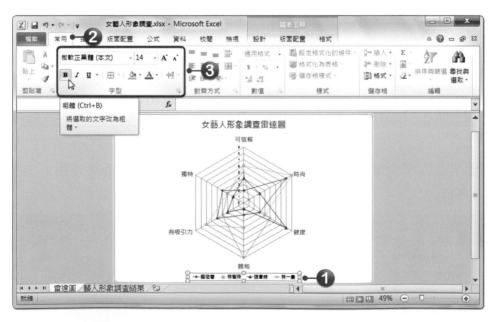

圖表格線

01 點選「**圖表工具→版面配置→座標軸→格線**」指令按鈕，於選單中選擇「**主水平格線→無**」，將主水平格線取消。

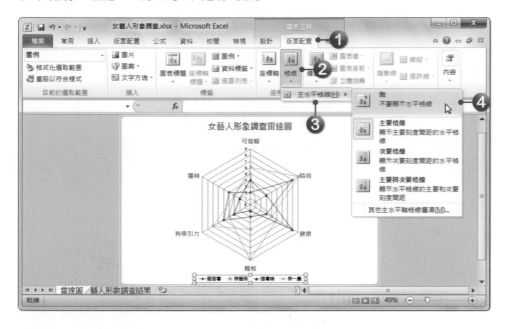

02 設定好後，雷達圖的主水平格線就會被取消。

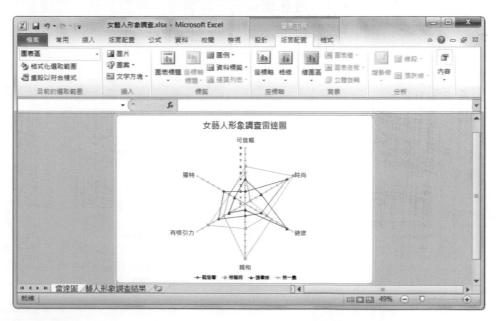

圖表區格式設定

01 點選整個圖表區,再點選「**圖表工具→格式→目前的選取範圍→格式化選取範圍**」指令按鈕;或是在圖表區上按下滑鼠右鍵,於選單中選擇「**圖表區格式**」,開啟「**圖表區格式**」對話方塊。

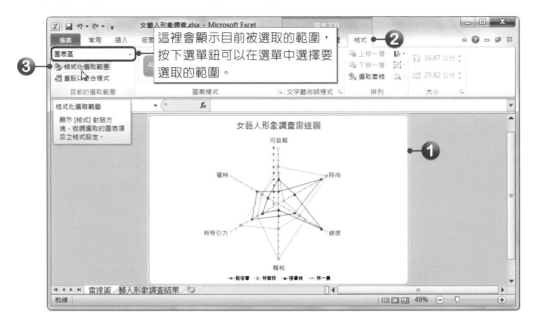

02 點選「**填滿**」標籤,選擇「**漸層填滿**」,再選擇「類型」及「方向」,接著按下漸層停駐點中的「**停駐點1**」,再按下「**色彩**」選單鈕,於選單中選擇要使用的顏色;再將透明度設定為「**20%**」。

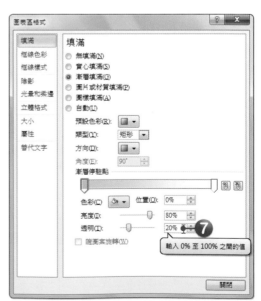

03 接著按下漸層停駐點中的「**停駐點2**」，再按下「**色彩**」選單鈕，於選單中選擇要使用的顏色；再將透明度設定為「**80%**」。都設定好後按下「**關閉**」按鈕，回到工作表中。

04 圖表區加上色彩後，「繪圖區」的白底就有點不搭了，所以這裡要將繪圖區的白底取消。選取「**繪圖區**」，再點選「**圖表工具→格式→圖案樣式→圖案填滿**」指令按鈕，於選單中點選「**無填滿**」，即可將繪圖區的填滿色彩取消。

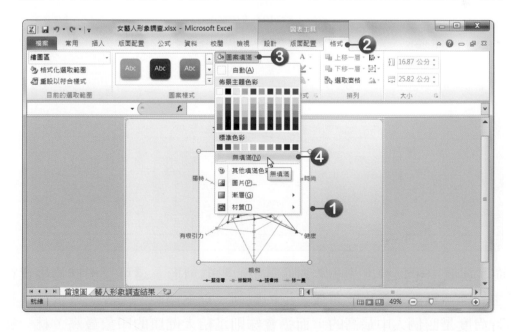

要在圖表區、標題區、繪圖區等物件中加入填滿色彩時，可以點選「**圖表工具→格式→圖案樣式→圖案填滿**」指令按鈕，於選單中選擇要填滿的方式即可。

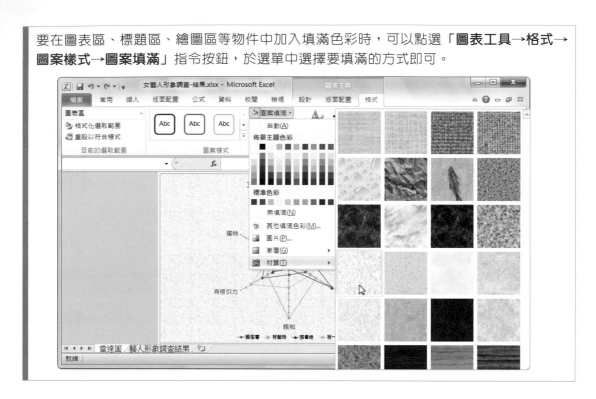

05 到這裡雷達圖就製作完成了。最後再看看還有哪裡需要調整的地方，像是「類別標籤」的文字色彩、數列的線條粗細等。

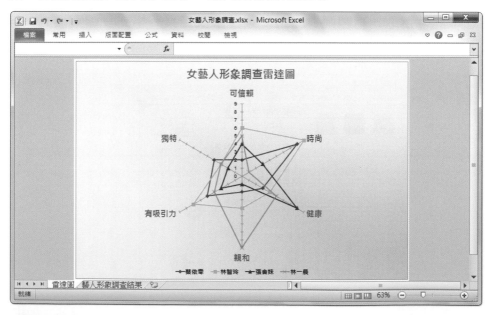

　　從雷達圖中可以看出某個數列偏離中心點的情形，還可以根據連接資料點所產生的線條範圍，找出分布最廣泛的數列。以這個範例來說，蔡依零與林智玲的時尚度是四個人中最高的，而張會妹則是給人健康的印象最高，林一晨則是讓人覺得最具有親和力，但這四個人的獨特性與可信賴度都不高。

單曲銷售紀錄─圖表的組合

在「單曲銷售紀錄」範例，要將直條圖與折線圖組合在同一個圖表中。

插入直條圖

01 先選取「**B1:B11**」儲存格，再按下鍵盤上的「**Ctrl**」鍵不放，選取「**E1:F11**」儲存格。

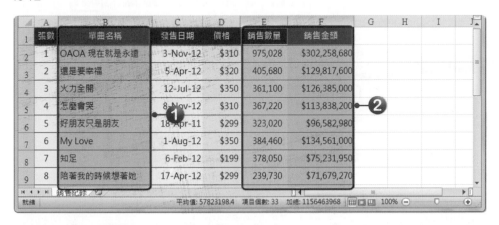

02 點選「**插入→圖表→直條圖**」指令按鈕，於選單中選擇「**平面直條圖→群組直條圖**」。

03 點選後，被選取的資料範圍，就會被製作成直條圖。

04 接著點選「**圖表工具→設計→位置→移動圖表**」指令按鈕，將圖表移至新的工作表中，並將工作表命名為「**直條圖與折線圖**」，設定好後按下「**確定**」按鈕。

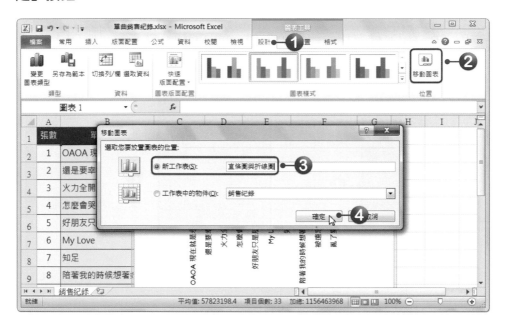

05 點選「**圖表工具→版面配置→標籤→圖表標題**」指令按鈕，於選單中選擇「**圖表上方**」，加入圖表標題，標題文字更改為「**單曲銷售紀錄**」。

06 點選「**圖表工具→版面配置→標籤→座標軸標題**」指令按鈕，於選單中選擇「**主垂直軸標題→水平標題**」，加入座標軸標題，並將文字更改為「**銷售金額**」。

07 將圖例的位置更改到上方，點選「**圖表工具→版面配置→標籤→圖例**」指令按鈕，於選單中選擇「**在上方顯示圖例**」。

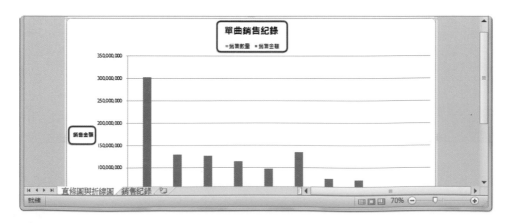

08 接著將圖例移至圖表上方的右上角。點選圖例物件，將該物件拖曳至右上方，再將座標軸標題移至圖表的左上方，點選座標軸標題物件，將該物件拖曳至左上角。

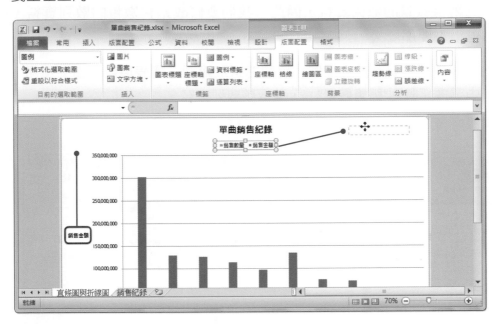

09 接著選取圖表中的「**繪圖區**」，調整繪圖區的大小。

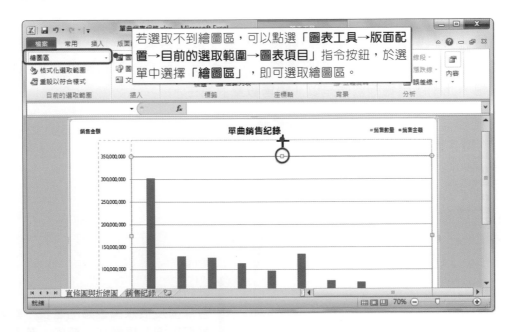

修改銷售數量數列資料

在這個圖表中因為銷售金額與銷售數量的數字差異太大了，所以在圖表中都看不到銷售數量的數列資料，因此，我們要修改銷售數量的數列資料，好讓二者的差距不要那麼大。

01 點選「**圖表工具→版面配置→目前的選取範圍→圖表項目**」指令按鈕，於選單中選擇「**數列"銷售數量"**」，選取該數列資料。

02 選取好後，按下「**格式化選取範圍**」指令按鈕。

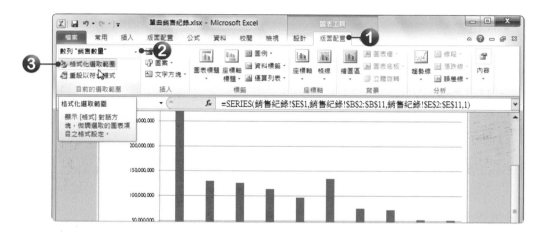

03 開啟「資料數列格式」對話方塊後，點選「**數列選項**」標籤，這裡要將銷售數量的數列資料更改為「**副座標軸**」。更改後，於圖表的右邊就會加入副座標軸，此副座標軸的數值是以「**銷售數量**」為主。

> **數列重疊**
> 直條圖及橫條圖這類的圖表，數列是可以彼此重疊在一起的，若要調整數列之間的重疊間距，在「資料數列格式」對話方塊中，即可進行數列重疊的調整。

04 加入了副座標軸後，接著就要加入副座標軸標題，點選「**圖表工具→版面配置→標籤→座標軸標題**」指令按鈕，於選單中選取「**副垂直軸標題→水平標題**」。

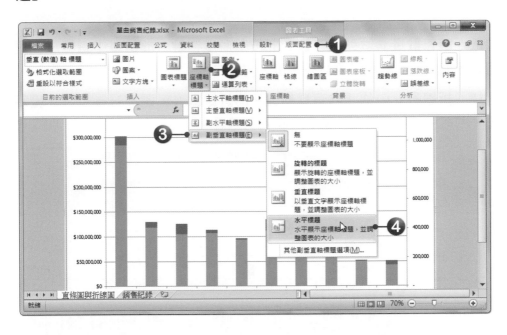

05 接著再將副垂直軸標題的文字修改為「**銷售數量**」，並將該文字物件的位置調整至右上角中。

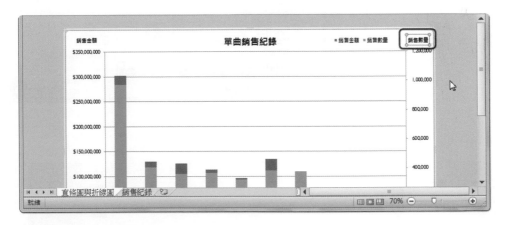

變更數列圖表類型

這裡要將「銷售數量」的數列變更為「折線圖」，好讓它與銷售金額有所不同。

01 選取「**銷售數量**」數列，在數列上按下滑鼠右鍵，於選單中選擇「**變更數列圖表類型**」，開啟「變更圖表類型」對話方塊。

02 選擇「**折線圖**」中的「**含有資料標記的折線圖**」，選擇好後按下「**確定**」按鈕，即可將「銷售數量」數列變更為折線圖。

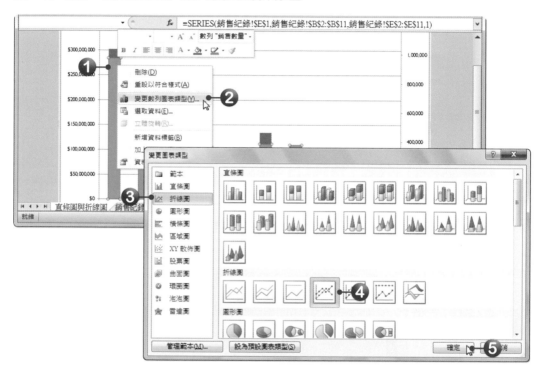

03 圖表中的「銷售數量」數列，被變更為折線圖。

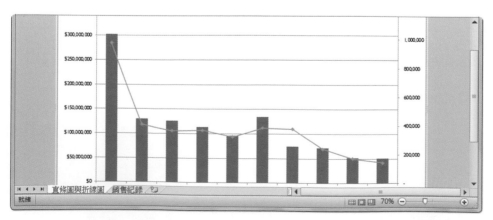

🍓 加入資料標籤

在數列上加入資料標籤，可以一清二楚的看到該數值的大小。

01 選取「**銷售數量**」數列，再點選「**圖表工具→版面配置→標籤→資料標籤**」指令按鈕，於選單中選擇「**上**」。

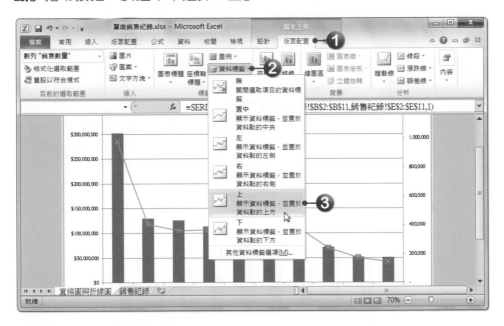

02 點選後，在數列的上方就會標示出該單曲的銷售數量。

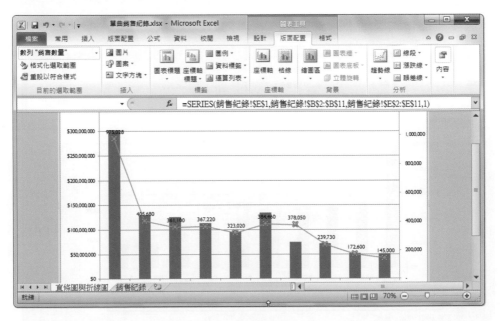

加入運算列表

　　想要在圖表中與來源資料對照，那麼可以加入「運算列表」。但並不是每一種圖表都可以加上運算列表，像是：圓形圖、雷達圖就無法加入。

01 點選「**圖表工具→版面配置→標籤→運算列表**」指令按鈕，於選單中選擇「**使用圖例符號來顯示運算列表**」。

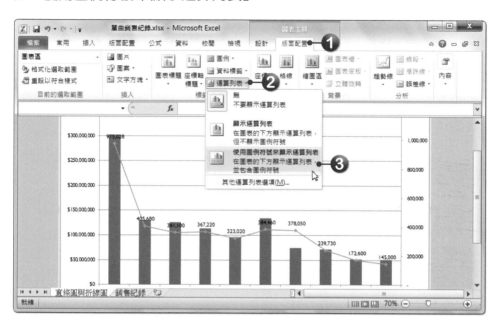

02 點選後，在繪圖區的下方就會加入運算列表。

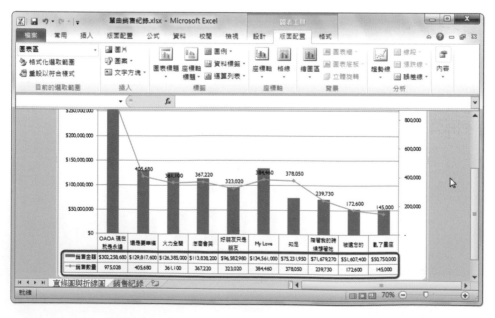

圖表格式修改

圖表內容大致上完成後，最後就來進行美化圖表的工作。

01 選取圖表中的「**繪圖區**」，在於「**圖表工具→格式→圖案樣式**」群組中選擇一個要套用的樣式。

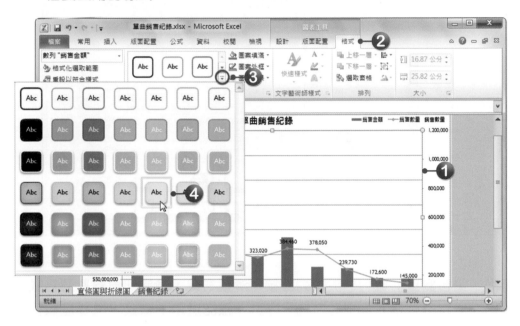

02 接著點選「**圖表工具→格式→圖案樣式→圖案效果→陰影**」指令按鈕，於選單中選擇一個要套用的陰影樣式。

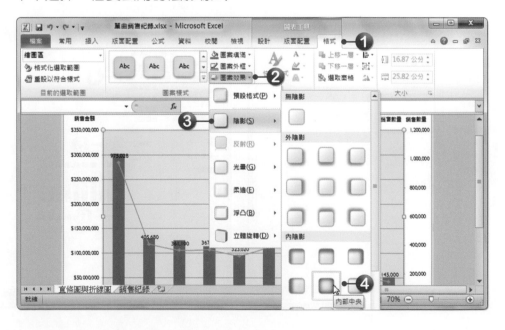

03 選取「**銷售金額**」數列,再點選「**圖表工具→格式→圖案樣式→圖案效果→浮凸**」指令按鈕,於選單中選擇一個要套用的浮凸樣式。

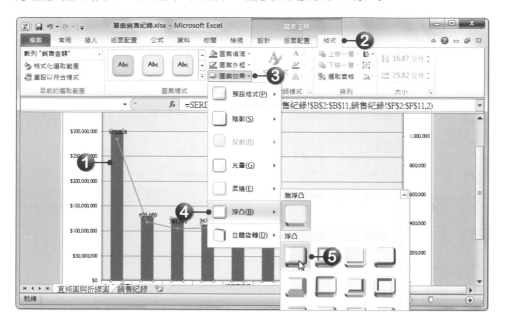

04 選取「**銷售數量**」數列,於數列上按下滑鼠右鍵,點選「**資料數列格式**」,開啟「**資料數列格式**」對話方塊,點選「**標記選項**」標籤,將標記類型更改為「**內建**」的「**圓點**」、大小為「**8**」。

05 點選「**標記填滿**」標籤,選擇「**實心填滿**」,並按下「**色彩**」選單鈕,選擇要套用的色彩。

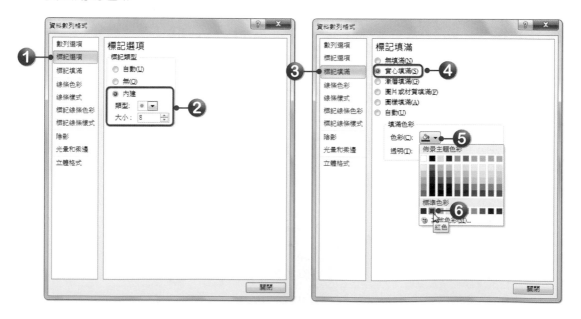

06 點選「**線條色彩**」標籤，選擇「**實心線條**」，並按下「**色彩**」選單鈕，選擇要套用的色彩。

07 點選「**線條樣式**」標籤，將線條寬度設定為「**3.5pt**」。

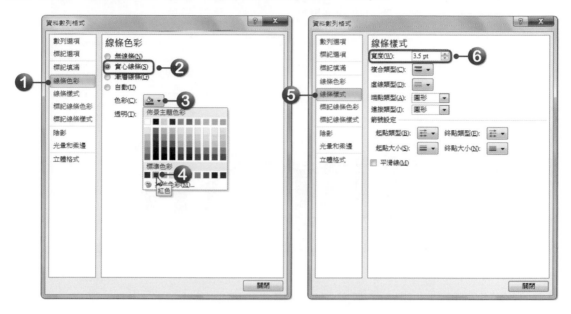

08 點選「**陰影**」標籤，按下「**預設格式**」選單鈕，選擇「外陰影」中的「**右下方對角位移**」。

09 點選「**立體格式**」標籤，將上浮凸設定為「**圓形**」，設定好後按下「**關閉**」按鈕。

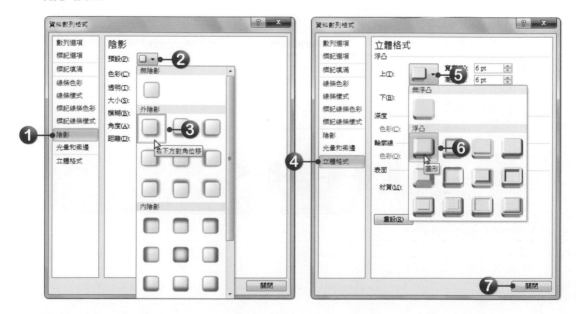

10 回到工作表後,「銷售數量」數列的格式就設定好了。

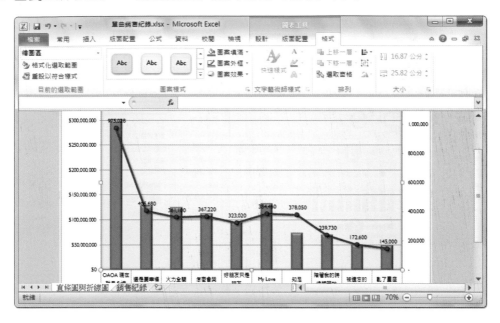

11 接著選取圖例,再於「**圖表工具→格式→圖案樣式**」群組中,選擇一個要套用的樣式,將圖例也加上圖樣格式。

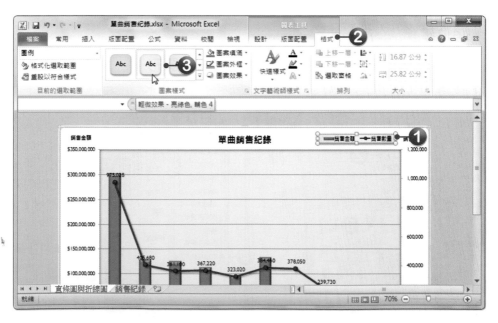

到這裡單曲銷售紀錄的圖表就完成了，最後再檢查看看還有哪裡需要修改及補強的地方吧！

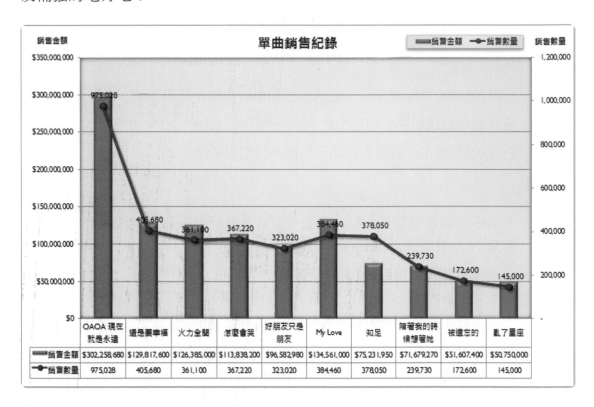

	OAOA 現在就是永遠	還是要幸福	火力全開	怎麼會哭	好朋友只是朋友	My Love	知足	陪著我的時候想著她	被遺忘的	亂了星座
銷售金額	$302,258,680	$129,817,600	$126,385,000	$113,838,200	$96,582,980	$134,561,000	$75,231,950	$71,679,270	$51,607,400	$50,750,000
銷售數量	975,028	405,680	361,100	367,220	323,020	384,460	378,050	239,730	172,600	145,000

是非題

( ) 1. XY散佈圖沒有類別項目，它的水平和垂直座標軸都是數值。

( ) 2. 直條圖可以比較同一類別中數列的差異。

( ) 3. Excel中不能在一個圖表裡顯示多種不同類型的圖。

選擇題

( ) 1. 下列哪種圖表類型是以點表示數列資料，並且用線將這些數列資料點連接起來？(A)折線圖 (B)直條圖 (C)環圈圖 (D)泡泡圖。

( ) 2. 下列哪個元件是用來區別「資料標記」屬於哪一組「數列」，所以可以把它看成是「數列」的化身？(A)資料表 (B)資料標籤 (C)圖例 (D)圖表標題。

( ) 3. 下列哪種圖表無法加上運算列表？(A)曲面圖 (B)雷達圖 (C)直條圖 (D)堆疊圖。

( ) 4. 在圖表中可以加入以下哪種物件？(A)格線 (B)圖例 (C)圖表標題 (D)以上皆可。

( ) 5. 以下哪個圖表類型適用於呈現股票資訊？(A)股票圖 (B)雷達圖 (C)XY散佈圖 (D)環圈圖。

實作題

1. 開啟「Example08→經濟成長率之相關分析.xlsx」檔案，進行以下設定。

　✦ 將資料製作成XY散佈圖，並加入圖表標題、圖例、座標軸標題等項目。

　✦ 將圖例的位置移到正上方，格線只顯示X軸的主要格線。

　✦ 將水平軸的最小值設為3、最大值設為9、主要刻度間距為0.2。將垂直軸的最小值設為0、最大值為6、主要刻度間距為1。水平、垂直軸的數值標籤都設為顯示1位小數。

　✦ 幫數列加上資料標籤和趨勢線，趨勢線的類型設為3的多項式，並往前、往後預測1個單位。

　✦ 資料標籤要顯示數值，並且放在資料點的上方。

　✦ 圖表的格式請自行設定，並將圖表移至新工作表中。

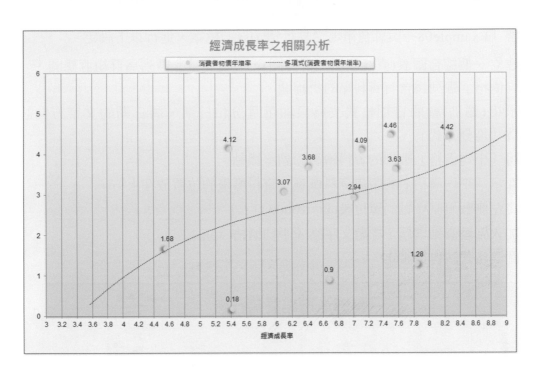

2. 開啓「Example08→血壓紀錄表.xlsx」檔案,進行以下設定。

✦ 將資料建立一個「折線圖」,並加入圖例與運算列表。

✦ 將垂直軸的最小值設為50、最大值設為150、主要刻度間距為10。

✦ 圖表格式請自行設定。

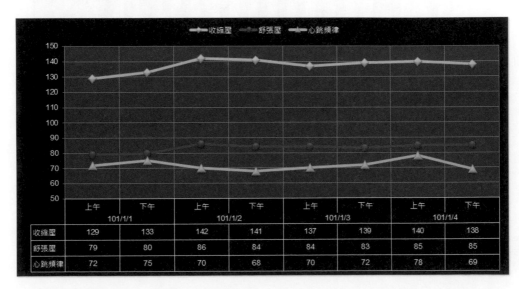

3. 開啓「Example08→吳郭魚市場交易行情.xlsx」檔案，進行以下設定。

✦ 建立一個綜合圖表(直條圖加上折線圖)，「交易量」數列爲群組直條圖，「平均價格」數列爲含有資料點的折線圖。

✦ 水平(類別)軸的日期格式改爲只顯示月份和日期，將日期的文字方向設定爲「堆疊方式」。

✦ 將「平均價格」數列的資料繪製於副座標軸。

✦ 顯示「平均價格」的數值資料標籤，資料標籤的位置放在上方。

✦ 將左側數值座標軸的單位設成「10000」。

✦ 加入副垂直軸標題，標題文字爲「平均價格(元)」。

✦ 圖表格式請自行設定。

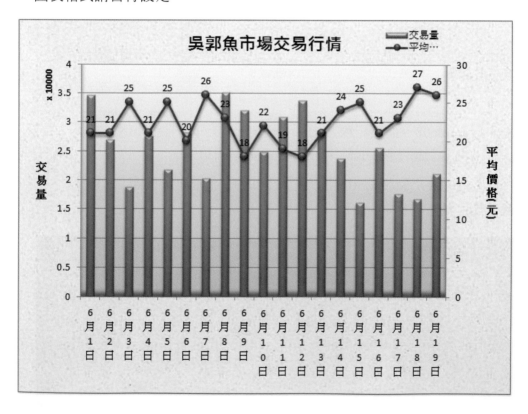

09 零用金帳簿

Example

✱ 學習目標

IF、OR、MONTH、DATE、AND、TEXT、SUMIF等函數的使用、項目清單的建立、工作表的複製、合併彙算的使用、立體圓形圖的製作。

✱ 範例檔案

Example09→零用金帳簿.xlsx

Example09→零用金帳簿-資料.xlsx

Example09→零用金帳簿-合併彙算.xlsx

✱ 結果檔案

Example09→零用金帳簿-空白-結果.xlsx

Example09→零用金帳簿-合併彙算-結果.xlsx

　　日常生活中的每一天，總是會有各種名目的支出，將這些支出詳細紀錄下來，可以了解自己的消費狀況，並有效的控制預算，所以接下來的這個範例裡，就來學習如何使用Excel，幫助我們建立生活中的日記帳，讓每一天的流水帳都能夠清清楚楚、一目了然。

　　這裡請開啓「**Example09→零用金帳簿.xlsx**」檔案，檔案中已經先將帳簿表格都製作完成了，所以現在只要在表格中進行一些函數的設定，即可完成零用金帳簿的製作。

♛ 月份與星期的設定

　　在零用金帳簿中，「月」與「星期」的欄位，要讓它自動顯示，當我們於「日」的欄位中輸入日期後，「月」的欄位就會自動顯示月份；而星期的欄位就會自動顯示星期，這樣就省去輸入月份與星期的動作囉！

🍓 月份的設定

　　月份欄位內的資料會依據所輸入的年份、月份與日期來顯示，所以必須先判斷這些儲存格中是否有輸入資料，若有輸入資料，再從這些資料中取出月份，並顯示於儲存格中。

　　這裡會使用到**IF、OR、MONTH、DATE**，「IF及OR」函數都是用來判斷條件是否成立；「MONTH」函數則是要取出日期資料中的月份；「DATE」函數則是將數值資料轉變成日期資料。

語法	IF(Logical_test,Value_if_true,Value_if_false,...)
說明	◆ Logical_test：用來輸入判斷條件，所以必須是能回覆True或False的邏輯運算式。 ◆ Value_if_true：則是當判斷條件傳回True時，所必須執行的結果。如果是文字，則會顯示該文字；如果是運算式，則顯示該運算式的執行結果。 ◆ Value_if_false：則是當判斷條件傳回False時，所必須執行的結果。如果是文字，則會顯示該文字；如果是運算式，則顯示該運算式的執行結果。

語法	OR(Logical1,Logical2,...)
說明	◆ Logical1,Logical2,...：該值為想要測試其結果為True或False的條件。

語法	MONTH(Serial_number)
說明	◆ Serial_number：代表日期的數字。

語法	DATE(Year,Month,Day)
說明	◆ Year：代表年份的數字，可以包含1到4位數。 ◆ Month：代表全年1月至12月的數字，如果該引數大於12，則會將該月數加到指定年份的第1個月份上；若引數小於1，則會從指定年份的第1個月減去該月數加1。 ◆ Day：代表整個月1到31日的數字，如果該引數大於指定月份的天數，則會將天數加到該月份的第1天；若引數小於1，則會從指定月份第1天減去該天數加1。

了解各函數的用法後，接著就開始進行月份資料的設定。

01 選取「**B9**」儲存格，點選「**公式→函數程式庫→邏輯**」指令按鈕，於選單中選擇「**IF**」函數。

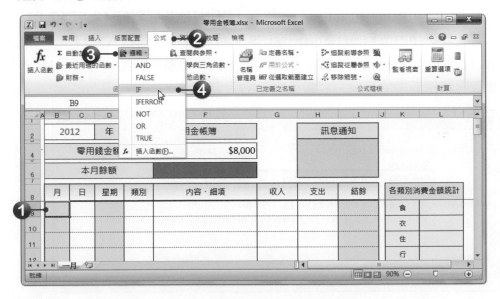

02 在第1個引數(Logical_test)中，要先判斷「年份(B2)或月份(E2)或日期(C9)」等儲存格是否有輸入資料，所以請輸入「**OR($B$2="",$E$2="",C9="")**」。

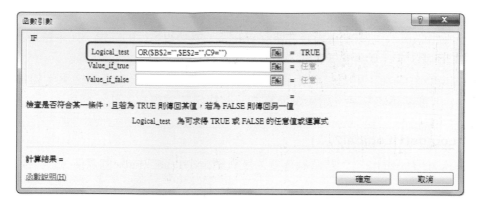

03 在第2個引數(Value_if_true)中，輸入「""」，表示若「年份(B2)或月份(E2)或日期(C9)」等儲存格沒有輸入資料，則「B9」儲存格就不顯示任何內容。

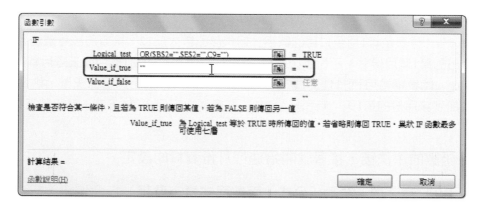

04 在第3個引數(Value_if_false)中，輸入「**MONTH(DATE($B$2,$E$2,1))**」，表示若「年份(B2)或月份(E2)或日期(C9)」等儲存格都有輸入資料時，則先利用DATE函數將「B2」及「E2」儲存格內的資料轉換為日期，再使用MONTH函數取出該日期中的月份，並顯示於「B9」儲存格。

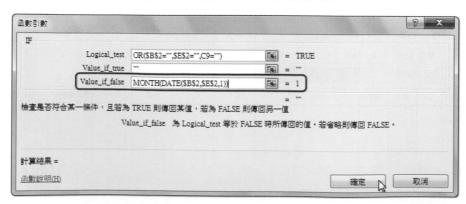

05 函數設定好後按下「**確定**」按鈕，完成公式的設定。接著將滑鼠游標移至「**B9**」儲存格的填滿控點，將公式複製到「**B10:B31**」儲存格。

06 接著點選「圖▼」按鈕，於選單中點選「**填滿但不填入格式**」選項，這樣表格的格式才不會被破壞。

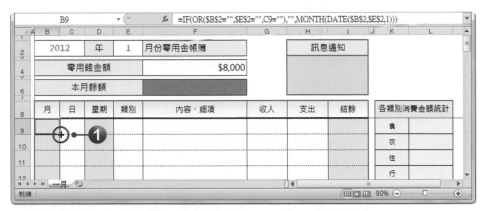

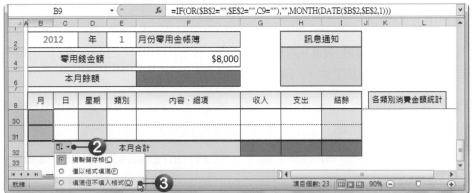

07 公式複製完成後，在「**C9**」儲存格，輸入一個日期，「**B9**」儲存格就會自動顯示月份。

於儲存格中輸入日期後，月份就會自動顯示；沒輸入日期時，月份則不會顯示任何資料。

🍓 星期的設定

在星期欄位中，也是要依據所輸入的年份、月份與日期來顯示，所以必須先判斷這些儲存格中是否有輸入資料，若有輸入資料，再從這些資料中判斷出該日期的星期，並顯示於儲存格中。

這裡會使用到**IF、OR、TEXT、DATE**，IF、OR、DATE函數前面都介紹過了，這裡就不再介紹。這裡要利用TEXT函數求得星期，使用TEXT函數時，可以將數值轉換成各種文字形式，且可以使用特殊格式字串來指定顯示的格式。

語法	**TEXT(Value,format_text)**
說明	◆ Value：一個值，可以是數值或是一個參照到含有數值資料的儲存格位址。 ◆ format_text：一個以雙引號括住並格式化為文字字串的數值。

01 選取「**D9**」儲存格，點選「**公式→函數程式庫→邏輯**」指令按鈕，於選單中選擇「**IF**」函數。

02 在第1個引數(Logical_test)中，要先判斷「月份(B9)及日期(C9)」等儲存格是否有輸入資料，所以請輸入「**OR(B9="",C9="")**」。

03 接著在第2個引數(Value_if_true)中，輸入「**""**」，表示若「月份(B9)或日期(C9)」等儲存格沒有輸入資料，則該儲存格就不顯示任何內容。

04 在第3個引數(Value_if_false)中，輸入「**TEXT(DATE($B$2,B9,C9),"aaa")**」，表示若「年份(B2)、月份(B9)、日期(C9)」等儲存格都有輸入資料時，則先利用DATE函數將「B2」、「B9」與「C9」儲存格內的資料轉換為日期，再使用TEXT函數求得星期，並顯示於「D9」儲存格。

05 都設定好後按下「**確定**」按鈕，即可完成IF函數的建立。

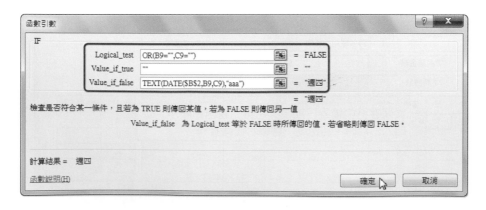

06 回到工作表後「D9」儲存格就會依日期自動顯示星期。接著將滑鼠游標移至「D9」儲存格的填滿控點,將公式複製到「D10:D31」儲存格。

07 接著按下「📋▾」按鈕,於選單中點選「**填滿但不填入格式**」選項,這樣表格的格式才不會被破壞。

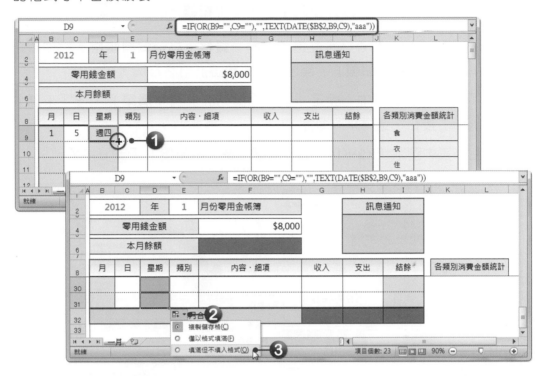

知識補充 自訂數值格式

在「Value_if_false」引數中的「TEXT(DATE($B$2,B9,C9),"aaa")」公式,其中「aaa」是「星期」格式的代碼,此代碼代表會將日期格式中的「星期一」轉換為「週一」;若使用「aaaa」格式代碼,則日期格式中的星期格式會顯示為「星期一」,而這些格式是可以自訂的,只要進入「儲存格格式」對話方塊,點選「**數值**」標籤,再按下「**自訂**」選項,即可進行格式的自訂。

👑 設定類別清單

　　類別欄位是用來分類支出類別的，此範例將支出劃分為食、衣、住、行、育、樂六大類。由於在這個欄位中只能填入這些預設值，所以直接將這個欄位設定為「儲存格清單」，以方便將來輸入支出紀錄。

01 選取「**E9:E31**」儲存格，點選「**資料→資料工具→資料驗證**」指令按鈕，於選單中點選「**資料驗證**」，開啟「資料驗證」對話方塊。

02 在「**設定**」標籤頁中，設定「儲存格內允許」為「**清單**」，在「來源」中按下「▦」按鈕，選擇來源範圍。

03 於工作表中選取「**K9:K14**」資料範圍，選取好後按下「▦」按鈕。

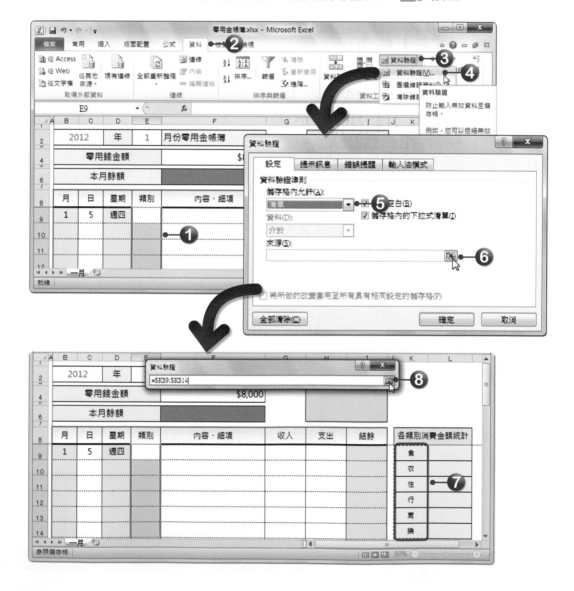

04 回到「資料驗證」對話方塊後，按下「**確定**」按鈕，回到工作表，被選取的範圍就都會加上類別清單。

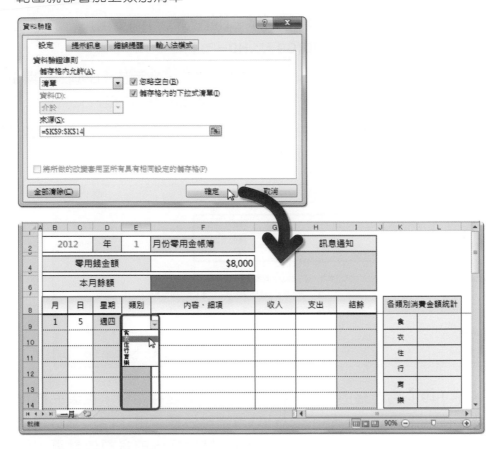

結餘金額計算

接著來看看結餘金額該如何計算，此範例的結餘金額公式應為零用錢金額(F4)加上收入金額(G9)再減掉支出金額(H9)，就是結餘金額了。在建立公式時，可以用很簡單的方式，也就是：F4+G9-H9，但這裡不這麼做，我們還是要先判斷收入與支出是否有資料，再進行加減的動作。

這裡會使用到IF與AND的函數，其中AND的函數是判斷所有的引數是否皆為True，若皆為True才會傳回True。

語法	AND(Logical1,Logical2,...)
說明	◆ Logical1,Logical2,...：為要測試的第1個條件，第2個條件...，條件最多可設255個。

01 選取「I9」儲存格，點選「**公式→函數程式庫→邏輯**」指令按鈕，於選單中選擇「**IF**」函數。

02 在第1個引數(Logical_test)中，要先判斷G9(收入)、H9(支出)等儲存格是否有輸入資料，所以請輸入「**AND(G9="",H9="")**」。

03 接著在第2個引數(Value_if_true)中，輸入「**""**」，表示若「G9(收入)與H9(支出)」等儲存格沒有輸入資料，則該儲存格就不顯示任何內容。

04 在第3個引數(Value_if_false)中，輸入「**$F$4+G9-H9**」。都設定好後按下「**確定**」按鈕，即可完成IF函數的建立。

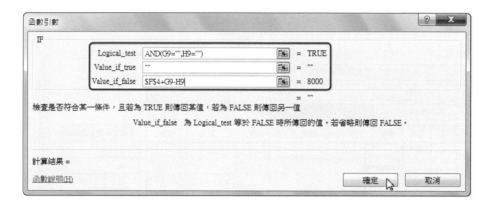

05 接著將「I9」儲存格的公式，複製到「I10」儲存格中。複製完成後，這裡要修改一下公式的內容，因為第1筆結餘金額須用「F4」儲存格內的金額做計算，但接下來的則不能用「F4」儲存格內的金額做計算，所以要將「$F$4」更改為「I9」儲存格。

06 點選「I10」儲存格，再於編輯列中，將「**$F$4**」更改為「**I9**」，改好後按下「**Enter**」鍵，即可完成公式的修改。

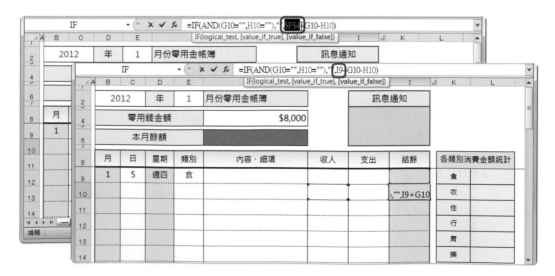

07 最後將滑鼠游標移至「I10」儲存格的填滿控點，將公式複製到「I11:I31」儲存格。按下「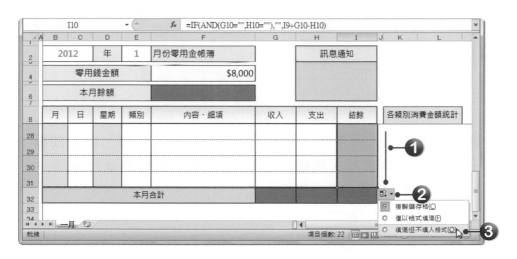」按鈕，於選單中點選「**填滿但不填入格式**」選項，即可完成公式的複製。

👑 本月合計與本月餘額計算

在本月合計中要將「收入」、「支出」、「結餘」做個加總，最後再將「結餘」的結果指定給「本月餘額」。

01 選取「**G32**」儲存格，點選「**公式→函數程式庫→自動加總**」指令按鈕，於選單中選擇「**加總**」函數。

02 確定加總範圍沒問題後，即可按下「Enter」鍵，完成加總函數的建立。

03 接著選取「**H32**」儲存格，點選「**公式→函數程式庫→自動加總**」指令按鈕，於選單中選擇「**加總**」函數。確定加總範圍沒問題後，即可按下「Enter」鍵，完成加總函數的建立。

04 接著選取「**I32**」儲存格，輸入「**=$F$4+G32-H32**」公式，輸入完後按下「Enter」鍵，完成結餘金額公式的建立。

05 接著選取「**F6**」儲存格，輸入「**=I32**」，輸入完後按下「**Enter**」鍵，「本月餘額」的金額就會等於「結餘」計算後的金額。

👑 各類別消費金額統計

　　為了讓自己能快速的知道零用金在哪個類別的支出最多，所以要來統計各類別的消費金額，這裡可以利用SUMIF函數計算各類別的單月消費加總金額，該函數語法如下：

語法	SUMIF(Range,Criteria, [Sum_range])
說明	◆ Range：要加總的範圍。 ◆ Criteria：要加總儲存格的篩選條件，可以是數值、公式、文字等。 ◆ Sum_range：將被加總的儲存格，如果省略，則將使用目前範圍內的儲存格。

01 選取「**L9**」儲存格，再點選「**公式→函數程式庫→數學與三角函數**」指令按鈕，於選單中選擇「**SUMIF**」函數。

02 開啟「函數引數」對話方塊後，按下第1個引數(Range)的「📖」按鈕，選取比較條件的範圍。

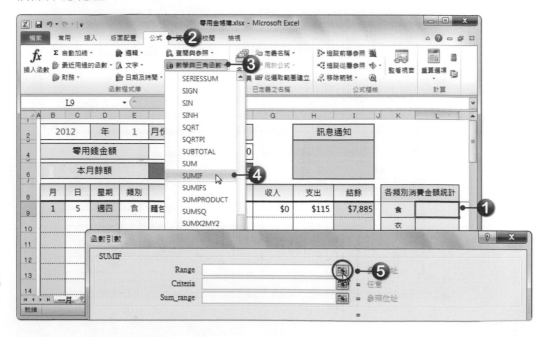

03 在工作表中選取「**E9:E31**」儲存格範圍，選擇好後按下「🔳」按鈕。

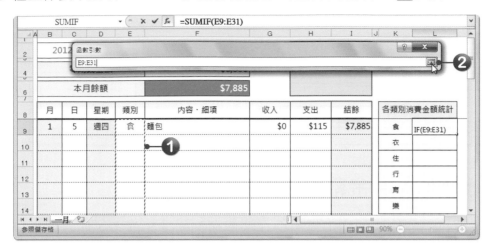

04 在第2個引數(Criteria)中輸入「**食**」，輸入好後按下第3個引數(Sum_range) 的「🔳」按鈕，選取要加總的範圍。

05 在工作表中選取「**H9:H31**」儲存格範圍，選擇好後按下「🔳」按鈕。

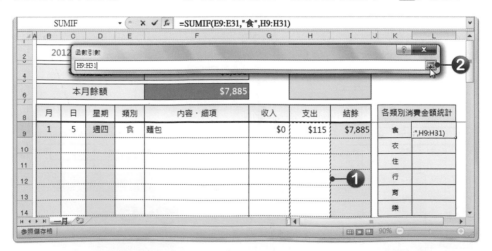

06 回到「函數引數」對話方塊後，這裡要將第1個引數(Range)與第3個引數 (Sum_range)中的範圍修改為絕對範圍，請在範圍前都加入「**$**」符號，函數 都設定好後按下「**確定**」按鈕。

07 「食」的金額計算出來後，就可以將此公式複製到衣、住、行、育、樂的儲存格 中。將滑鼠游標移至「**L9**」儲存格的填滿控點，將公式複製到「**L10:L14**」儲存 格中。

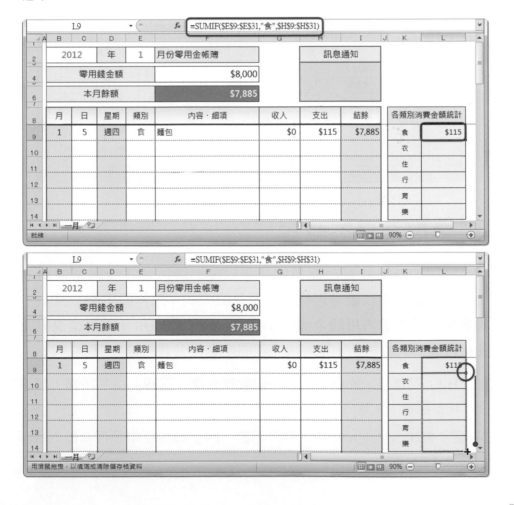

08 複製好後，點選「**L10**」儲存格，再於編輯列，將公式裡的「**食**」，更改為「**衣**」。

09 再利用相同方式將住、行、育、樂的公式也修改過來，這樣各類別消費金額的統計就完成了。

10 最後輸入一些資料，看看公式是否正確。

月	日	星期	類別	內容·細項	收入	支出	結餘	各類別消費金額統計	
				2012 年 1 月份零用金帳簿				訊息通知	
				零用錢金額		$8,000			
				本月餘額		$6,605			
1	5	週四	食	麵包	$0	$115	$7,885	食	$115
1	6	週五	樂	看電影	$0	$290	$7,595	衣	$990
1	7	週六	衣	上衣二件	$0	$990	$6,605	住	$0
								行	$0
								育	$0
								樂	$290

👑 判斷零用金是否超支

　　零用金帳簿的基本計算功能都做好了以後，最後要在「訊息通知」欄位中，設計一個可以自動判斷是否快超出預算的公式，這裡設定的公式是，**當本月餘額的金額小於等於零用錢金額的十分之一時，就顯示「零用金快用完了！不要再亂花錢囉！」的訊息**，了解後，就開始進行公式的建立吧！

01 選取「**H3**」儲存格，點選「**公式→函數程式庫→邏輯**」指令按鈕，於選單中選擇「**IF**」函數。

02 在第1個引數(Logical_test)中，要先判斷「**F4**」儲存格中是否有輸入金額，所以請輸入「**F4=""**」。

03 在第2個引數(Value_if_true)中，輸入「""」，表示若「F4」儲存格中沒有輸入金額，則該儲存格就不顯示任何內容。

04 在第3個引數(Value_if_false)中，輸入「**IF(F6<=F4/10,"零用金快用完了！不要再亂花錢囉！","")**」，表示「若本月餘額(F6)的金額小於零用錢金額(F4)的十分之一時」，則顯示「**零用金快用完了！不要再亂花錢囉！**」訊息。

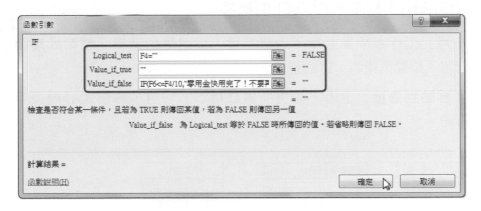

05 都設定好後按下「**確定**」按鈕，回到工作表後，「H3」儲存格就會判斷本月餘額是否已經小於等於零用錢金額的十分之一了，若小於等於時，就會顯示所設定的訊息內容。

到這裡整個零用金帳簿就製作完成了，最後可以將工作表進行「允許使用者編輯範圍」的設定，讓使用者只能在某些儲存格中進行資料的輸入動作。這裡要設定允許使用者編輯範圍的儲存格有：B2、E2、F4、C9:C31、E9:H31等儲存格。設定方法可以參考Example05的解說。

👑 複製多個工作表

在前面我們將一月份的零用金帳簿製作完成了，接下來就可以利用複製的方式，將零用金帳簿複製到其他工作表中，這裡先複製二月份與三月份的零用金帳簿，若需要更多月份的零用金帳簿，那麼就多複製幾個。這裡請開啟「**零用金帳簿-資料.xlsx**」檔案，進行以下的練習。

01 在「**一月**」工作表標籤上按下滑鼠右鍵，於選單中選擇「**移動或複製**」選項，開啟「移動或複製」對話方塊。

02 點選「**移動到最後**」選項，再將「**建立複本**」勾選，都設定好後按下「**確定**」按鈕。

03 按下「**確定**」按鈕後，就會多了一個「**一月(2)**」的工作表標籤，在該標籤上按下滑鼠右鍵，於選單中選擇「**重新命名**」選項。

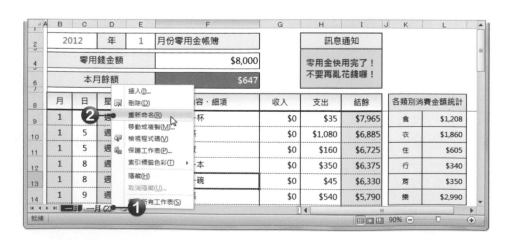

04 接著將工作表標籤名稱更改為「**二月**」。

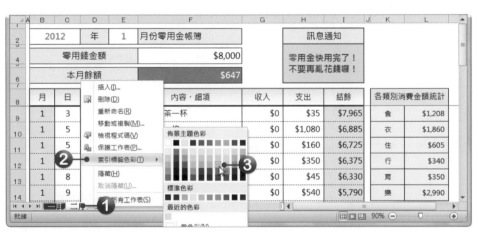

05 接著再將工作表索引標籤色彩更換一下，在該標籤上按下滑鼠右鍵，於選單中選擇「**索引標籤色彩**」選項，在色彩選單中選擇要使用的顏色。

06 接著再利用相同方式，建立一個「**三月**」的工作表。最後別忘了將工作表中的月份一起更改。

👑 合併彙算

當零用金紀錄了幾個月之後，若想要了解各項花費的總和，可以利用Excel中的「**合併彙算**」功能，將每個月的花費累加計算，這樣，自己就可以很清楚的知道自己各項花費的情況。

🍓 建立總支出工作表

在開始進行合併彙算前，先建立一個「**總支出**」工作表，來存放合併彙算的結果，這裡請開啓「**零用金帳簿-合併彙算.xlsx**」檔案，進行練習。

01 在「🗒」插入工作表標籤上，按下滑鼠左鍵，即可新增一個「**工作表1**」工作表，在工作表上按下滑鼠右鍵，於選單中選擇「**重新命名**」選項。

02 接著將工作表名稱命名為「**總支出**」。

要新增工作表時，也可以直接按下鍵盤上的「Shift+F11」快速鍵。

03 接著在「A1」儲存格中輸入「**類別**」文字；在「B1」儲存格中輸入「**總金額**」。輸入完後，依喜好修改字型、大小等格式。

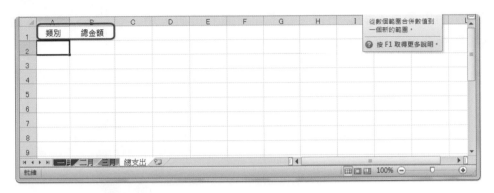

合併彙算設定

01 選取「A2」儲存格，再點選「**資料→資料工具→合併彙算**」指令按鈕，開啟「合併彙算」對話方塊。

02 在「函數」選項中，選擇「**加總**」函數。

03 接著按下「參照位址」欄位的「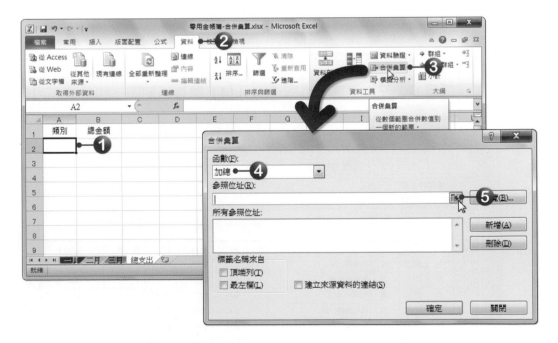」按鈕，選擇第一個要加總的參照位址。

04 點選「**一月**」工作表標籤,選取「**K9:L14**」儲存格範圍,也就是一月份各類別的消費金額,選取好後按下「▣」按鈕。

05 回到「合併彙算」對話方塊,按下「**新增**」按鈕,將「一月!$K$9:$L$14」加到「所有參照位址」的清單中。

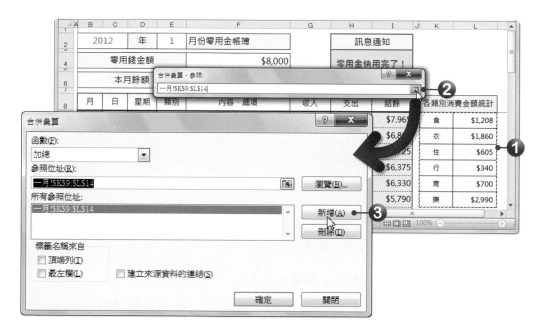

06 接著再按下「參照位址」欄位的「▣」按鈕,指定第二個要加總的參照位址。

07 點選「**二月**」工作表標籤,選取「**K9:L14**」儲存格範圍,也就是二月份各類別的消費金額,選取好後按下「▣」按鈕。

08 回到「合併彙算」對話方塊,按下「**新增**」按鈕,將「二月!$K$9:$L$14」加到「所有參照位址」的清單中。

09 接著再按下「參照位址」欄位的「■」按鈕，指定第三個要加總的參照位址。

10 點選「**三月**」工作表標籤，選取「**K9:L14**」儲存格範圍，也就是三月份各類別的消費金額，選取好後按下「■」按鈕。

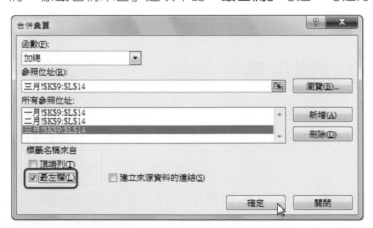

11 按下「**新增**」按鈕，將「三月!$K$9:$L$14」加到「所有參照位址」的清單中。到目前為止，已經將一至三月的參照位址設定好了。接下來在「合併彙算」對話方塊中，設定合併彙算表的標籤名稱。

12 由於所選取的各參照位址均包含相同的列標題，所以勾選「最左欄」選項。請將「標籤名稱來自」選項中的「**最左欄**」勾選，勾選好後按下「**確定**」按鈕。

頂端列：若各來源位置中，包含有相同的欄標題，則可勾此選項，合併彙算表中便會自動複製欄標題至合併彙算表中。

最左欄：若各來源位置中，包含有相同的列標題，則可勾此選項，合併彙算表中便會自動複製列標題至合併彙算表中。

以上兩個選項可以同時勾選。如果兩者均不勾選，則Excel將不會複製任一欄或列標題至合併彙算表中。如果所框選的來源位置標題不一致，則在合併彙算表中，將會被視為個別的列或欄，單獨呈現在工作表中，而不計入加總的運算。

建立來源資料的連結：如果想要在來源資料變更時，也能自動更新合併彙算表中的計算結果，就必須勾選此選項。

13 回到「總支出」工作表中，儲存格中就會顯示列標題，以及一至三月份各個類別的加總金額。

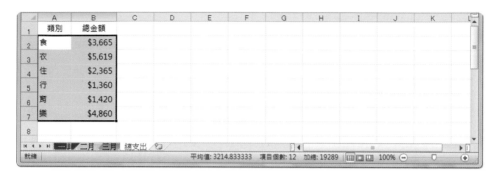

14 到這裡「合併彙算」的工作就完成了，接下來請將工作表中的資料進行美化的動作。

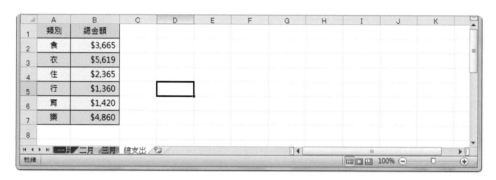

👑 建立總支出立體圓形圖

　　在計算出一至三月份的加總金額之後，如果想要更進一步比較出各類別之間的比重差異，可以將合併彙算表的結果製作成更清楚的圖表，使資料更易於分析與閱讀。

　　因為此範例想要表現出各支出類別佔整體比重的大小，所以較適合的圖表類型為「圓形圖」，圓形圖只能用來觀察一個數列，在不同類別所佔的比例。圓餅內一塊塊的扇形，是表示不同類別資料佔整體的比例，因此圖例是說明扇形所對應的類別。

❤加入圓形圖

01 選取工作表中任一有資料的儲存格,再點選「**插入→圖表→圓形圖**」指令按鈕,於選單中選擇「**立體圓形圖**」。

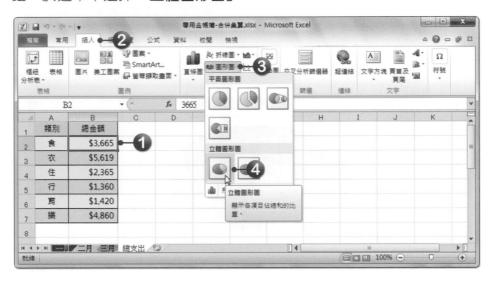

圓形圖若選擇分裂式時,扇形會向外分散,可以強調個別的存在感。另外,當各類別之間的資料相差太大,造成有些扇形小到看不見,此時不妨將比例過小的扇形,獨立成另外一個比例圖,這樣閱讀起來就比較清楚。

02 點選後,在工作表中就會加入一個「立體圓形圖」,選取該圖表,將圖表搬移至適當位置。

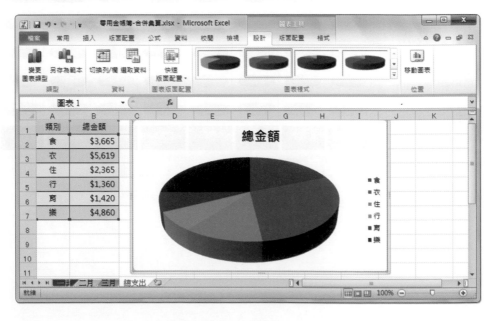

⚜圖表版面配置

　　圖表製作好後，接著修改一下圖表的版面配置，並於圖表中加入一些必要的資訊，好讓圖表能更易於閱讀。

01 點選圖表中的「總金額」圖表標題文字，並將該文字修改為「**零用金總支出統計圖**」。

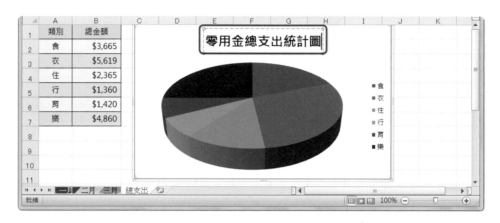

02 接著於「**圖表工具→設計→圖表樣式**」群組中，選擇一個要套用的圖表樣式。

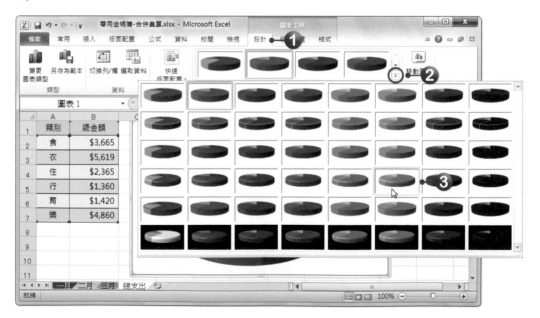

03 接著點選「**圖表工具→版面配置→標籤→圖例**」指令按鈕，於選單中選擇「**無**」，將圖例關閉。

04 接著點選「**圖表工具→版面配置→標籤→資料標籤**」指令按鈕，於選單中選擇「**其他資料標籤選項**」，開啟「**資料標籤格式**」對話方塊。

05 點選「**標籤選項**」，在「**標籤包含**」選項中將「**類別名稱**」、「**百分比**」等選項勾選；在「**標籤位置**」選項中將「**終點內側**」選項勾選，都設定好後按下「**關閉**」按鈕。

06 回到工作表後，圖表就會加上「類別名稱」，而資料標籤會以「百分比」顯示各類別所佔的比例。

07 接著選取整個圖表，再點選「**圖表工具→格式→圖案樣式→其他**」指令按鈕，於選單中選擇一個圖案樣式。

08 點選後，圖表區就會套用該樣式。到這裡圖表的製作就算完成了，而經過調整後的圖表是不是變得更清楚而且更美觀了呢？想要知道更多的圖表功能，可以參考Example08的說明。

是非題

( ) 1. MONTH函數可以取出日期資料中的月份。

( ) 2. DATE函數可以將數值資料轉變成日期資料。

( ) 3. 在Excel中若要加入一張新的工作表，可以按下鍵盤上的「Ctrl+F11」快速鍵。

( ) 4. 在Excel中點選「公式→函數程式庫→數學與三角函數」指令按鈕，可以在選單中找到「SUMIF」函數。

( ) 5. 在Excel中點選「公式→函數程式庫→財務」指令按鈕，可以在選單中找到「OR」函數。

選擇題

( ) 1. 下列哪一個函數，用來計算符合指定條件的數值加總？(A)SUM函數 (B)SUMIF函數 (C)SUMPRODUCT函數 (D)COUNT函數。

( ) 2. 下列哪一個功能，可以將不同工作表的資料，合在一起進行計算？(A)目標搜尋 (B)資料分析 (C)分析藍本 (D)合併彙算。

( ) 3. 在Excel中，下列何種選項只適用於包含一個資料數列所建立的圖表？(A)直條圖 (B)圓形圖 (C)區域圖 (D)橫條圖。

( ) 4. 下列哪一個函數是屬於「邏輯」函數？(A)AND (B)OR (C)IF (D)以上皆是。

( ) 5. 下列哪個函數可以依指定的數值格式，將數字轉換成文字？(A)TEXT (B)DATE (C)MONTH (D)AND。

實作題

1. 開啓「Example09→咖啡店營業額.xlsx」檔案，進行以下設定。

✦ 新增一個「總營業額」工作表。

✦ 將台北、台中、高雄分店的營業額合併彙算至「總營業額」工作表中。

✦ 於A8儲存格中加入「本月目標營業額：」文字、於C8儲存格中加入「$800,000」金額。

✦ 於A9加入「是否達到目標營業額：」文字。

✦ 於C9儲存格中判斷出三家分店合併彙算後的金額是否有達到目標營業額,若達成則顯示「達成目標」;若未達成則顯示「未達成目標」。

	A	B	C	D	E	F	G	H	I	J
1		拿堤	卡布奇諾	摩卡	焦糖瑪奇朵	維也納	總計			
2	第一週	$38,115	$34,125	$29,505	$41,055	$21,000	$163,800			
3	第二週	$46,935	$36,225	$31,605	$43,680	$24,360	$182,805			
4	第三週	$47,565	$39,375	$33,705	$46,515	$23,205	$190,365			
5	第四週	$38,745	$39,270	$35,910	$40,740	$25,410	$180,075			
6	總計	$171,360	$148,995	$130,725	$171,990	$93,975	$717,045			
7										
8	本月目標營業額:		$800,000							
9	是否達到目標營業額:		未達成目標							

台北分店 / 台中分店 / 高雄分店 / 總營業額

2. 開啟「Example09→人事資料.xlsx」檔案,進行以下設定。

✦ 將年、月、日內的數值資料轉換為日期資料。
✦ 求出到職日當天的星期,格式請使用「星期一」格式。

	A	B	C	D	E	F	G	H	I	J	K
1	員工編號	員工姓名	部門	年	月	日	到職日	星期			
2	0701	王小桃	資圖部	2000	10	16	2000年10月16日	星期一			
3	0702	周大翊	商管部	1998	7	6	1998年7月6日	星期一			
4	0703	徐阿巧	產銷部	1999	7	7	1999年7月7日	星期三			
5	0704	陳小潔	商管部	1989	12	5	1989年12月5日	星期二			
6	0705	郭小怡	資圖部	2001	7	4	2001年7月4日	星期三			
7	0706	陳阿芸	商管部	2002	2	4	2002年2月4日	星期一			
8	0707	陳小伸	商管部	2003	1	6	2003年1月6日	星期一			
9	0708	王大婕	資圖部	2004	1	12	2004年1月12日	星期一			
10	0709	林大豪	資圖部	2004	3	4	2004年3月4日	星期四			
11	0710	蔡奇輸	軟體部	2006	1	16	2006年1月16日	星期一			
12	0711	李阿玲	業務部	2007	4	10	2007年4月10日	星期二			
13	0712	陳阿芳	版權部	2007	5	21	2007年5月21日	星期一			
	0713	李小萍	資圖部	2007	8	10	2007年8月10日	星期五			

人事資料

3. 開啟「Example09→產品銷售明細.xlsx」檔案，進行以下設定。

✦ 計算出各分店的銷售業績。

	A	B	C	D	E	F	G	H	I	J
1	分店名稱	貨號	品名	售價	數量	業績				
2	土城店	LG1004	統一科學麵	30	20	$600		各分店銷售業績統計		
3	土城店	LG1002	中立麥穗蘇打餅乾	20	10	$200		分店名稱	銷售業績	
4	木柵店	LG1003	中建紅標豆干	45	12	$540		板橋店	$49,265.00	
5	板橋店	LG1004	統一科學麵	30	60	$1,800		土城店	$34,138.00	
6	木柵店	LG1005	味王原汁牛肉麵	41	45	$1,845		木柵店	$42,612.00	
7	木柵店	LG1006	浪味炒麵	39	26	$1,014				
8	板橋店	LG1002	中立麥穗蘇打餅乾	20	57	$1,140				
9	板橋店	LG1008	愛文芒果	99	36	$3,564				
10	土城店	LG1028	台灣牛100%純鮮乳冰淇淋	89	24	$2,136				
11	土城店	LG1005	味王原汁牛肉麵	41	21	$861				
12	木柵店	LG1028	台灣牛100%純鮮乳冰淇淋	89	55	$4,895				
13	木柵店	LG1026	優沛蕾優酪乳	96	23	$2,208				
14	土城店	LG1013	迷你羊角	29	21	$609				

銷售業績圖　各分店銷售明細

✦ 將各分店的銷售業績製作成「立體圓形圖」，資料標籤要包含類別名稱、值、百分比，圖表格式請自行設計。

10 報價系統

Example

＊ 學習目標

IF、ISBLANK、VLOOKUP、INDIRECT、SUMPRODUCT等函數的使用、
定義名稱、移除重複工具的使用、資料驗證工具的使用。

＊ 範例檔案

Example10→報價系統.xlsx

＊ 結果檔案

Example10→報價系統-結果.xlsx

在「Example02」中學會了如何利用Excel製作報價單，好快速地計算出報價單的金額，但這個報價單中的各種項目名稱都必須自行輸入，才能完成一份報價單的製作。所以，接下來要學習，如何利用一些函數及資料工具，讓我們省去輸入資料的動作，即可完成一份報價單。

這裡請開啟「**Example10→報價系統.xlsx**」檔案，在這份報價單中，只要點選「類別」後，Excel就會幫忙找出屬於該類的「貨號」有哪些；接著再選擇「貨號」後，品名、廠牌、包裝、單位、售價等就都會自動顯示於儲存格中，最後再填入「數量」，就可以計算出「合計」金額。

👑 建立類別資料

在開始製作報價單之前，有許多的事前工作要先準備，這裡就先從「產品明細」工作表中的「類別」欄位，統計出產品中到底有多少個「類別」。

🍓 移除重複工具的使用

若要快速地將相同值移除，可以使用「**移除重複**」工具。「移除重複」的作法與「篩選」有些類似，而二者的差異在於「移除重複」在進行時，會將重複值永久刪除；而「篩選」則是會暫時將重複值隱藏。

01 開啟「**報價系統.xlsx**」檔案，點選「**產品明細**」工作表，選取「**D欄**」，也就是「類別」欄位。

02 選取後,按下鍵盤上的「**Ctrl+C**」複製快速鍵,再點選「**類別**」工作表,點選「**C1**」儲存格,按下鍵盤上的「**Ctrl+V**」貼上快速鍵,將D欄的內容複製到「類別」工作表中。

03 於「類別」工作表中,點選「**C欄**」,再點選「**資料→資料工具→移除重複**」指令按鈕,開啟「移除重複」對話方塊。

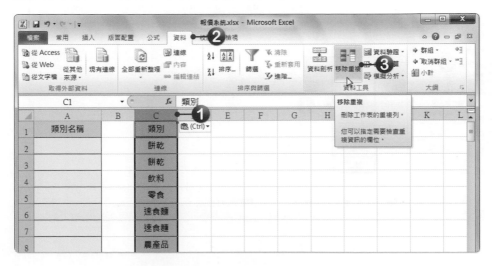

04 將「**我的資料有標題**」選項勾選,再於「欄」清單中將「**類別**」勾選,勾選好後按下「**確定**」按鈕。

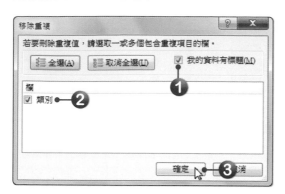

05 按下「**確定**」按鈕後,會顯示「找到並移除多少個重複值,共保留了多少個唯一的值」的訊息,沒問題後按下「**確定**」按鈕,即可完成移除重複工作。

06 接著選取「**C2:C8**」儲存格,並按下「**Ctrl+C**」複製此範圍,再選取「**A2**」儲存格,並點選「**常用→剪貼簿→貼上**」指令按鈕,於「貼上值」選項中,點選「**值**」。

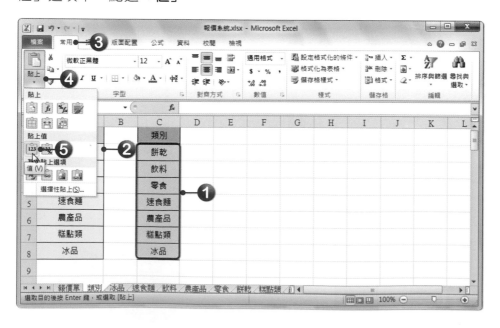

07 選擇好後，資料就會被複製到「**A2:A8**」儲存格，而原先的儲存格格式也不會被破壞。

08 最後選取「**C欄**」，按下滑鼠右鍵，於選單中選擇「**刪除**」，將「**C欄**」刪除，即可完成「類別」工作表的製作。

👑 定義名稱

在Excel中提供了「**定義名稱**」功能，可以將某些範圍定義一個名稱，而此名稱可以用於公式中作為儲存格參照的替代，例如：將「類別」工作表中的「A2:A8」儲存格，定義為「類別」名稱，往後要使用到此儲存格時，只要輸入「類別」名稱即可，在公式中使用名稱可以使得公式更容易分辨及理解。

在此範例中，要將類別、冰品、速食麵、飲料、農產品、零食、餅乾、糕點類等工作表中的資料都各定義一個名稱，了解後，就可以開始進行以下的動作。

🍓 定義「類別」名稱

01 點選「**類別**」工作表，選取工作表中的「**A1:A8**」儲存格，再點選「**公式→已定義之名稱→從選取範圍建立**」指令按鈕。

02 開啟「以選取範圍建立名稱」對話方塊，勾選「**頂端列**」選項，勾選好後再按下「**確定**」，即可完成「A1:A8」儲存格的名稱定義。

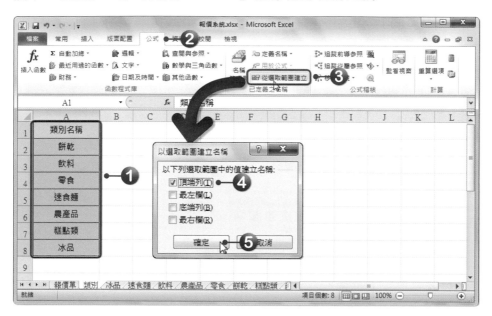

> 在定義名稱時，也可以先選取好要定義的儲存格範圍，再點選「**公式→已定義之名稱→定義名稱**」指令按鈕，開啟「新名稱」對話方塊，再輸入要定義的「名稱」即可。

03 點選「**公式→已定義之名稱→名稱管理員**」指令按鈕，開啟「名稱管理員」對話方塊，即可查看已定義的名稱。

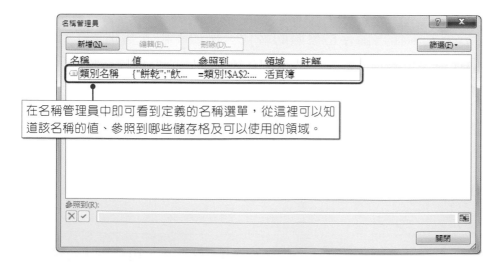

在名稱管理員中即可看到定義的名稱選單，從這裡可以知道該名稱的值、參照到哪些儲存格及可以使用的領域。

🍓 定義各類別的貨號及清單名稱

接下來，要將冰品、速食麵、飲料、農產品、零食、餅乾、糕點類等產品中的資料與貨號分別定義一個名稱，這裡以「冰品」為例，先將「貨號」資料的名稱定義為「冰品貨號」；再將「冰品」的所有資料名稱定義為「冰品清單」，了解後就開始進行以下的設定。

01 點選「**公式→已定義之名稱→名稱管理員**」指令按鈕，開啟「名稱管理員」對話方塊，按下「**新增**」按鈕。

02 開啟「**新名稱**」對話方塊，於「**名稱**」欄位中輸入「**冰品貨號**」；於「**範圍**」選單中選擇「**活頁簿**」，按下「🔳」按鈕，選擇範圍。

03 點選「**冰品**」工作表，選取「**A2:A7**」範圍，也就是冰品的所有「貨號」資料，選取好後按下「🔳」按鈕，回到「新名稱」對話方塊。

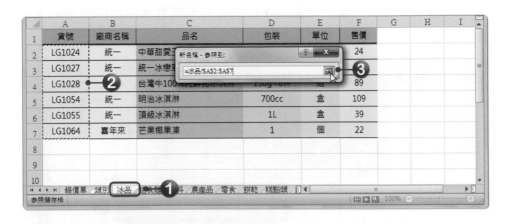

04 到這裡「冰品貨號」的名稱就定義好了,沒問題後按下「**確定**」按鈕。

05 回到「名稱管理員」對話方塊後,再按下「**新增**」按鈕,繼續新增「冰品清單」名稱。

06 開啓「新名稱」對話方塊,於「名稱」欄位中輸入「**冰品清單**」;於「範圍」選單中選擇「**活頁簿**」,按下「🖳」按鈕,選擇範圍。

07 點選「**冰品**」工作表,選取「**A2:F7**」範圍,也就是冰品的所有資料,選取好後按下「🖳」按鈕,回到「新名稱」對話方塊。

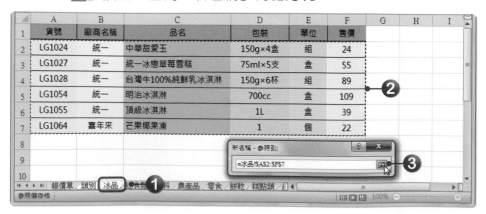

08 到這裡「冰品清單」的名稱就定義好了，沒問題後按下「**確定**」按鈕。

09 回到「名稱管理員」對話方塊，即可看到定義好的名稱。

10 接下來，利用相同方式將速食麵、飲料、農產品、零食、餅乾、糕點類等資料內的貨號及所有資料定義名稱。

> 在定義名稱時，有一些快速鍵可以使用，例如：要開啟「名稱管理員」對話方塊時，可以直接按下「**Ctrl+F3**」快速鍵；按下「**Ctrl+Shift+F3**」快速鍵，則可以從選取範圍建立名稱。

👑 建立類別與貨號的選單

　　事前工作都準備好了之後，就可以開始進行報價單的製作，首先要設定的是「類別」與「貨號」的選單，這裡直接使用**「資料驗證」**工具，再配合我們所定義好的**「名稱」**，進行選單設定。

🍓 類別選單的建立

01 進入**「報價單」**工作表中，選取**「C5:C14」**儲存格，再點選**「資料→資料工具→資料驗證」**指令按鈕，開啟「資料驗證」對話方塊。

02 按下**「儲存格內允許」**選單鈕，於選單中選擇**「清單」**，再點選**「來源」**欄位，按下**「F3」**鍵，開啟「貼上名稱」對話方塊，選擇**「類別名稱」**，選擇好後按下**「確定」**按鈕。

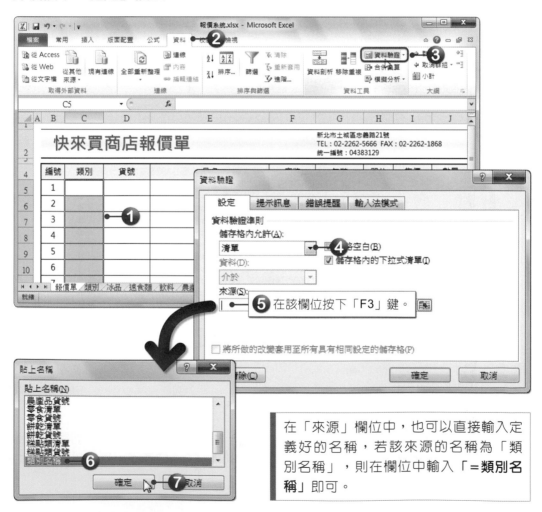

在「來源」欄位中，也可以直接輸入定義好的名稱，若該來源的名稱為「類別名稱」，則在欄位中輸入「=類別名稱」即可。

03 該名稱就會被貼到「來源」欄位中，沒問題後按下「**確定**」按鈕，即可完成「類別」清單的製作。

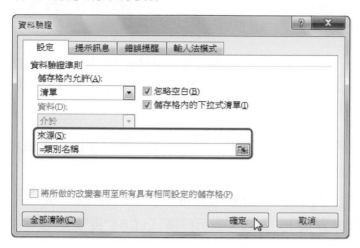

04 回到工作表後，被選取的範圍就都會加上選單，而選單中的選項就是我們所定義的「類別名稱(A2:A8)」範圍內的資料。

05 接著按下選單鈕，即可在選單中看到所有的「類別」名稱。

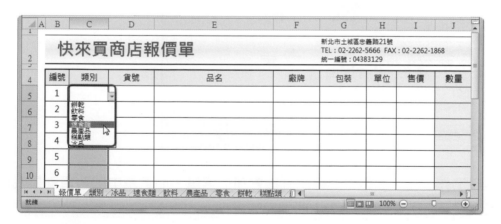

🍓 貨號選單的建立

　　在「貨號」選單的部分，要根據「類別」內容來決定「貨號」選單的內容，例如：當「類別」選擇的是「速食麵」時，那麼「貨號」選單便只顯示屬於「速食麵」的「貨號」。

　　這種選單模式稱為「多重選單」，要製作多重選單時，除了使用「資料驗證」工具外，還要再搭配「INDIRECT」函數來使用。「INDIRECT」函數可以傳回文字串所指定的參照位址。

語法	INDIRECT(Ref_text,A1)
說明	◆ Ref_text：為一個單一儲存格的參照位址，而這個儲存格含有A1格式或C1R1格式所指定的參照位址、一個定義為參照位址的名稱，或是一個定義為參照位址的字串。 ◆ A1：是一個邏輯值，用來區別Ref_text所指定的儲存格參照位址；如果A1為True或省略不寫，則Ref_text會被解釋為A1參照表示方式；如果A1為False，則Ref_text會被解釋成R1C1參照表示方式。

01 選取「**D5:D14**」儲存格，再點選「**資料→資料工具→資料驗證**」指令按鈕，開啓「資料驗證」對話方塊。

02 按下「**儲存格內允許**」選單鈕，選擇「**清單**」，於「**來源**」欄位中，輸入「**=INDIRECT($C5&"貨號")**」公式，表示根據「**$C5&"貨號"**」字串指定的參照位址，找出選單的內容，設定好後按下「**確定**」按鈕。

03 回到工作表後，被選取的範圍就都會加上選單，而選單中的選項就是我們所定義的「餅乾貨號(A2:A7)」範圍內的資料。

04 接著按下選單鈕，即可在選單中看到所有屬於「餅乾」類別的「貨號」資料。

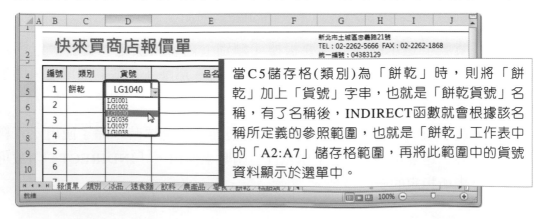

當C5儲存格(類別)為「餅乾」時，則將「餅乾」加上「貨號」字串，也就是「餅乾貨號」名稱，有了名稱後，INDIRECT函數就會根據該名稱所定義的參照範圍，也就是「餅乾」工作表中的「A2:A7」儲存格範圍，再將此範圍中的貨號資料顯示於選單中。

👑 自動填入相關資料

　　有了「類別」與「貨號」等資料後,接下來的品名、廠牌、包裝、單位、售價等資料就要藉由公式自動填入相關資料。

🐛 自動填入「品名」內容

　　這裡會使用到IF、ISBLANK、VLOOKUP、INDIRECT等函數,其中IF與INDIRECT函數之前都有介紹過,這裡就不再介紹。而ISBLANK函數是用來判斷該數值引數是否為空白;VLOOKUP函數則是可以在表格裡上下地搜尋,找出想要的項目,並傳回跟項目同一列的某個欄位內容。

語法	ISBLANK(Value)
說明	◆ Value:是用來指定想要判斷的值,它可以是空白儲存格、錯誤值、邏輯值、文字、數字或參照值。

語法	VLOOKUP(Lookup_value,Table_array,Col_index_num,Range_lookup)
說明	◆ Lookup_value:為想要查詢的項目,是打算在陣列最左欄中搜尋的值,可以是數值、參照位址或文字字串。 ◆ Table_array:為用來查詢的表格範圍,是要在其中搜尋資料的文字、數字或邏輯值的表格,通常是儲存格範圍的參照位址或類似資料庫或清單的範圍名稱。 ◆ Col_index_num:為傳回同列中第幾個欄位,代表所要傳回的值位於Table_array的第幾個欄位。引數值為1代表表格中第一欄的值。 ◆ Range_lookup:邏輯值,用來設定VLOOKUP函數要尋找「完全符合」(FALSE)或「部分符合」(TRUE)的值。若為TRUE或忽略不填,則表示找出第一欄中最接近的值(以遞增順序排序)。若為FALSE,則表示僅尋找完全符合的數值,若找不到,就會傳回#N/A。

知識補充 HLOOKUP函數

HLOOKUP函數與VLOOKUP函數類似。「HLOOKUP函數」可以查詢某個項目,傳回指定的欄位。只不過它在尋找資料時,是以水平的方式左右查詢,找到項目後,傳回同一欄的某一列資料。

使用「HLOOKUP函數」要注意的地方,除了表格的最上方列必須為要查詢的項目,這些項目必須由左到右遞增排序;另外在指定HLOOKUP函數的第2個引數時,選取的表格必須同時包括標題。

語法	HLOOKUP(Lookup_value,Table_array,Row_index_num,Range_lookup)

了解「ISBLANK」與「VLOOKUP」函數的使用方式後，就可以開始在「品名」儲存格中進行公式的設定。

01 選取「**E5**」儲存格，點選「**公式→函數程式庫→邏輯**」指令按鈕，於選單中選擇「**IF**」函數，開啟「函數引數」對話方塊。

02 在第1個引數(Logical_test)中輸入「**ISBLANK($D5)**」公式，判斷「D5」儲存格的值是否為空值。

03 在第2個引數(Value_if_true)中輸入「""」文字。

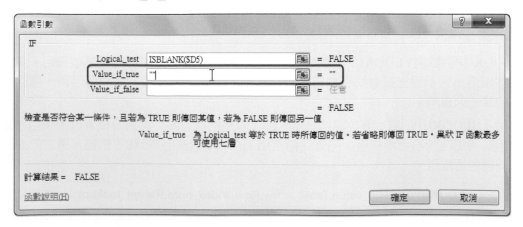

04 在第3個引數(Value_if_false)中按一下滑鼠左鍵,再點選編輯列上的「f_x」插入函數按鈕,回到工作表中,進行VLOOKUP函數的插入動作。

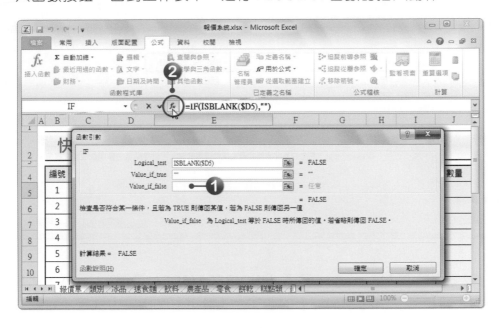

05 回到工作表後,再點選「**公式→函數程式庫→查閱與參照**」指令按鈕,於選單中選擇「**VLOOKUP**」函數。

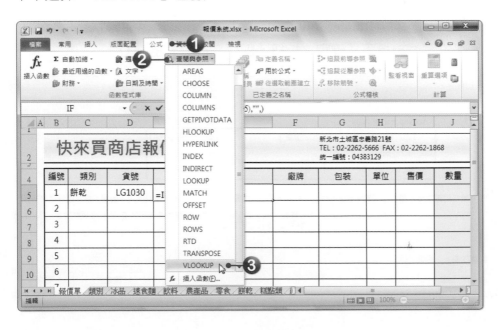

> ISBLANK函數是屬於「其他函數」中的「資訊函數」,若要使用該函數時,可以點選「**公式→函數程式庫→其他函數→資訊函數**」指令按鈕,於選單中選擇「ISBLANK」即可。

06 開啟該函數的「函數引數」對話方塊後,先於第1個引數(Lookup_value)中輸入「**$D5**」。

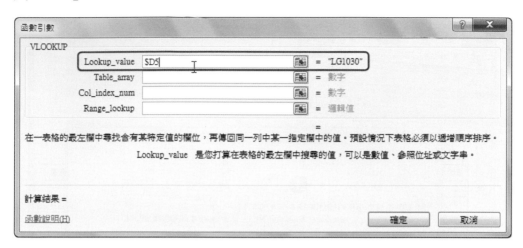

07 在第2個引數(Table_array)中輸入「**INDIRECT($C5&"清單")**」公式,此為要搜尋的表格範圍,也就是「C5」的值加上「清單」字串,也就是「餅乾」工作表中被定義為「餅乾清單(A2:F7)」名稱的儲存格範圍。

08 在第3個引數(Col_index_num)中輸入「**3**」,表示顯示「餅乾」工作表的「A2:F7」儲存格範圍中的第二欄資料。

09 最後在第4個引數(Range_lookup)中輸入「**0**」,表示要尋找出完全符合的資料,都設定好後按下「**確定**」按鈕,即可完成公式的建立。

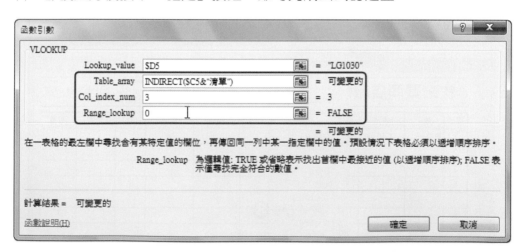

10 回到工作表後，「E5」儲存格就會根據所輸入的「貨號」自動顯示「品名」的內容。

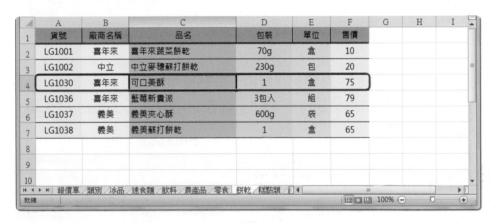

11 這裡來驗證品名是否正確，點選「**餅乾**」工作表，看看「**LG1030**」貨號的品名是否為「**可口美酥**」。

	貨號	廠商名稱	品名	包裝	單位	售價	
1	貨號	廠商名稱	品名	包裝	單位	售價	
2	LG1001	喜年來	喜年來蔬菜餅乾	70g	盒	10	
3	LG1002	中立	中立麥穗蘇打餅乾	230g	包	20	
4	LG1030	喜年來	可口美酥	1	盒	75	
5	LG1036	喜年來	藍莓新貴派	3包入	組	79	
6	LG1037	義美	義美夾心酥	600g	袋	65	
7	LG1038	義美	義美蘇打餅乾	1	盒	65	

12 最後將「**E5**」儲存格的公式複製到「**E6:E14**」儲存格中，即可完成「品名」自動填入資料的設定。

E7 =IF(ISBLANK($D7),"",VLOOKUP($D7,INDIRECT($C7&"清單"),3,0))

快來買商店報價單
新北市土城區忠義路21號
TEL：02-2262-5666　FAX：02-2262-1868
統一編號：04383129

編號	類別	貨號	品名	廠牌	包裝	單位	售價	數量
1	餅乾	LG1030	可口美酥					
2	飲料	LG1022	優沛蕾發酵乳					
3	零食	LG1035	洋芋片					
4	農產品	LG1017	鮭魚切片					
5	糕點類	LG1025	一之鄉蛋糕					
6	冰品	LG1027	統一冰戀草莓雪糕					
7	冰品	LG1064	芒果椰果凍					

自動填入廠牌、包裝、單位及售價內容

完成了「品名」自動填入內容的設定後，接下來的廠牌、包裝、單位、售價等內容，只要將「品名」的公式複製到這些儲存格中，再更改「Col_index_num)」引數的欄位資料即可。

01 選取「**E5**」儲存格，按下鍵盤上的「**Ctrl+C**」複製快速鍵。

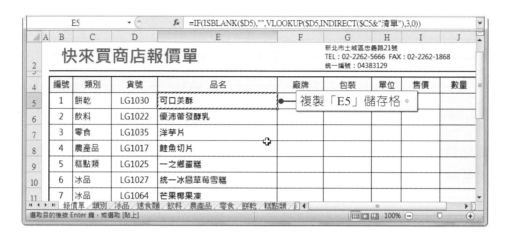

02 選取「**F5:I5**」儲存格，再點選「**常用→剪貼簿→貼上**」指令按鈕，於選單中點選「**公式**」，選擇好後即可將「**E5**」儲存格內的公式複製到「**F5:I5**」儲存格。

03 接著要來修改公式內容，選取「**F5**」儲存格，再於編輯列中將公式中的「3」修改為「**2**」，因為「廠牌」資料是在表格範圍中的第2欄。

04 選取「**G5**」儲存格，再於編輯列中將公式中的「3」修改為「**4**」，因為「包裝」資料是在表格範圍中的第4欄。

05 選取「**H5**」儲存格，再於編輯列中將公式中的「3」修改為「**5**」，因為「單位」資料是在表格範圍中的第5欄。

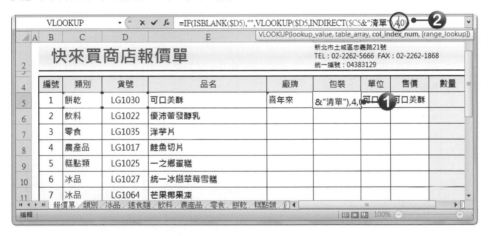

06 選取「I5」儲存格,再於編輯列中將公式中的「3」修改為「6」,因為「售價」資料是在表格範圍中的第6欄。

07 公式都修改好後,再選取「F5:I5」儲存格,將滑鼠游標移至填滿控點,並拖曳至「I14」儲存格,將公式複製到其他儲存格中。

08 公式都複製完成後,當選擇「類別」及「貨號」時,品名、廠牌、包裝、單位、售價等資料就會自動填入相對應的內容。

👑 合計金額的計算

當報價單建立完成後，最後的合計金額可以利用「SUMPRODUCT」函數來做計算，該函數可以用來計算各陣列中，所有對應元素乘積的總和。

語法	SUMPRODUCT(Array1,Array2,...)
說明	◆ Array1,Array2,...：允許1到255個陣列引數，各陣列必須有相同的維度(相同的列數，相同的欄數)，否則SUMPRODUCT函數會傳回「#VALUE!」錯誤值。如果陣列中含有非數值資料的陣列元素，則SUMPRODUCT會將該儲存格當作0來處理。

01 選取「**H15**」儲存格，點選「**公式→函數程式庫→數學與三角函數**」指令按鈕，於選單中選擇「**SUMPRODUCT**」函數。

02 開啓「函數引數」對話方塊後，於第1個引數(Array1)中按下「圖」按鈕，於工作表中選擇儲存格範圍。

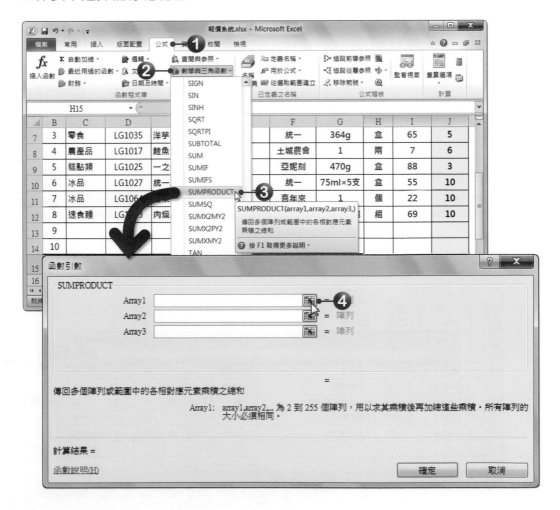

03 於工作表中選擇「I5:I14」儲存格範圍，選擇好後按下「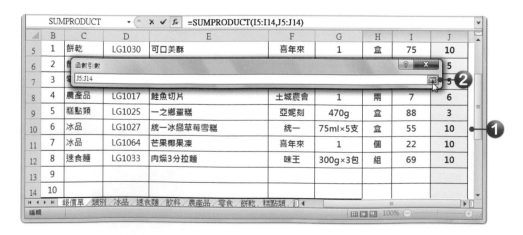」按鈕。

	B	C	D	E	F	G	H	I	J
5	1	餅乾	LG1030	可口美酥	喜年來	1	盒	75	10
6	2								5
7	3								
8	4	農產品	LG1017	鮭魚切片	土城農會	1	兩	7	6
9	5	糕點類	LG1025	一之鄉蛋糕	亞妮刻	470g	盒	88	3
10	6	冰品	LG1027	統一冰戀草莓雪糕	統一	75ml×5支	盒	55	
11	7	冰品	LG1064	芒果椰果凍	喜年來	1	個	22	10
12	8	速食麵	LG1033	肉燥3分拉麵	味王	300g×3包	組	69	10
13	9								
14	10								

SUMPRODUCT ×✓ fx =SUMPRODUCT(I5:I14)

函數引數
I5:I14

報價單 類別 冰品 速食麵 飲料 農產品 零食 餅乾 糕點類

04 於第2個引數(Array2)中按下「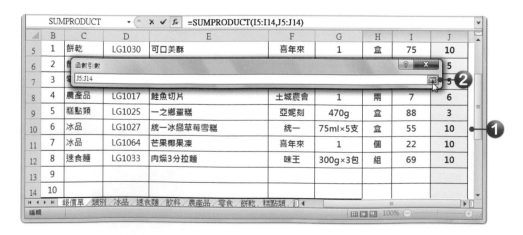」按鈕，於工作表中選擇儲存格範圍。

函數引數

SUMPRODUCT

Array1　I5:I14　＝ {75;48;65;7;88;55;22;69;"";""}
Array2　　　　 ＝ 陣列
Array3　　　　 ＝ 陣列

＝ 429

傳回多個陣列或範圍中的各相對應元素乘積之總和

　　　Array1:　array1,array2,... 為 2 到 255 個陣列，用以求其乘積後再加總這些乘積。所有陣列的
　　　　　　　大小必須相同。

計算結果 =　$429.00

函數說明(H)　　　　　　　　　　　　　　　　　　　　　確定　　取消

05 於工作表中選擇「J5:J14」儲存格範圍，選擇好後按下「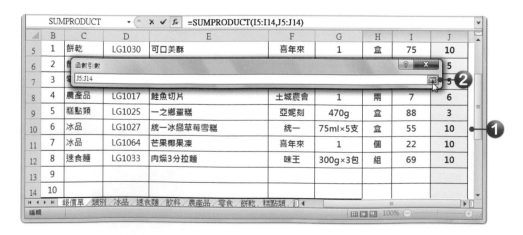」按鈕。

	B	C	D	E	F	G	H	I	J
5	1	餅乾	LG1030	可口美酥	喜年來	1	盒	75	10
6	2								5
7	3								5
8	4	農產品	LG1017	鮭魚切片	土城農會	1	兩	7	6
9	5	糕點類	LG1025	一之鄉蛋糕	亞妮刻	470g	盒	88	3
10	6	冰品	LG1027	統一冰戀草莓雪糕	統一	75ml×5支	盒	55	10
11	7	冰品	LG1064	芒果椰果凍	喜年來	1	個	22	10
12	8	速食麵	LG1033	肉燥3分拉麵	味王	300g×3包	組	69	10
13	9								
14	10								

SUMPRODUCT ×✓ fx =SUMPRODUCT(I5:I14,J5:J14)

函數引數
J5:J14

報價單 類別 冰品 速食麵 飲料 農產品 零食 餅乾 糕點類

06 範圍都選擇好後按下「**確定**」按鈕，即可完成公式的建立，回到工作表後，即可計算出該報價單的合計金額。

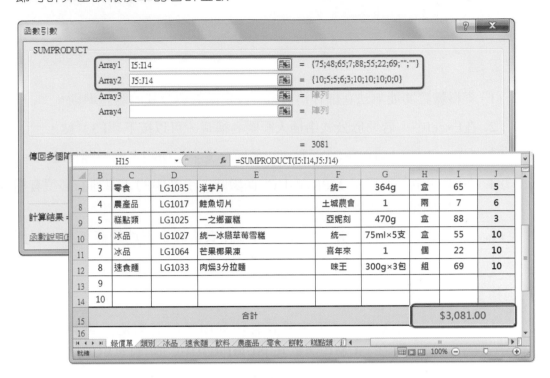

到這裡整個報價單的設計就完成。最後可以將工作表進行「允許使用者編輯範圍」的設定，讓使用者只能在某些儲存格中進行資料的輸入動作。這裡要設定允許使用者編輯範圍的儲存格有：C5:D14、J5:J14等儲存格。設定方法可以參考Example05的解說。

快來買商店報價單

新北市土城區忠義路21號
TEL：02-2262-5666 FAX：02-2262-1868
統一編號：04383129

編號	類別	貨號	品名	廠牌	包裝	單位	售價	數量
1	餅乾	LG1030	可口美酥	喜年來	1	盒	75	10
2	飲料	LG1022	優沛蕾發酵乳	統一	1000g	瓶	48	5
3	零食	LG1035	洋芋片	統一	364g	盒	65	5
4	農產品	LG1017	鮭魚切片	土城農會	1	兩	7	6
5	糕點類	LG1025	一之鄉蛋糕	亞妮刻	470g	盒	88	3
6	冰品	LG1027	統一冰戀草莓雪糕	統一	75ml×5支	盒	55	10
7	冰品	LG1064	芒果椰果凍	喜年來	1	個	22	10
8	速食麵	LG1033	肉燥3分拉麵	味王	300g×3包	組	69	10
9								
10								
合計								$3,081.00

是非題

( ) 1. 資料驗證功能無法在儲存格內自行設定函數與公式的驗證準則。

( ) 2. 在Excel中，若要於公式中插入範圍名稱時，可以按下「F3」鍵。

( ) 3. 在Excel中，INDIRECT函數可以傳回一文字串所指定的參照位址。

( ) 4. 在Excel中，使用SUMPRODUCT函數時，引數中的「陣列」必須有相同的列數與相同的欄數。

( ) 5. 在Excel中的VLOOKUP函數，可以在表格裡上下地搜尋，找出想要的項目，並傳回跟項目同一列的某個欄位內容。

選擇題

( ) 1. 下列哪一個函數，是用來計算各陣列中，所有對應元素乘積的總和？
(A)SUM函數 (B)SUMIF函數 (C)SUMPRODUCT函數 (D)COUNT函數。

( ) 2. 在Excel中，有關篩選唯一值與移除重複值的敘述，下列哪個不正確？
(A)篩選唯一值與移除重複值執行後，重複的資料均被刪除 (B)移除重複值執行後會將重複性資料永久刪除，篩選唯一值執行後，將會隱藏重複性資料 (C)執行「資料→排序與篩選→進階→在原有範圍顯示篩選結果」，並選取「不選重複的記錄」即可篩選唯一值 (D)執行「資料→資料工具→移除重複」選擇指定重複項目的欄位，便刪除重複性資料。

( ) 3. 在Excel中，若要開啟「名稱管理員」時，可以按下下列哪組快速鍵？
(A)Ctrl+F3 (B)Alt+F3 (C)Shift+F3 (D)Tab+F3。

( ) 4. 在Excel中，若要「從選取範圍建立」名稱時，可以按下下列哪組快速鍵？
(A)Ctrl+Shfit+F3 (B)Ctrl+Alt+F3 (C)Alt+Shift+F3 (D)Shift+Tab+F3。

( ) 5. 在Excel中的ISBLANK函數是屬於「其他函數」中的？(A)資訊函數 (B)工程函數 (C)統計函數 (D)文字函數。

☙ 實作題

1. 開啓「Example10→學期成績單.xlsx」檔案,進行以下設定。

 ✦ 請依學期成績的評分標準,計算出同學的學期成績,學期成績必須包含期中考、期末考與平時考的加權計算。

 ✦ 學期成績計算完成後,再進行名次的排列。

 ✦ 在「成績評比」欄位中,請依每位同學的成績給予評比。學期成績90分以上者為「優」等;80分以上者為「甲」等;70分以上者為「乙」等;60分以上者為「丙」等;不滿60分者皆列為「丁」等。

學號	姓名	期中考 30%	期末考 30%	平時考 40%	學期成績	總名次	成績評比
9302301	周杰輪	76.2	71.0	78.6	75.6	14	乙
9302302	蔡一零	68.2	71.8	78.4	73.4	16	乙
9302303	劉德划	87.6	90.0	90.8	89.6	2	甲
9302304	梁吵偉	79.8	79.6	83.0	81.0	5	甲
9302305	鄭依鍵	71.8	72.6	73.4	72.7	18	乙
9302306	林痣玲	67.0	73.0	75.4	72.2	19	乙
9302307	金城舞	63.8	67.0	64.4	65.0	27	丙
9302308	梁泳旗	78.8	78.4	77.4	78.1	8	乙
9302309	羅志翔	87.4	79.0	76.0	80.3	6	甲
9302310	王淨盈	77.4	75.8	78.0	77.2	10	乙
9302311	王粒宏	90.4	91.0	91.8	91.1	1	優
9302312	張會妹	75.4	76.4	79.8	77.5	9	乙
9302313	吳中線	80.4	79.8	78.0	79.3	7	乙
9302314	吳厭祖	67.8	68.6	73.6	70.4	22	乙

2. 開啓「Example10→手機業績查詢表.xlsx」檔案，進行以下設定。

✦ 使用「移除重複」工具，統計出共有多少個廠商名稱，並將結果存放於「廠商統計」工作表中。

✦ 請分別建立各廠牌手機的「名稱」，各廠牌手機分別建立二個名稱，一個為「××型號」，資料範圍是「機型」資料；另一個名稱為「××清單」，資料範圍是該手機的所有資料。

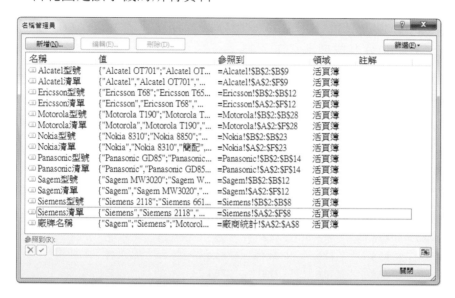

✦ 在「銷售業績查詢表」工作表中，進行銷售業績查詢表的製作，請在「C2」儲存格中建立「廠牌」選單；在「E2」儲存格中建立「機型」選單。

✦ 當選擇「廠牌(C2)」後，「機型(E2)」儲存格中便顯示該廠商的所有機型名稱，當選擇好機型名稱後，配備、價格、銷售數量、銷售業績等資料便自動顯示於儲存格中。

		銷售業績查詢表		
廠牌名稱	Nokia	機型名稱	Nokia 8850
配備	簡配	價格	$11,688
銷售數量	2	銷售業績	$23,376

11 員工考績表製作

Example

* **學習目標**

  用YEAR、MONTH、DAY函數計算年資、以IF函數判斷年終獎金金額、用 LOOKUP函數計算績效獎金、用IF、ISBLANK、ABS函數計算獎勵獎金、用 LEFT函數判斷績效變化、用VLOOKUP函數製作獎金查詢表。

* **範例檔案**

  Example11→102-考績表.xlsx

  Example11→101-考績表.xlsx

* **結果檔案**

  Example11→102-考績表-結果.xlsx

公司在接近年底的時候，都會忙著考核員工的年度績效並計算年終獎金。雖然每家公司對於員工考績的核算以及獎金發放的標準不一，但如果能夠善用Excel的各項函數，同樣能夠輕鬆完成這項年度大事。

在「員工考績表製作」範例中，要使用「Example11→102-考績表」及「Example11→101-考績表」兩個檔案，來製作員工考績表，其中「102-考績表」檔案，包含了「員工年資表」、「102年考績表」以及「查詢年終獎金」等三個工作表，我們將依序完成這個活頁簿中的各項函數設定，以利各項數值的計算。

♛ 計算年終獎金

在「員工年資表」工作表中，紀錄了每位員工的到職日期以及底薪，這是計算年終獎金的兩個必要元素。在計算年終獎金之前，必須先完成年資的計算。

❧ 年資的計算

依照公司的規定，到職任滿一年者，均能領到二個月的年終獎金；而到職任滿六個月但未滿一年者，則發放一萬元的年終獎金；至於到職未滿三個月的新人，則發放三千元的年終獎金。

如果要以人工計算每位員工的年資，再填寫發放金額，不但費時費力，而且很容易發生計算上或填寫時的錯誤，這時可以利用Excel中的日期函數，來自動計算年資與應得的年終獎金。在Excel中的「YEAR」、「MONTH」以及「DAY」函數，可分別將某一特定日期的年、月、日取出。所以可以利用這些函數，求出計算日及到職日的年、月、日，再將它們相減，以得到員工的實際年資。

語法	YEAR(Serial_number)
說明	◆ Serial_number：為要尋找的日期。

語法	MONTH(Serial_number)
說明	◆ Serial_number：為要尋找的日期。

語法	DAY(Serial_number)
說明	◆ Serial_number：為要尋找的日期。

🍓 「年」的計算

01 開啟「**102-考績表**」檔案,進入「**員工年資表**」工作表,點選「**E5**」儲存格,再點選「**公式→函數程式庫→日期及時間**」指令按鈕,於選單中點選「**YEAR**」函數,開啟「函數引數」對話方塊。

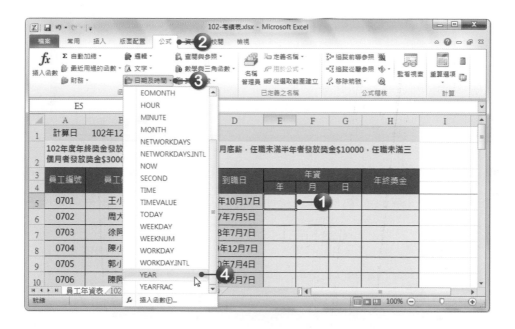

02 在「函數引數」對話方塊中,按下引數(Serial_number)欄位的「🔳」按鈕,選擇儲存格範圍。

03 於工作表中選取「**B1**」儲存格,此儲存格為年資計算的標準日期。選取好後,按下「🔳」按鈕,回到「函數引數」對話方塊。

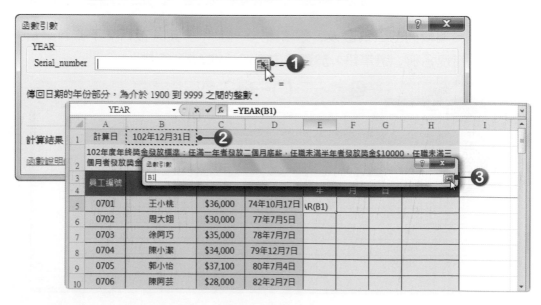

04 因為所有員工的年資計算都要以「B1」儲存格為計算標準,所以在這裡要將「B1」改成「絕對參照」位址「**\$B\$1**」,修改好後,請按下「**確定**」按鈕,回到工作表中。

05 目前已設定好的函數公式為「**=YEAR(\$B\$1)**」,是用來擷取「102年12月31日」資料中的「年」,接下來還必須扣除員工的到職日,才能計算出實際年資。

E5		f_x =YEAR(\$B\$1)							
	A	B	C	D	E	F	G	H	I
1	計算日	102年12月31日							
2	102年度年終獎金發放標準:任滿一年者發放二個月底薪,任職未滿半年者發放獎金\$10000,任職未滿三個月者發獎金\$3000。								
3	員工編號	員工姓名	底薪	到職日	年資			年終獎金	
4					年	月	日		
5	0701	王小桃	\$36,000	74年10月17日	2013				
6	0702	周大翊	\$30,000	77年7月5日					
7	0703	徐阿巧	\$35,000	78年7月7日					
8	0704	陳小潔	\$34,000	79年12月7日					
9	0705	郭小怡	\$37,100	80年7月4日					
10	0706	陳阿芸	\$28,000	82年2月7日					

員工年資表 / 102年考績表 / 查詢年度獎金

06 在資料編輯列的公式最後,繼續輸入一個「**-**」號。接著按下資料編輯列左邊的「方塊名稱」選單鈕,於選單中選擇「**YEAR**」函數。

07 選擇後，會開啟「函數引數」對話方塊，請按下引數(Serial_number)欄位的「圖」按鈕。

> 當在儲存格中按下資料編輯列上的**「方塊名稱」**按鈕，或者在有函數公式的儲存格中，將游標移至資料編輯列，進入資料編輯狀態時，資料編輯列的左側就會出現一個函數選單，可以按下下拉鈕，在選單中選擇最近使用過的函數，快速地插入該函數，或者也可以點選**「其他函數」**，選擇插入其他函數。

08 在工作表中選取「**D5**」儲存格，選取好後，按下「圖」按鈕，回到「函數引數」對話方塊。

09 最後按下「**確定**」按鈕，完成兩個YEAR函數的相減。

10 到這裡就計算出員工「王小桃」已經在公司服務28年了。接著將「**E5**」儲存格的公式複製到「**E6:E34**」儲存格中，就可以計算出所有員工的到職年數了。

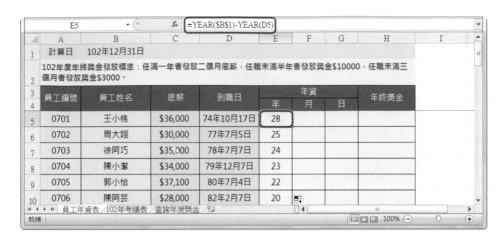

> YEAR函數相減出來的結果，會以「日期」的格式顯示。我們必須設定儲存格格式為「G/通用格式」，使儲存格以一般數值顯示，才可以正確顯示計算結果。(在本範例原始檔案中，已事先設定E至G欄的儲存格格式為「G/通用格式」)。

「月」的計算

01 點選「**F5**」儲存格，點選「**公式→函數程式庫→日期及時間**」指令按鈕，於選單中點選「**MONTH**」函數，開啓「函數引數」對話方塊。

02 在「函數引數」對話方塊中，按下引數(Serial_number)欄位的「🖮」按鈕，於工作表中選取「**B1**」儲存格，選取好後，按下「🖳」按鈕，回到「函數引數」對話方塊。

03 將「**B1**」改成位址「**$B$1**」，修改好後按下「**確定**」按鈕。

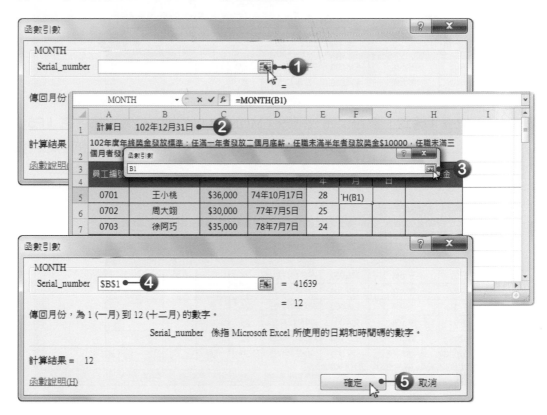

04 在資料編輯列的公式最後，繼續輸入一個「**-**」號。接著按下資料編輯列左邊的「**方塊名稱**」選單鈕，於選單中選擇「**MONTH**」函數。

05 開啟「函數引數」對話方塊，按下「🖮」按鈕。

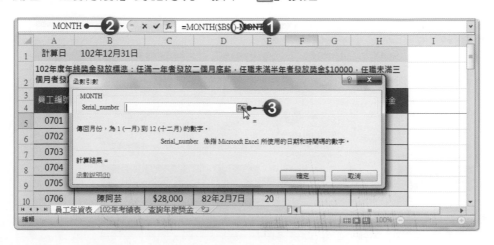

06 在工作表中選取「**D5**」儲存格,選取好後,按下「🖼」按鈕,回到「函數引數」對話方塊。

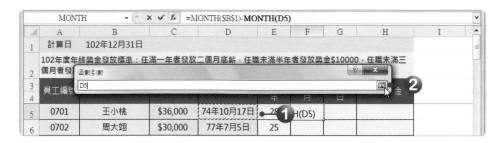

07 最後按下「**確定**」按鈕,完成兩個「MONTH」函數的相減。接著將「**F5**」儲存格內的公式複製到「**F6:F34**」儲存格中,就可以計算出所有員工的到職月數了。

🍓 「日」的計算

01 點選「**G5**」儲存格,點選「**公式→函數程式庫→日期及時間**」指令按鈕,於選單中點選「**DAY**」函數,開啟「函數引數」對話方塊。

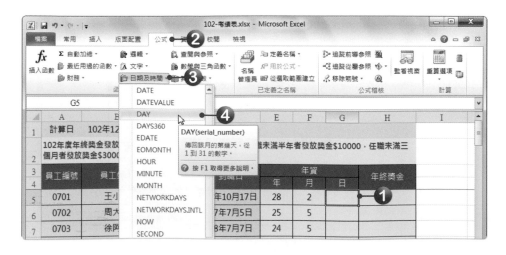

02 在「函數引數」對話方塊中，按下引數(Serial_number)欄位的「📷」按鈕，於工作表中選取「**B1**」儲存格，選取好後，按下「📷」按鈕，回到「函數引數」對話方塊。

03 將「**B1**」改成「**$B$1**」，修改好後按下「**確定**」按鈕。

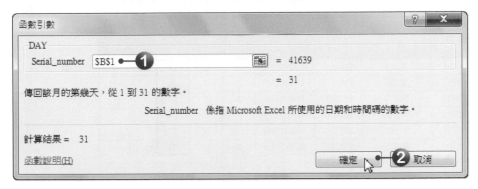

04 在資料編輯列的公式最後，繼續輸入一個「**-**」號。接著按下資料編輯列左邊的「**方塊名稱**」選單鈕，於選單中選擇「**DAY**」函數。

05 開啓「函數引數」對話方塊，按下「📷」按鈕。在工作表中選取「**D5**」儲存格，選取好後，按下「📷」按鈕，回到「函數引數」對話方塊，按下「**確定**」按鈕。

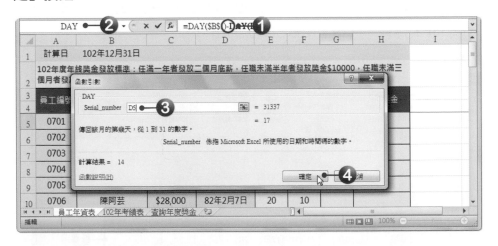

知識補充 **TODAY函數**

利用「**TODAY**」函數，可以在儲存格中顯示當天的日期，該函數沒有引數，只要加入語法即可，語法如下：

語法	TODAY()

06 回到工作表後，便完成兩個「DAY」函數的相減。接著將「G5」儲存格內的公式複製到「G6:G34」儲存格中，就可以計算出所有員工的到職日數了。

	A	B	C	D	E	F	G	H	I
	G5			f_x =DAY($B$1)-DAY(D5)					
1	計算日	102年12月31日							
2	102年度年終獎金發放標準：任滿一年者發放二個月底薪，任職未滿半年者發放獎金$10000，任職未滿三個月者發放獎金$3000。								
3	員工編號	員工姓名	底薪	到職日	年資			年終獎金	
4					年	月	日		
5	0701	王小桃	$36,000	74年10月17日	28	2	14		
6	0702	周大翔	$30,000	77年7月5日	25	5	26		
7	0703	徐阿巧	$35,000	78年7月7日	24	5	24		
8	0704	陳小潔	$34,000	79年12月7日	23	0	24		
9	0705	郭小怡	$37,100	80年7月4日	22	5	27		
10	0706	陳阿芸	$28,000	82年2月7日	20	10	24		

員工年資表　102年考績表　查詢年度獎金

就緒　　平均值: 20.3　項目個數: 30　加總: 609　　100%

年終獎金的計算

計算出每位員工的年資之後，接下來可以用年資來推算每位員工的年終獎金了，這裡要使用「IF」函數來進行年終獎金的計算。

01 點選「H5」儲存格，再點選「**公式→函數程式庫→邏輯**」指令按鈕，於選單中選擇「**IF**」函數，開啟「函數引數」對話方塊。

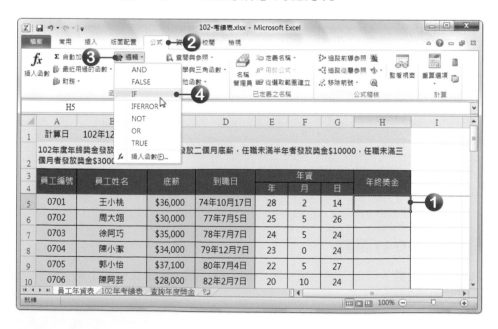

02 在「函數引數」對話方塊中，在第1個引數(Logical_test)欄位中，輸入「**E5＞=1**」，判斷該員工年資年數是否任滿一年。

03 在第2個引數(Value_if_true)中輸入「**C5*2**」，表示若任滿一年以上，則年終獎金將發放二個月的底薪。

04 在第3個引數(Value_if_false)中，輸入一個多重的IF巢狀判斷式「**IF(F5＞=6,10000,3000)**」。表示任職未滿一年者，則繼續判斷其年資月數是否已達6個月，若「是」則發放$10000；「否」則發放$3000。

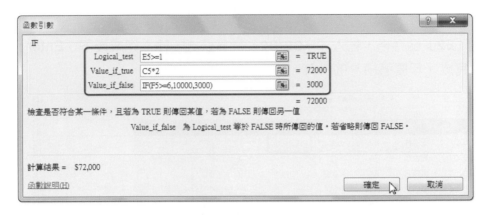

在設定函數引數時，若知道所要設定的儲存格位置，就可以直接輸入函數引數，而不需回到工作表中一一點選欲設定的儲存格位址。如果記不得儲存格的位置，同樣可以善用「」與「」按鈕，回到工作表中直接點選儲存格進行設定。

05 都設定好後，按下「**確定**」按鈕，即可計算出年終獎金。工作表中顯示員工「王小桃」，年資為28年2個月又14天，所以其年終獎金為二個月的底薪，即「$36,000×2=$72,000」。

♛ 計算績效獎金

除了年終獎金之外，還必須依照每位員工的年度考績成績，計算年底的績效獎金以及獎勵獎金。請進入「**102年考績表**」工作表，進行以下的設定。

🍓 年度考績的計算

年度考績的計算，是以今年的「工作表現」成績，再扣除「缺勤紀錄」的點數計算而得，在此直接在資料編輯列中建立計算公式。

01 點選「**E2**」儲存格，輸入「**=C2-D2**」計算公式，輸入完成按下「Enter」鍵，即可完成「年度考績」的計算。

02 接著再拖曳「**E2**」儲存格的填滿控點，將公式複製到「**E3:E31**」儲存格，計算出所有員工的「年度考績」。

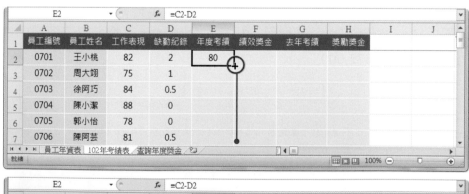

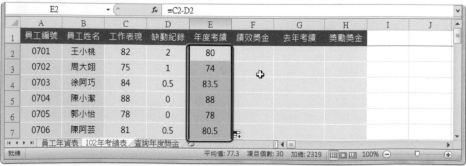

核算績效獎金

接下來要利用「**LOOKUP**」函數，依照員工「年度考績」的成績等級以及公司規定的發放標準，自動判斷每位員工所應得的「績效獎金」。LOOKUP函數有兩種語法型式，說明如下：

✦ **向量形式**：會在向量中找尋指定的搜尋值，然後移至另一個向量中的同一個位置，並傳回該儲存格的內容。本範例使用該形式。

✦ **陣列式**：則會在陣列的第一列或第一欄搜尋指定的搜尋值，然後傳回最後一列(或欄)的同一個位置上之儲存格內容。

語法	LOOKUP(Lookup_value,Lookup_vector,Result_vector)
說明	✦ Lookup_value：表示所要尋找的值。 ✦ Lookup_vector：表示在這個範圍內尋找符合的值。 ✦ Result_vector：表示找到符合的值時，所要回覆的值的範圍，其值範圍大小應與Lookup_vector相同。

建立區間標準

在設定「LOOKUP」函數之前，必須先替「績效獎金」建立發放的區間標準，而這也就是「LOOKUP」函數所依據的準則。

01 先在「**A35:A40**」儲存格，依序輸入「**60、70、75、80、85、90**」，作為稍後LOOKUP函數要用來分組的依據。

02 接著在「**B35:B40**」儲存格中，依序輸入「**~69.5分、~74.5分、~79.5分、~84.5分、~89.5分、~100分**」，這樣做的用意在標示出每個區間的範圍，但實際上這些儲存格對於函數執行本身並沒有任何的作用。

03 最後在「**C35:C40**」儲存格中，依序輸入各等級的績效獎金「**0、1000、2000、5000、8000、10000**」。

	A	B	C	D	E	F	G	H	I	J
1	員工編號	員工姓名	工作表現	缺勤紀錄	年度考績	績效獎金	去年考績	獎勵獎金		
32										
33										
34		成績	績效獎金							
35	60	~69.5分	$0							
36	70	~74.5分	$1,000							
37	75	~79.5分	$2,000							
38	80	~84.5分	$5,000							
39	85	~89.5分	$8,000							
40	90	~100分	$10,000							

員工年資表 / 102年考績表 / 查詢年度獎金

就緒　　　　　　　　　　　　　　　100% ⊖ ─────── ⊕

建立LOOKUP函數

01 選取「**F2**」儲存格,再點選「**公式→函數程式庫→查閱與參照**」指令按鈕, 於選單中選擇「**LOOKUP**」函數。

02 LOOKUP有「向量」與「陣列」兩組引數清單,我們在「選取引數」對 話方塊中,點選「**向量**」引數清單,也就是「**look_up value, lookup_ vector,result_vector**」選項,選擇好後按下「**確定**」按鈕。

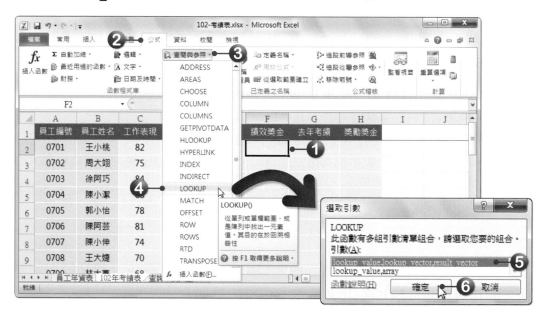

03 在「函數引數」對話方塊中,在第1個引數(Lookup_value)中輸入「**E2**」,也 就是員工的「年度考績」成績。

04 接著按下第2個引數(Lookup_vector)欄位的「▦」按鈕。

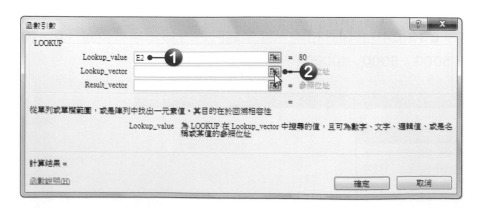

05 在工作表中選取「**A35:A40**」儲存格範圍，也就是作為分組條件的依據。選擇好後按下「🖾」按鈕，回到「函數引數」對話方塊中。

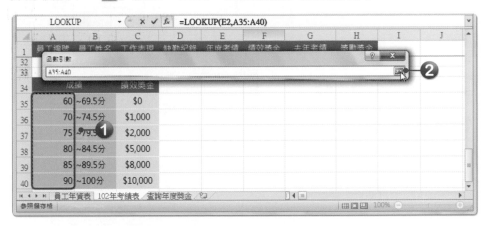

06 將第2個引數範圍改為絕對位址「**$A$35:$A$40**」，這樣在將公式複製到其他儲存格時，才不會參照到錯誤的範圍。

07 接著按下第3個引數(Result_vector)欄位的「🖾」按鈕，設定各個區間所要發放的金額。

08 在工作表中選取「**C35:C40**」儲存格範圍，也就是各個層級所發放的績效獎金金額。選擇好後按下「🖾」按鈕，回到「函數引數」對話方塊中。

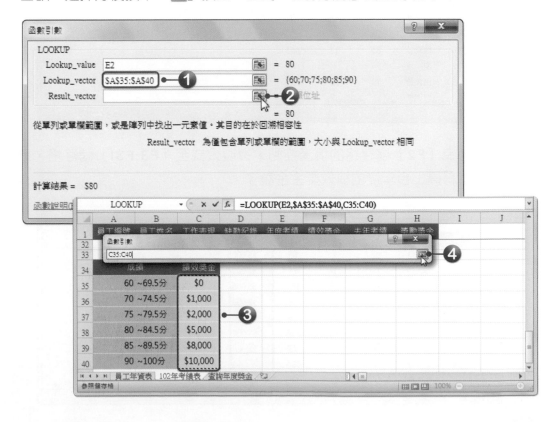

09 將第3個引數範圍改為絕對位址「**$C$35:$C$40**」，都設定好後按下「**確定**」按鈕，即可完成公式的設定。

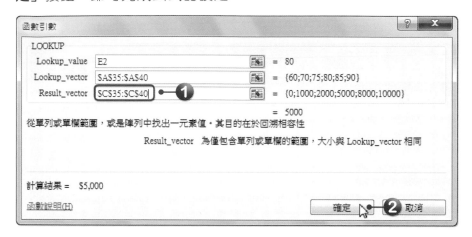

10 工作表中顯示王小桃的獎金為$5000，因為她的年度考績為80分，屬於「80~84.5分」這個層級，所以自動算出其今年度的績效獎金為$5000。

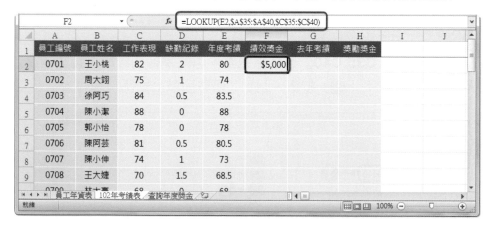

11 最後拖曳「**F2**」儲存格的填滿控點，複製公式至「**F3:F31**」儲存格，就可以得知所有員工今年度的績效獎金金額了。

	A	B	C	D	E	F	G	H	I	J
1	員工編號	員工姓名	工作表現	缺勤紀錄	年度考績	績效獎金	去年考績	獎勵獎金		
2	0701	王小桃	82	2	80	$5,000				
3	0702	周大翊	75	1	74	$1,000				
4	0703	徐阿巧	84	0.5	83.5	$5,000				
5	0704	陳小潔	88	0	88	$8,000				
6	0705	郭小怡	78	0	78	$2,000				
7	0706	陳阿芸	81	0.5	80.5	$5,000				
8	0707	陳小伸	74	1	73	$1,000				
9	0708	王大婕	70	1.5	68.5	$0				

計算獎勵獎金

除了固定發放的「年終獎金」及「績效獎金」之外，公司還特別規劃了「獎勵獎金」，用以獎勵今年考績有提升的員工。獎勵獎金的發放標準為「年度考績」比去年年度考績進步者，每進步0.5分發放獎金$500。

計算考績成長變化

在設定計算欄位時，必須運用到「**IF**」、「**ISBLANK**」、「**ABS**」三種不同的函數，並引用去年考績的活頁簿資料。其流程如下：

流程一	以「IF」函數判斷去年年度考績儲存格是否為空白(配合運用「ISBLANK」函數)。
流程二	若去年沒有登錄考績成績，表示該員工為今年的新進同仁，則考績成長欄位顯示「新到職」。
流程三	如果去年年度考績儲存格不是空白，則繼續以「IF」函數判斷去年考績成績與今年考績成績相減的結果，是否為正數。
流程四	如果為正數，則顯示「進步」，並顯示兩數相減的結果，最末加上文字「分」。
流程五	如果為負數，則顯示「退步」，並將兩數相減的結果以「ABS」函數進行絕對值的計算，使該值成為正數，最末同樣加上文字「分」。

在看過以上儲存格設定程序之後，對於設定方式應該比較有概念了吧！現在就開始進行設定。**由於在過程中必須參照到另一個活頁簿檔案－「101-考績表.xlsx」中的資料，所以在開始之前，請務必先開啟該檔案。**

	A	B	C	D	E
1	員工編號	員工姓名	工作表現	缺勤記錄	年度考績
2	0701	王小桃	98	1	97
3	0702	周大翊	75	1.5	73.5
4	0703	徐阿巧	85	0	85
5	0704	陳小潔	85	0.5	84.5
6	0705	郭小怡	84	0.5	83.5
7	0706	陳阿芸	75	2.5	72.5
8	0707	陳小伸	75	0	75
9	0708	王大婕	74	0.5	73.5
10	0709	林大豪	71	1	70

流程一

在流程一中會使用到「**ISBLANK**」函數，該函數是用來判斷該數值引數是否為空白。

01 選取「**G2**」儲存格，點選「**公式→函數程式庫→邏輯**」指令按鈕，於選單中選擇「**IF**」函數，開啟「函數引數」對話方塊。

02 在第1個引數(Logical_test)欄位中輸入「**ISBLANK(**」，輸入完後再按下「圖」按鈕。

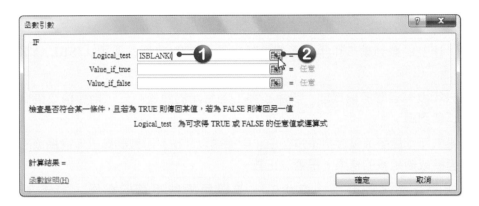

03 點選「**101-考績表.xlsx**」檔案中的「**E2**」儲存格，也就是王小桃去年的年度考績，選取好後按下「圖」按鈕，回到「函數引數」對話方塊。

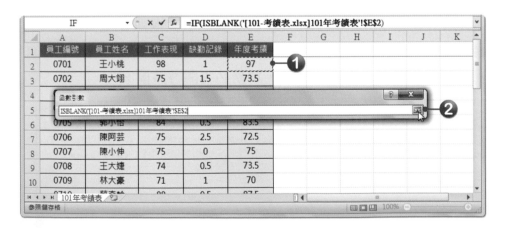

04 由於ISBLANK預設儲存格為絕對參照，但稍後我們必須複製至其他儲存格，所以必須改為「相對參照」，將欄位中的「$E$2」改為「**E2**」。

05 接著在引數欄位的最後，繼續輸入「**)=TRUE**」，完成第1個引數(Logical_test)的設定。

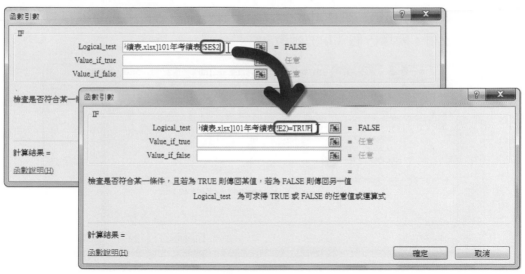

流程二

接著在第2個引數(Value_if_true)中輸入「**新到職**」。表示去年的年度考績儲存格若為空白，則該名員工為今年到職的新成員。

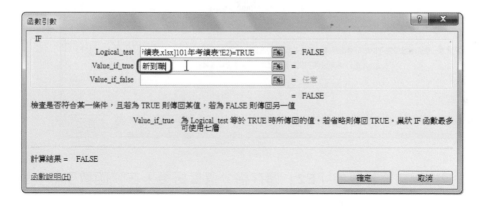

流程三

在第3個引數(Value_if_false)中，要繼續以「IF」函數判斷若不是新員工，則年度考績相較於去年是否有成長。所以在第3個引數(Value_if_false)必須再建立另一個「IF」函數，形成巢狀函數。

> 用函數當作引數，也就是函數裡又包含了函數，稱為「巢狀函數」。建立巢狀函數的方法：
> 1.先建立一個函數。
> 2.到欲插入第二個函數的引數位置，手動輸入或者按下資料編輯列左側的「方塊名稱」選單鈕，選擇函數，建立第二個函數，依此類推...

01 將游標移至第3個引數(Value_if_false)欄位中,再按下資料編輯列左側的方塊名稱按鈕,新增一個「IF」函數。

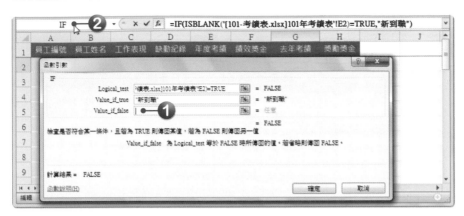

02 接下來會切換至另一個新的IF函數的「函數引數」對話方塊。在第1個引數(Logical_test)欄位中,按下「圖」按鈕。

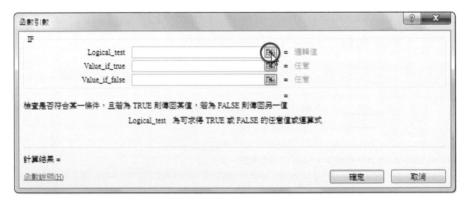

03 這裡請選擇目前工作表的「**E2**」儲存格。選擇好後,在「函數引數」對話方塊的最後面,輸入一個「**-**」號。

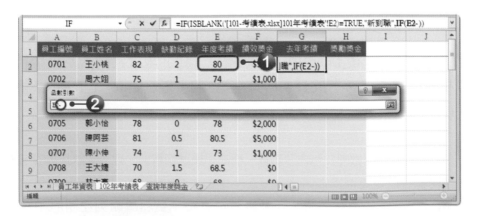

04 輸入完後，進入「**101-考績表.xlsx**」檔案中，點選「**E2**」儲存格。選取好後按下「■」按鈕，回到「函數引數」對話方塊。

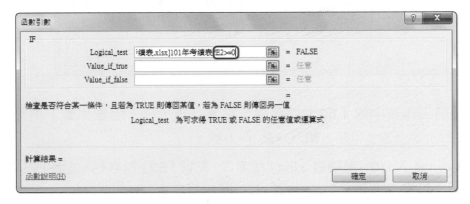

05 由於稍後要複製公式至其他儲存格，所以必須將欄位中的「**$E$2**」改為相對參照位址「**E2**」，並在公式的最後，輸入「**>=0**」。

流程四

如果今年的「年度考績」比去年的「年度考績」要來得高分，則表示該名員工考績成績有進步，儲存格中還須顯示這名員工共進步幾分。

01 在「**IF**」函數的「函數引數」對話方塊中，開始設定第2個引數(Value_if_true)。首先先輸入儲存格中設定顯示的文字「**"進步"&**」及「**&"分"**」。

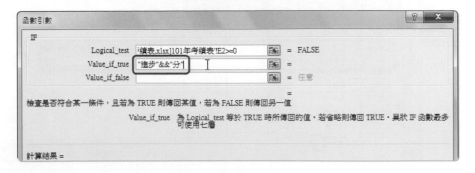

> 當設定函數引數時，必須在引數中再插入函數，為了要使引數設定的流程較為順暢，而不必一直切換函數，你可以先將該引數的其他部分(如文字或判斷式)先輸入完畢，然後才在適當的位置處，進行插入另一函數的設定。

02 接下來的步驟必須在「"進步"&」及「&"分"」之間，插入今年的「年度考績」減掉去年的「年度考績」的結果，顯示該名員工今年共進步幾分。所以先將游標移至「"進步"&」及「&"分"」的中間。

03 按下第2個引數(Value_if_true)欄位中的「圖」按鈕。

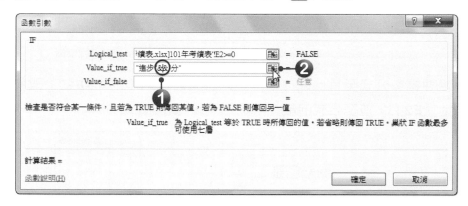

04 點選目前工作表中的「E2」儲存格，點選好後，在「函數引數」對話方塊的「&E2」及「&」中間，輸入一個「-」號。

05 輸入完後，進入「101-考績表.xlsx」檔案中，點選「E2」儲存格，並將「$E$2」改為「E2」，設定好後按下「圖」按鈕，回到「函數引數」對話方塊。

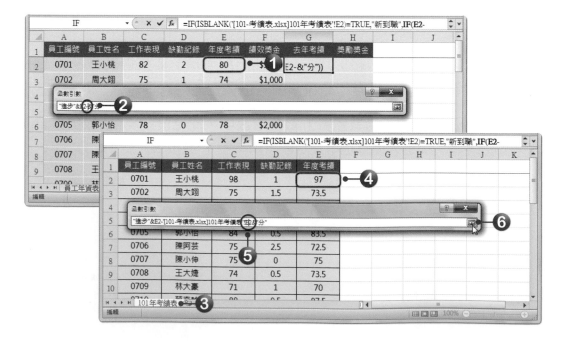

06 回到「函數引數」對話方塊後，就完成了第2個引數的設定。

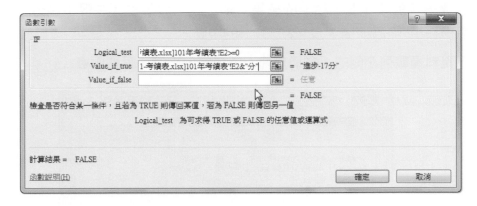

流程五

如果今年的「年度考績」比去年的「年度考績」來得低，則表示該名員工考績成績是退步的，儲存格中也必須顯示這名員工共退步幾分。

在設定的作法上，若是退步的情況下，同樣以今年的「年度考績」減去年的「年度考績」，則會得到負數。所以必須運用**「ABS」**函數，取得兩數相減結果的絕對值，所以又形成一個巢狀函數。ABS函數是用來計算數值的絕對值，只允許1個數值引數。

語法	**ABS(Number)**
說明	◆ Number：為欲求算其絕對值的實數。

01 在「IF」函數的「函數引數」對話方塊中，接下來繼續設定第3個引數(Value_if_false)。首先先輸入儲存格中設定顯示的文字「**"退步"&**」及「**&"分"**」。

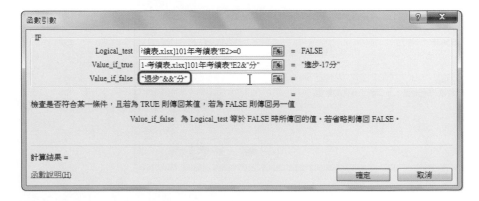

> 在流程五的符合狀況，為今年的「年度考績」比去年低，所以也可以直接以去年的「年度考績」減掉今年的「年度考績」，就可以直接取得正數。在本例中，為了讓你也能夠靈活運用並操作「ABS」函數，故以絕對值取兩數相差的正值。

02 接下來的步驟必須在「"退步"&」及「&"分"」之間，插入今年的「年度考績」減掉去年的「年度考績」的結果，顯示該名員工今年共退步幾分。所以先將游標移至「"退步"&」及「&"分"」的中間。

03 再按下資料編輯列左側的「名稱方塊」選單鈕，點選「其他函數...」。

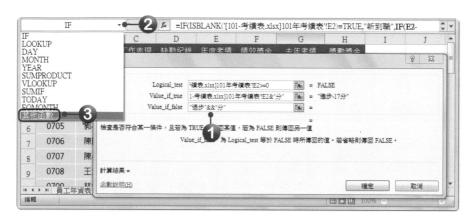

04 在出現的「插入函數」對話方塊中，按下「選取類別」的下拉鈕，在選單中選擇「**數學與三角函數**」類別。

05 在函數選單中選擇「**ABS**」函數，按下「**確定**」按鈕。(在退步的情形下，若去年的考績減去今年的年度考績，會得到負數，所以必須利用「ABS」函數來取得絕對值。)

06 接下來會切換至ABS函數的「函數引數」對話方塊。Number引數欄位是用來設定欲計算絕對值的數值，也就是今年的「年度考績」減掉去年的「年度考績」，其結果就可以計算出今年共退步幾分。首先按下引數(Number)欄位的「![]」按鈕。

07 點選目前的工作表中的「**E2**」儲存格，接著在「函數引數」對話方塊的最後面，輸入一個「**-**」號。

08 輸入完後，進入「**101-考績表.xlsx**」檔案中，點選「**E2**」儲存格，並將「**$E$2**」改為「**E2**」，設定好後按下「![]」按鈕，回到「函數引數」對話方塊。

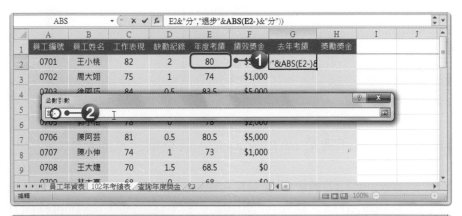

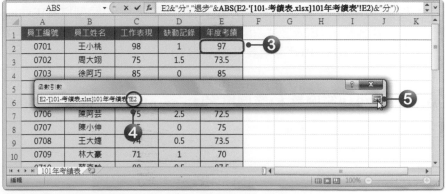

09 回到「函數引數」對話方塊後,最後按「**確定**」按鈕,完成「**G2**」儲存格的函數設定。

10 最後拖曳「**G2**」儲存格的填滿控點,複製公式至「**G3:G31**」儲存格。就計算出每位員工今年的考績與去年的考績差異了。

到這裡就完成了「去年考績」的函數設定,其整個公式如下所示:

```
=IF(ISBLANK('D:\Excel2010範例教本\範例檔案\Example11\[101-考績表.xlsx]101年考績表'!E2)=TRUE,"新到職",IF(E2-'D:\Excel2010範例教本\範例檔案\Example11\[101-考績表.xlsx]101年考績表'!E2>=0,"進步"&E2-'D:\Excel2010範例教本\範例檔案\Example11\[101-考績表.xlsx]101年考績表'!E2&"分","退步"&ABS(E2-'D:\Excel2010範例教本\範例檔案\Example11\[101-考績表.xlsx]101年考績表'!E2)&"分"))
```

其中「**D:\Excel2010範例教本\範例檔案\Example11**」代表檔案存放的位置,此位置會依檔案所在位置來顯示。

計算獎勵獎金

「獎勵獎金」的計算，是依據今年的年度考績較去年的年度考績進步的分數，再乘以$500來計算的。為了方便起見，將以「IF」及「LEFT」函數，讓Excel自動判斷員工今年的考績是否為「進步」，若「進步」則發放「進步分數」乘以$500的「獎勵獎金」；若沒有「進步」，則獎勵獎金為$0。

LEFT函數是用來指定從左邊開始，要選取的文字字數。

語法	LEFT(Text,Num_chars)
說明	◆ Text：為含有所要選錄文字之字串。 ◆ Num_chars：指定從左邊開始所要選錄的字元數，若該引數值忽略不填，則預設為1。

01 選取「**H2**」儲存格，點選「**公式→函數程式庫→邏輯**」指令按鈕，於選單中選擇「**IF**」函數，開啟「函數引數」對話方塊。

02 在「函數引數」對話方塊的第1個引數(Logical_test)，必須使用「**LEFT**」函數判斷「**G2**」儲存格由左邊數來前兩個字是否為「進步」。因為考慮到設定不同函數之間的流暢性，所以在此暫緩插入「**LEFT**」函數，只須先輸入判斷式的後半部「**="進步"**」。

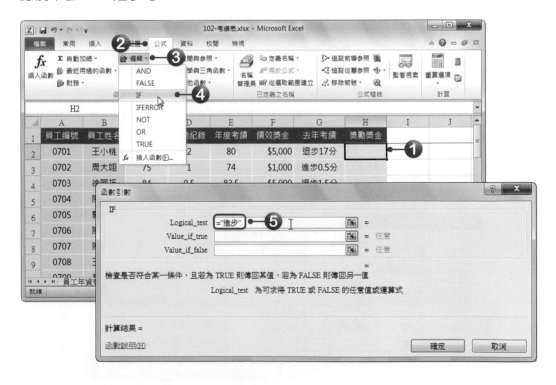

03 接著在第2個引數(Value_if_true)欄位中，輸入當考績為「進步」時的「獎勵獎金」的計算式。先輸入一個左括號「(」，接著按下「📷」按鈕。

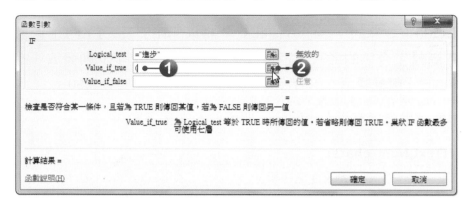

04 點選目前工作表中的「**E2**」儲存格，點選好後，在「函數引數」對話方塊的「E2」後，輸入一個「**-**」號。

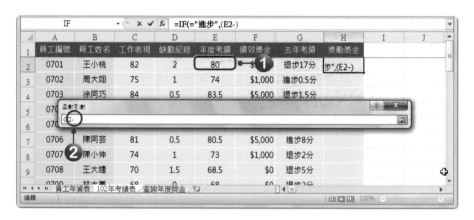

05 進入「**101-考績表.xlsx**」檔案中，點選「**E2**」儲存格，並將「**$E$2**」改為「**E2**」，接著在公式最後面輸入「**)*500**」，設定好後按下「📷」按鈕，回到「函數引數」對話方塊。

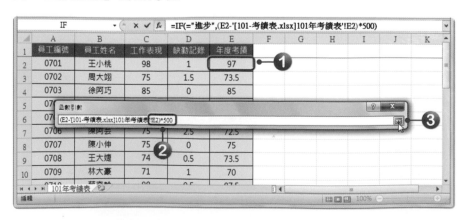

06 回到「函數引數」對話方塊，在第3個引數(Value_if_false)中輸入「**0**」，表示若年度考績成績不為「進步」，則不發放獎勵獎金。

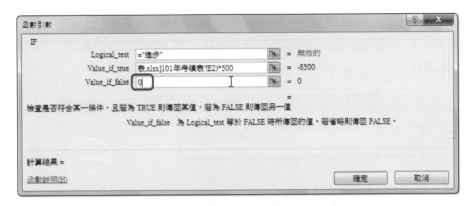

07 接著將游標移至第1個引數(Logical_test)最前面，準備插入「LEFT」函數以完成判斷式。

08 按下資料編輯列左側的「方塊名稱」選單鈕，點選「**其他函數...**」。

09 在出現的「插入函數」對話方塊中，按下「**選取類別**」的下拉鈕，在選單中選擇「**文字**」類別。在函數選單中選擇「**LEFT**」函數，選擇好後按下「**確定**」按鈕。

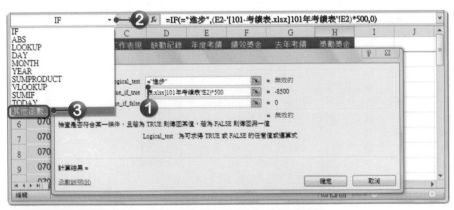

10 接下來會切換至LEFT函數的「函數引數」對話方塊。先設定第1個引數(Text)欄位，也就是所要選錄的文字字串，即「**G2**」儲存格。

11 接著在第2個引數(Num_chars)欄位中輸入「**2**」，表示要擷取的是前面2個字。最後按下「**確定**」按鈕，完成LEFT函數的設定，也正好完成「**H2**」儲存格的函數設定。

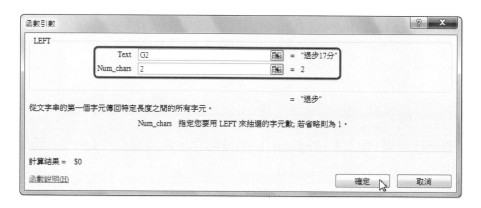

12 最後拖曳「**H2**」儲存格的填滿控點，複製公式至「**H3:H31**」儲存格。就可以計算出所有員工今年的「獎勵獎金」金額了。

知識補充 **RIGHT函數**

RIGHT函數可以從字串的最後一個字元傳回特定長度之間的所有字元。例如：「A2」儲存格中有一字串「王小桃」，如果希望把名字獨立出來，也就是把右邊數來連續兩個字，抽離出來放在「B2」儲存格，則只要寫入「=RIGHT(A2,2)」公式即可。

語法	**RIGHT(Text,Num_chars)**
說明	◆ Text：為含有所要選錄文字之字串。 ◆ Num_chars：指定從右邊開始所要選錄的字元數，若該引數值忽略不填，則預設為1。

製作年度獎金查詢表

既然年終的三項獎金都計算出來了，我們再設計一個表格，用來查詢公司的員工在今年度所能領到的總獎金。

點選「**查詢年度獎金**」工作表，在儲存格中設定「**VLOOKUP**」函數，使表格只須輸入員工編號，就能自動顯示這位員工的員工姓名、三項獎金金額以及總獎金。

查詢員工姓名

01 選取「**C4**」儲存格，點選「**公式→函數程式庫→查閱與參照**」指令按鈕，於選單中選擇「**VLOOKUP**」函數，開啟「函數引數」對話方塊。

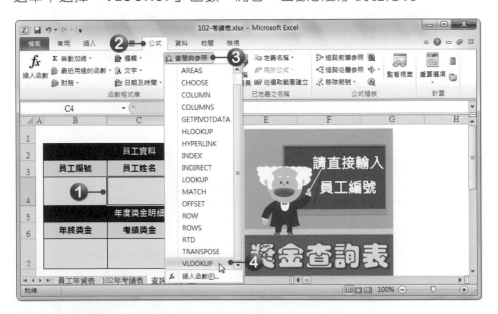

02 在「函數引數」對話方塊中，VLOOKUP函數共有四個引數，在第1個引數(Lookup_value)欄位中輸入「**B4**」，也就是員工編號的儲存格位址。

03 接著點選第2個引數(Table_array)欄位的「圖」按鈕，設定要搜尋的儲存格範圍。

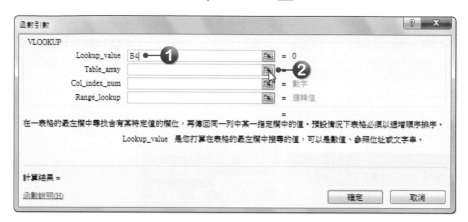

04 點選「**102年考績表**」工作表，在工作表中選取「**A2:H31**」儲存格範圍，選取好後，按下「圖」按鈕，回到「函數引數」對話方塊中。

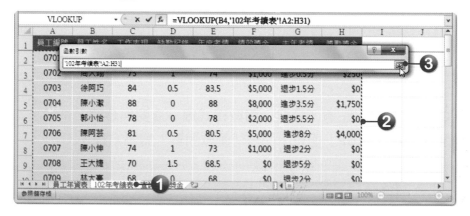

05 接著在第3個引數(Col_index_num)欄位中輸入「**2**」，表示顯示「A2:H31」儲存格範圍中的第二欄資料，設定完成之後，最後按下「**確定**」按鈕，即可完成「員工姓名」查詢的設定。

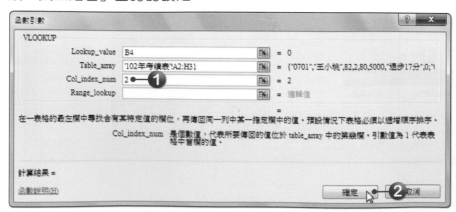

查詢年終獎金

01 選取「**B7**」儲存格，點選「**公式→函數程式庫→查閱與參照**」指令按鈕，於選單中選擇「**VLOOKUP**」函數，開啟「函數引數」對話方塊。

02 在「函數引數」對話方塊中，VLOOKUP函數共有四個引數，在第1個引數(Lookup_value)欄位中輸入「**B4**」儲存格，也就是輸入員工編號的儲存格位址。

03 接著點選第2個引數(Table_array)欄位的「　」按鈕，設定要搜尋的儲存格範圍。

04 點選「**員工年資表**」工作表，在工作表中選取「**A5:H34**」儲存格範圍，再按「　」按鈕，回到「函數引數」對話方塊中。

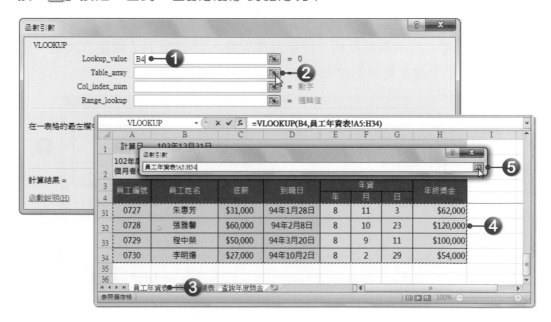

05 接著在第3個引數(Col_index_num)欄位中輸入「**8**」，表示顯示「A5:H34」儲存格範圍中的第八欄資料，設定完成之後，最後按下「**確定**」按鈕，即可完成「年終獎金」查詢的設定。

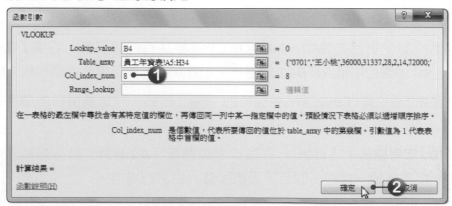

查詢考績獎金

01 選取「**C7**」儲存格，點選「**公式→函數程式庫→查閱與參照**」指令按鈕，於選單中選擇「**VLOOKUP**」函數，開啟「函數引數」對話方塊。

02 在「函數引數」對話方塊中，VLOOKUP函數共有四個引數，在第1個引數(Lookup_value)欄位中輸入「**B4**」儲存格，也就是輸入員工編號的儲存格位址。

03 接著點選第2個引數(Table_array)欄位的「🔳」按鈕，設定要搜尋的儲存格範圍。

04 點選「**102年考績表**」工作表，在工作表中選取「**A2:H31**」儲存格範圍，選取好後，按下「🔳」按鈕，回到「函數引數」對話方塊中。

05 接著在第3個引數(Col_index_num)欄位中輸入「**6**」，表示顯示「A2:H31」儲存格範圍中的第六欄資料，設定完成之後，最後按下「**確定**」按鈕，即可完成「考績獎金」查詢的設定。

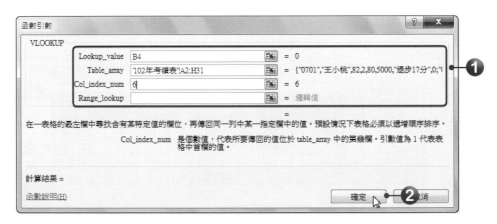

查詢獎勵獎金

01 選取「**D7**」儲存格，點選「**公式→函數程式庫→查閱與參照**」指令按鈕，於選單中選擇「**VLOOKUP**」函數，開啟「函數引數」對話方塊。

02 在「函數引數」對話方塊中，VLOOKUP函數共有四個引數，在第1個引數(Lookup_value)欄位中輸入「**B4**」儲存格，也就是輸入員工編號的儲存格位址。

03 接著點選第2個引數(Table_array)欄位的「🔳」按鈕，設定要搜尋的儲存格範圍。

04 點選「**102年考績表**」工作表，在工作表中選取「**A2:H31**」儲存格範圍，選取好後，按下「🔳」按鈕，回到「函數引數」對話方塊中。

05 接著在第3個引數(Col_index_num)欄位中輸入「**8**」，表示顯示「A2:H31」儲存格範圍中的第八欄資料，設定完成之後，最後按下「**確定**」按鈕，即可完成「獎勵獎金」查詢的設定。

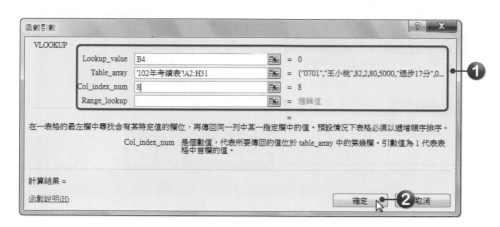

當函數都設定好後，在儲存格會看到「#N/A」的錯誤訊息，這個訊息表示公式或函數中有些無效的值，這裡先不管它，會出現此訊息是因為我們還沒有輸入員工編號，所以這些儲存格沒有值可以顯示。

計算總獎金

當年終獎金、考績獎金、獎勵獎金都被查詢出來後，就可以將這三個獎金加總，便是總獎金了。

01 選取「**D4**」儲存格，點選「**公式→函數程式庫→自動加總**」指令按鈕，於選單中選擇「**加總**」函數。

02 接著直接用滑鼠選取「**B7:D7**」儲存格,選取好後按下「Enter」鍵,即可完成公式的設定。

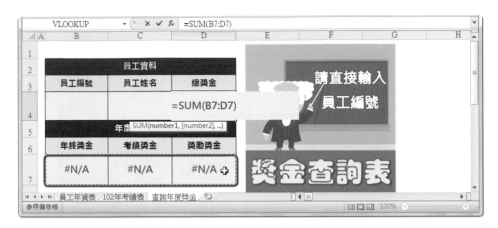

03 到這裡,年度獎金的查詢表已經製作完成囉!但是因為用來查詢的「員工編號」儲存格(B4),目前尚未輸入任何資料,所以其他欄位才會暫時出現「#N/A」錯誤訊息。

04 接著請在「**B4**」儲存格中,輸入員工編號「**0701**」,輸入完後按下「Enter」鍵,即可查詢出員工王小桃的年度獎金。

知識補充 MATCH與INDEX函數

MATCH與INDEX函數都是「檢視與參照」函數，MATCH函數可以找出資料在陣列中的位置；INDEX函數則是在陣列中找出指定位置的資料，其語法如下：

語法	MATCH(Lookup_value,Lookup_array,Match_type)
說明	◆ Lookup_value：為要尋找比對的值，可以是數字、文字、邏輯值或是儲存格參照位址。 ◆ Lookup_array：為要搜尋的儲存格範圍。 ◆ Match_type：指定不同的比對方式，若為「1」，則用來查詢的陣列必須先遞增排序；若為「-1」，則需遞減排序；若為「0」，則不必排序，此引數的預設值為「1」。

語法	INDEX(Array,Row_num,Column_num)
說明	◆ Array：是儲存格範圍或陣列常數。 ◆ Row_num：為要尋找陣列中的第幾列。 ◆ Column_num：為要尋找陣列中的第幾欄。

了解MATCH與INDEX函數後，這裡以「**木柵線票價.xlsx**」範例來說明這二個函數的使用，範例中會先利用MATCH函數找出「起站」與「終站」的位置，再利用INDEX函數尋找出票價。

1. 於「D15」儲存格中建立「=MATCH(B15,A1:A13,0)」公式，找出「B15」儲存格(萬芳社區)的內容，是位於「A1:A13」陣列範圍的哪個位置。

2. 於「D16」儲存格中建立「=MATCH(B16,A1:M1,0)」公式，找出「B16」儲存格(南京東路)的內容，是位於「A1:M13」陣列範圍的哪個位置。

3. 於「F15」儲存格中建立「=INDEX(A1:M3,D16,D16)」公式，即可在「A1:M13」陣列範圍裡，找出第4列和第12欄的票價。

F15					fx	=INDEX(A1:M13,D15,D16)									
	A	B	C	D	E	F	G	H	I	J	K	L	M	N	O	P
1	票價	動物園	木柵	萬芳社區	萬芳醫院	辛亥	麟光	六張犂	科技大樓	大安	忠孝復興	南京東路	中山國中			
2	動物園	0	20	20	20	20	20	25	25	25	30	30	30			
3	木柵	20	0	20	20	20	20	25	25	25	25	30	30			
4	萬芳社區	20	20	0	20	20	20	25	25	25	30	30	30			
5	萬芳醫院	20	20	20	0	20	20	20	20	25	25	25	30			
6	辛亥	20	20	20	20	0	20	20	20	25	25	20	25			
7	麟光	20	20	20	20	20	0	20	20	20	20	20	25			
8	六張犂	25	20	25	20	20	20	0	20	20	20	20	20			
9	科技大樓	25	25	25	20	20	20	20	0	20	20	20	20			
10	大安	25	25	25	25	20	20	20	20	0	20	20	20			
11	忠孝復興	30	25	25	25	20	20	20	20	20	0	20	20			
12	南京東路	30	30	30	25	25	20	20	20	20	20	0	20			
13	中山國中	30	30	30	30	25	25	20	20	20	20	20	0			
14																
15	起站	萬芳社區	列	4		票價：	30									
16	終站	南京東路	欄	12												

木柵線票價

是非題

( ) 1. 在A2儲存格中有個完整的姓名「王小桃」，若在B2中加入「=LEFT(A2,2)」公式，則B2儲存格會顯示為「小桃」。

( ) 2. MONTH函數可以取出日期的年。

( ) 3. YEAR函數可以取出日期的月。

( ) 4. DAY函數可取出日期的日。

( ) 5. MATCH與INDEX函數都是「檢視與參照」函數，MATCH函數可以找出資料在陣列中的位置；INDEX函數則是在陣列中找出指定位置的資料。

選擇題

( ) 1. 當儲存格進入「公式」的編輯狀態時，資料編輯列左側出現的函數選單，代表何意？(A)最常使用到的函數清單 (B)系統依照目前表單需求而篩選出可能使用到的函數選單 (C)最近使用過的函數清單 (D)系統隨機顯示的函數清單。

( ) 2. 下列哪一個函數，用來判斷儲存格數值是否為空白？(A)IF函數 (B)ABS函數 (C)SUM函數 (D)ISBLANK函數。

( ) 3. 下列哪一個函數，用來計算數值的絕對值？(A)IF函數 (B)ABS函數 (C)SUM函數 (D)ISBLANK函數。

( ) 4. 要擷取某字串由左邊數來的第1個字時，應使用下列哪一個函數最適合？(A)LEFT函數 (B)RIGHT函數 (C)LEN函數 (D)MID函數。

( ) 5. 若在儲存格看到「#N/A」的錯誤訊息時，表示？(A)函數中有些無效的值 (B)沒有設定函數 (C)該函數為巢狀函數 (D)以上皆是。

( ) 6. 在設定VLOOKUP函數時，下列哪一個函數引數是用來設定搜尋範圍？(A)Lookup_value引數 (B)Table_array引數 (C)Col_index_num引數 (D)Range_lookup引數。

實作題

1. 開啟「Example11→產品報價單.xlsx」檔案，進行以下設定。

   ✦ 利用VLOOKUP函數，依據客戶姓名，在聯絡電話、傳真號碼、客戶地址中，顯示各客戶的相關資料。

   ✦ 利用VLOOKUP函數，依據貨號，在品名、包裝、單位、售價中，顯示該貨號的相關資料。

   ✦ 輸入數量後，直接計算出「合計」金額。

編號	貨號	品名	包裝	單位	售價	數量	合計
1	LG1001	喜年來蔬菜餅乾	70g	盒	$10.00	2	$20.00
2	LG1010	黑森林蛋糕	1	盒	$59.00	1	$59.00
3		#N/A	#N/A	#N/A	#N/A		#N/A

   ✦ 請避免因貨號是空白欄位而顯示「#N/A」錯誤訊息。(提示：可以利用IF函數區分情況)。

   ✦ 以上都設定完成後，請將此工作表設定為保護狀態，使用者只能輸入客戶姓名、貨號、數量等資料。

快來買雜貨商行 報價單

新北市土城區忠義路21號
TEL：02-2262-5666 FAX：02-2262-1868 統一編號：04383129

客戶資料					
客戶姓名	蔡一零	聯絡電話	7700-9004	傳真號碼	2135-4156
客戶地址	新北市土城區幸福西路352號				

編號	貨號	品名	包裝	單位	售價	數量	合計
1	LG1001	喜年來蔬菜餅乾	70g	盒	$10.00	2	$20.00
2	LG1010	黑森林蛋糕	1	盒	$59.00	1	$59.00
3	LG1012	芋泥吐司	1	盒	$25.00	10	$250.00
4	LG1016	棒棒腿	1	斤	$49.00	12	$588.00
5	LG1020	白蝦	半	斤	$79.00	11	$869.00
6	LG1038	義美蘇打餅乾	1	盒	$65.00	10	$650.00
7	LG1039	義美小泡芙	325g	盒	$79.00	10	$790.00
8	LG1048	黑松麥茶	250cc×24瓶	箱	$135.00	10	$1,350.00
9							
10							
合計							$4,576.00

附註說明	
本報價單有效期限自報價日起算三十日內有效。本報價單含稅。	報價人簽名或蓋章

2. 開啓「Example11→拍賣交易紀錄.xlsx」檔案，進行以下設定。

 ✦ 試以LOOKUP函數，依據包裹資費表標準，在「郵資」欄位顯示各筆交易紀錄的郵資金額。

	A	B	C	D	E	F	G	H	I
1	拍賣編號	商品名稱	得標價格	物品重量	郵資		包裹資費表		
2	c24341778	CanTwo格子及膝裙	$280	147	$40				
3	g36445352	Nike黑色鴨舌帽	$150	101	$40		重量(克)		郵資
4	h34730759	Converse輕便側背包	$120	212	$50		0 ~100		$30
5	p31329580	雅絲蘭黛雙重滋養全日霜霜(#74)	$400	34	$30		101 ~200		$40
6	t34905309	Miffy免可愛六孔活頁簿	$150	225	$50		201 ~300		$50
7	h53356282	側背藤編小包包	$100	121	$40		301 ~400		$60
8	e31546199	串珠項鍊	$350	150	$40		401 ~500		$70
9	b34832467	Levis'牛仔外套	$2,200	704	$100		501 ~600		$80
10	g34228177	Esprit金色尖頭鞋	$1,800	480	$70		601 ~700		$90
11	c31813109	A&F繡花牛仔短裙	$2,000	290	$50		701 ~800		$100
12	a35699052	Nike天空藍排汗運動背心	$590	241	$50		801 ~900		$110
13	f53182829	黑色圍巾	$180	181	$40		901 ~1000		$120
14	s37232965	SNOOPY面紙套	$200	304	$60				
15	e53721737	扶桑花小髮夾2入	$80	31	$30				
16	d31682301	小碎花蓋袖洋裝	$480	501	$80				
17	b53734100	MANGO直條紋長袖上衣	$300	301	$60				
18	d31819242	雪紡紗細肩帶小洋裝	$1,600	400	$60				
19	b53848539	幸運草七分袖上衣	$400	241	$50				

3. 開啓「Example11→成績變化表.xlsx」檔案，進行以下設定。

 ✦ 試運用IF函數及ABS函數，使用「變化」欄位可自動計算出第一次期考與第二次期考之間的成績變化。

 ✦ 請將第二次期考成績減去第一次期考成績，若爲負數，就在「變化」欄位顯示「退步多少分」。若爲正數，就在「變化」欄位顯示「進步多少分」。

 ✦ 將含有「進步」文字的儲存格，格式化爲「黃色塡滿與深黃色文字」。

	A	B	C	D
1	座號	第一次期考	第二次期考	變化
2	1	78.5	83.7	進步5.2分
3	2	64.3	70.1	進步5.8分
4	3	90.2	89.7	退步0.5分
5	4	88.7	85.2	退步3.5分
6	5	76.1	77.3	進步1.2分
7	6	80.2	85.4	進步5.2分
8	7	60.1	68.9	進步8.8分
9	8	91.3	87.5	退步3.8分
10	9	68.4	77.7	進步9.3分
11	10	63.2	69.7	進步6.5分

1.2 投資理財試算

Example

* **學習目標**

  以FV函數計算零存整付本利和、目標搜尋、以PMT函數計算貸款每期償還金額、以IPMT計算函數計算貸款利息、以PPMT函數計算貸款本金、資料表的使用、建立分析藍本、以分析藍本摘要建立報表、以RATE函數計算保險保單利率、以NPV函數試算保險淨現值。

* **範例檔案**

  Example12→投資理財試算.xlsx

* **結果檔案**

  Example12→投資理財試算-結果.xlsx

無論是公司行號，乃至於家庭或個人，我們都能運用Excel在財務方面的函數運算，幫助我們有效處理繁瑣又複雜的運算，輕輕鬆鬆掌管自己的財務資訊喔！

在本章範例中，就以Excel的財務函數爲主軸，來看看Excel到底能夠提供哪方面的財務運算吧！本範例請開啓「**Example12→投資理財試算.xlsx**」檔案，該檔案包含了5個相關的工作表，請依操作說明使用。

♛ 計算零存整付的到期本利和

「零存整付定期存款」是指在一定的期間內，每月持續存入固定的金額在定存帳戶中，等到期滿就可以一次將定存帳戶裡的本金與利息一併提領出來。「零存整付定期存款」不但具有強迫儲蓄的功能，而且銀行通常都會提供比活期存款更爲優惠的利率喔！

有了一份穩定的收入之後，小桃想將薪水固定提撥一部分存起來，所以有意加入「希望銀行」的零存整付定期存款方案。以「希望銀行」目前的牌告利率來估算，三年期的定存利率爲1.95％，若小桃每月固定繳存$10,000，我們利用Excel的「FV」函數來算一算，三年後到期，小桃的定存帳戶裡共累積了多少本利和？

❀ FV函數

FV函數是用來計算零存整付存款本利和。

語法	FV(Rate,Nper,Pmt,Pv,Type)
說明	◆ Rate：爲各期的利率。 ◆ Nper：爲年金的總付款期數。 ◆ Pmt：係指分期付款的金額；不得在年金期限內變更。 ◆ Pv：係指現在或未來付款的目前總額。 ◆ Type：爲0或1的數值，用以界定各期金額的給付時點。1表示期初給付；0或省略未填則表示期末給付。

要特別注意的是，在設定引數數值時，若欲代表所付出的金額(如每期存款)，須以負值代表引數。

🍓 到期本利和的計算

這裡請進入「**零存整付定存試算**」工作表中,來看看,三年後小桃的定存帳戶裡,共累積了多少本利和。

01 在「**B2**」儲存格中輸入每月欲存入的金額「**10000**」;在「**B3**」儲存格中輸入三年來所繳交的總期數,也就是12個月來以三年,共「**36**」期;在「**B4**」儲存格中輸入希望銀行所規定的利率「**1.95**」。

在此範例中,都已事先將「B2:B5」的儲存格格式,依照欄位需求,設定為「貨幣」或「百分比」等格式。如果想要自己動手建立類似的表格,可別忘了要另外修改儲存格的格式喔!

02 選取「**B5**」儲存格,點選「**公式→函數程式庫→財務**」指令按鈕,於選單中選擇「**FV**」函數,開啟「函數引數」對話方塊。

03 在第1個引數(Rate)中,按下「⊞」按鈕,於工作表中選取「**B4**」儲存格,選取好後按下「⊞」按鈕,回到「函數引數」對話方塊中。

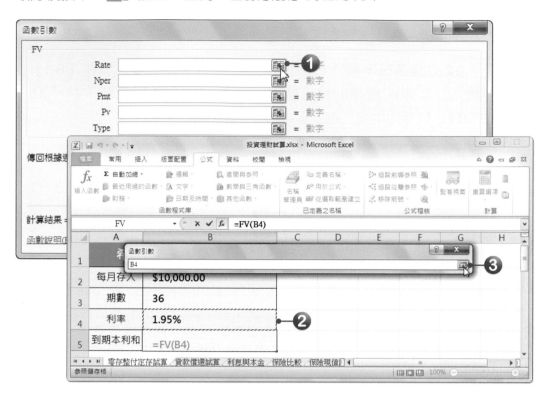

04 要注意1.95%為「年」利率,而小桃是按「月」在存入的,所以每期利率應將1.95%再除以12個月,才是實際每期的計算利率,所以請在「B4」後輸入「**/12**」。

05 接著在第2個引數(Nper)中,按下「⊞」按鈕,設定定存的總期數。

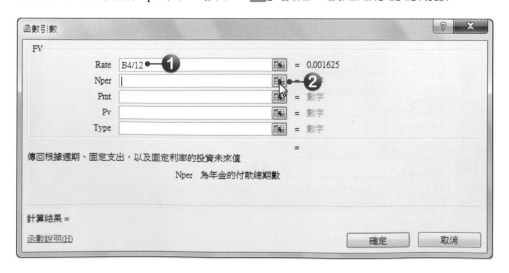

06 於工作表中選取「**B3**」儲存格，選取好後按下「」按鈕，回到「函數引數」對話方塊中。

07 接著在第3個引數(Pmt)中，按下「」按鈕，設定每期存款金額。

08 在工作表中點選「**B2**」儲存格，選取好後按下「」按鈕，回到「函數引數」對話方塊中。

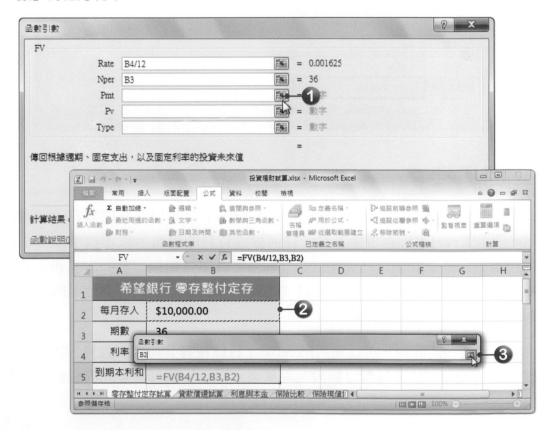

09 由於每期按月繳付$10000,所以要在B2前加上「-」號,表示支付金額。

10 最後在第5個引數(Type)欄位中輸入「**1**」,表示「期初給付」每期金額,按下「**確定**」按鈕就完成設定囉!

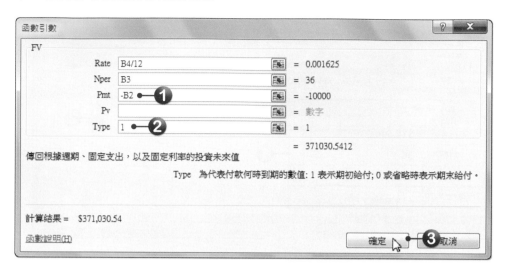

11 回到工作表中,就計算出三年後到期時,小桃可以領回$371,030.54。

👑 目標搜尋

　　一般在Excel上的運用,大多都是利用Excel計算已存在的資料,以求出答案,其實Excel也可以根據答案,往回推算資料的數值。以本例來說,小桃目前所規劃的購屋計劃,打算在三年後利用零存整付定期存款的本利和,支付購屋的頭期款$1,000,000,那麼以目前的利率推算,他每個月必須要固定存多少錢,才可以達到這個目標呢?

　　遇到這類的問題,可以使用Excel中「**目標搜尋**」功能來推算答案。「目標搜尋」的使用方法,是幫目標設定期望值,以及一個可以變動的變數,它會調整變數的值,讓目標能夠符合所設定的期望值。

01 選取要達成目標的儲存格，也就是本利和必須為「$1,000,000」的「**B5**」儲存格，點選「**資料→資料工具→模擬分析**」指令按鈕，於選單中選擇「**目標搜尋**」功能。

02 在「目標搜尋」對話方塊中，「目標儲存格」即為「到期本利和」，也就是「**B5**」儲存格。而「目標值」欄位，則設定三年後要存得的金額「**1000000**」。

03 在「變數儲存格」欄位中，則按下「⬚」按鈕，選取要推算每月存入金額的欄位。

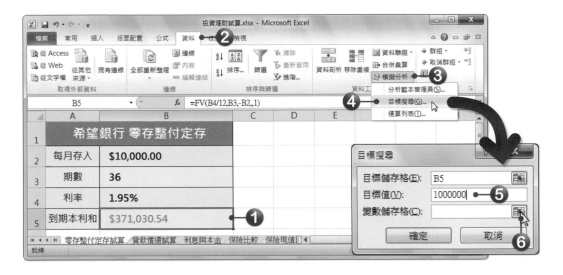

04 選取「**B2**」儲存格，選取好後，點選「⬚」按鈕，回到「目標搜尋」對話方塊中。

05 最後按下「**確定**」按鈕。工作表中會出現「目標搜尋狀態」的視窗，顯示已完成計算。

06 再看看工作表中的變化,目標儲存格「B5」,在此同時顯示為目標值「$1,000,000.00」,變數儲存格「B2」,則自動搜尋相對應的數值,計算出小桃每月必須存入「$26,951.96」,才能在三年後存得一百萬元。

07 如果這時在「目標搜尋狀態」視窗中按下**「確定」**按鈕,目標儲存格及變數儲存格會自動替換成搜尋後的數值;若按下**「取消」**按鈕,則工作表會回復原來的模樣,所有的數值都不會改變。

計算貸款每月應償還金額

當小桃辛苦存得100萬的頭期款之後,她看中了一戶房價500萬元的房子。但在購屋之前,他想先試算將來的房貸貸款金額以及每月應償還金額。

依照小桃的購屋計劃,扣除已存得的頭期款100萬,尚需貸款400萬元才足夠購屋。配合政府的首次購屋優惠房貸,一般縣市提供200萬以內,二十年2.12%的優惠房貸。其餘的200萬則以「希望銀行」所提供的房貸利率,200萬二十年的房貸利率為2.85%來估算。接下來我們來試算看看在這樣的條件下,小桃每個月應償還的金額為多少?

PMT函數

PMT函數主要用來計算貸款的攤還金額。

語法	PMT(Rate,Nper,Pv,Fv,Type)
說明	◆ Rate:為各期的利率。 ◆ Nper:為年金的總付款期數。 ◆ Pv:係指未來每期年金現值的總和。 ◆ Fv:為最後一次付款完成後,所能獲得的現金餘額。若省略不填,則預設值為0。 ◆ Type:為0或1的數值,用以界定各期金額的給付時點。若為0或省略未填,表示為期末給付;若為1,則表示為期初給付。

計算「政府首購貸款」每月應償還金額

這裡請進入**「貸款償還試算」**工作表中，進行以下的練習。

01 選取「E2」儲存格，點選「**公式→函數程式庫→財務**」指令按鈕，於選單中選擇「**PMT**」函數，開啟「函數引數」對話方塊。

02 在第1個引數(Rate)中，按下「」按鈕，於工作表中選取「**C2**」儲存格，選取好後按下「」按鈕，回到「函數引數」對話方塊中。

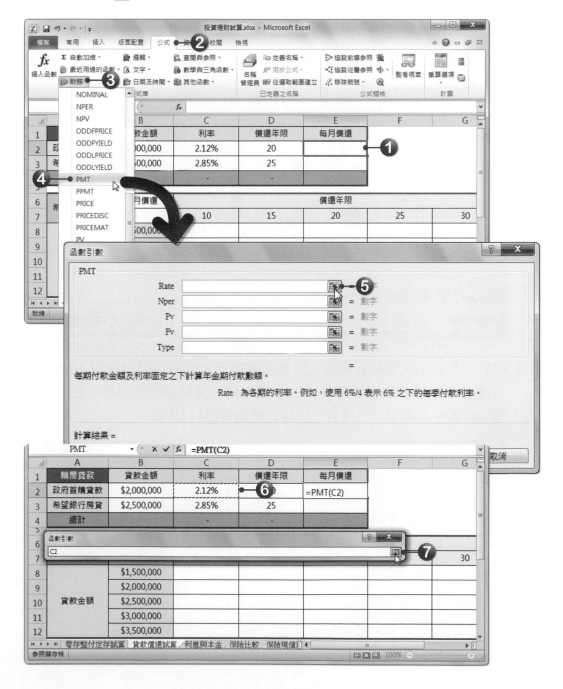

03 因為2.12%為「年」利率，而貸款是按「月」償還的，所以必須要將2.12%再除以12個月，才是實際每期的計算利率。

04 接著在第2個引數(Nper)中，按下「■」按鈕，於工作表中選取「**D2**」儲存格，選取好後按下「■」按鈕，回到「函數引數」對話方塊中。

05 同樣由於按月償還的關係，所以償還年限要再乘以12，才是償還總期數。

06 接著在第3個引數(Pv)中，按下「■」按鈕，於工作表中選取「**B2**」儲存格，選取好後按下「■」按鈕，回到「函數引數」對話方塊中。

07 由於償還貸款為支付金額，所以還要在「**B2**」前加上「**-**」號。

08 最後在第5個引數(Type)欄位中輸入「**1**」，代表為「期初償還」，都設定好後，按下「確定」按鈕，完成PMT函數的設定。

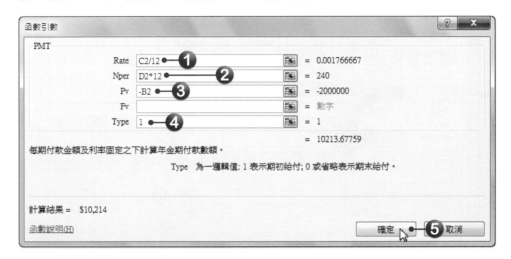

09 回到工作表中，已經計算出「政府首購貸款」的每月償還金額為$10,214。接著拖曳「**E2**」的填滿控點至「**E3**」儲存格，將計算公式複製至E3儲存格，就可以計算出「希望銀行房貸」的每月償還金額$11,634。

10 最後點選「**E4**」儲存格，再點選「**公式→函數程式庫→自動加總**」指令按鈕，於選單中選擇「**加總**」，即可算出每個月應繳交的房貸金額。

♛ 運算列表

除了向政府申請首次購屋的優惠房貸之外，剩下的200萬房貸就必須向民間銀行申辦了。因為房貸償還年限以及利率的不同，為了更準確衡量出在不同金額及年限下，每月須繳交的房貸是否超出將來所能負擔的金額，所以小桃想要在同一張列表中，取得不同貸款金額與不同償還年限下的每月償還金額的資訊。

而這裡只要利用Excel的「**運算列表**」功能，就可以試算不同情況下的各種結果。在「貸款償還」工作表下方的表格，針對償還年限10到30年、貸款金額$1,500,000到$3,500,000的貸款條件，要建立每月償還金額的資料表。

首先，在運算列表時，必須將「公式儲存格」建立在列表最左上角的儲存格中，接下來才能夠推算出列表中的金額。所以我們要在「B7」儲存格中，先建立「每月償還金額」的運算公式。

01 首先，要在「**B7**」儲存格中建立計算每月償還金額的運算公式。函數引數的設定方式如下，設定好後按下「**確定**」按鈕。

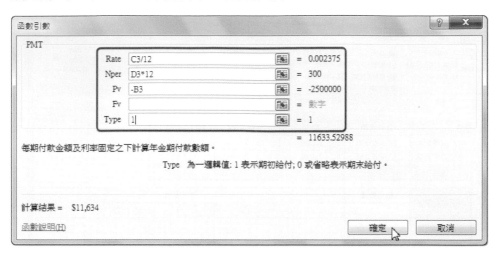

02 設定好後，「B7」儲存格會以上方表格的希望銀行房貸條件：貸款金額「$2,500,000」、利率「2.85%」、償還年限「25年」計算，並顯示每月償還金額為「$11,634」，而接下來列表中的儲存格也都會以「B7」儲存格的公式為基礎，修改不同的貸款條件後進行運算。

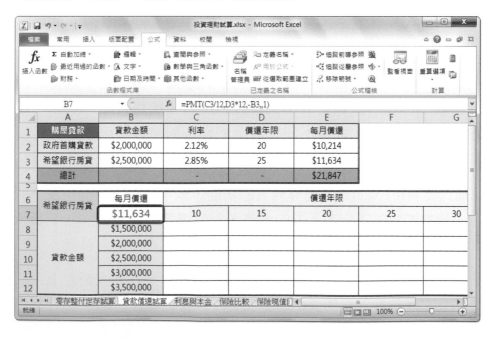

在建立資料表時，必須將公式儲存格，在本例中也就是計算每月償還金額的「B7」儲存格，建立在列表最左上角的儲存格中。

03 接著選取「**B7:G12**」儲存格，再點選「**資料→資料工具→模擬分析**」指令按鈕，於選單中選擇「**運算列表**」功能。

04 由於空白的列表中，列欄位所顯示的是「償還年限」，故在「資料表」對話方塊中，設定列變數儲存格為「**D3**」儲存格。

05 在空白的列表中，欄欄位所顯示的是不同的「貸款金額」，故在「運算列表」對話方塊中，設定欄變數儲存格為「**B3**」儲存格。

06 最後按下「**確定**」按鈕，就可以在列表中看到不同的貸款金額以及不同償還年限之下，所對照出來的每月償還金額囉！

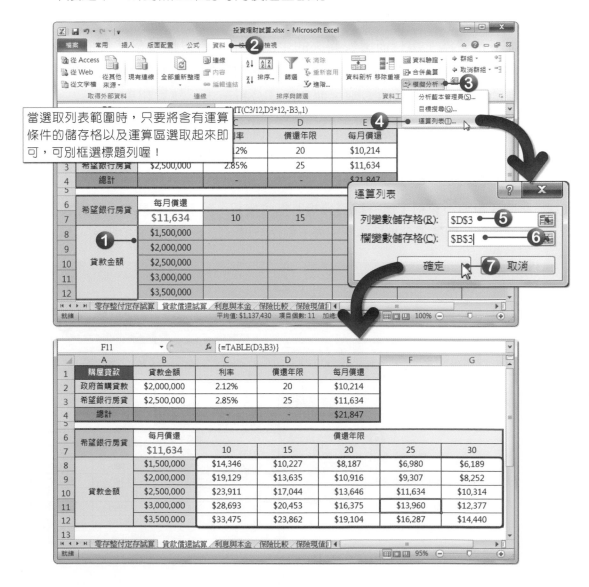

分析藍本

「**分析藍本**」可以儲存不同的數值群組,切換不同的分析藍本,可以檢視不同的運算結果,同時還可以將各數值群組的比較,建立成報表。

舉例來說,要比較各種不同的貸款金額、期數,可以將每一組貸款金額、期數,建立成一個「分析藍本」,切換不同的分析藍本,就可以檢視不同組合下的償還金額,甚至可以將分析藍本建立成報表,比較各組合之間的差異。

建立分析藍本

小桃不希望為了房貸而影響將來的生活水平,所以他希望將每個月需償還的房貸總額能控制在$25,000以下。接下來我們設計一個以小桃所希望的償還金額為基準的貸款比較的各種方案,並利用「分析藍本」建立報表。

01 在應用「分析藍本」功能時,須先將游標移至比較的目標儲存格上,由於比較原則為每月償還總金額約為$25,000,所以目標儲存格就是「每月償還總金額」,也就是「**E4**」儲存格。

02 點選「**資料→資料工具→模擬分析**」指令按鈕,於選單中選擇「**分析藍本管理員**」功能,開啟「分析藍本管理員」對話方塊,按下「**新增**」按鈕。

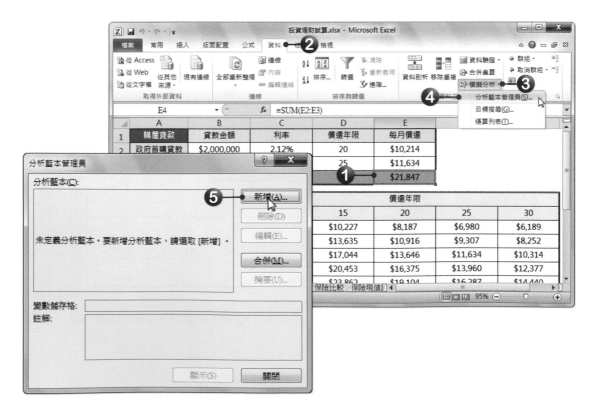

03 在「新增分析藍本」對話方塊中，於「分析藍本名稱」中輸入第一個貸款方案「**200萬貸款20年**」，接著按下「📧」按鈕。

04 在工作表中，選取「**B3**」和「**D3**」儲存格(利用「**Ctrl**」鍵分別選取)，這兩個是可以變動的數值，選擇好了之後，按下「📧」按鈕，回到「新增分析藍本」對話方塊中，再按下「**確定**」按鈕。

05 建立分析藍本後，就可以在「分析藍本變數值」對話方塊中，輸入該方案的變數值。在代表貸款金額的「B3」變數儲存格中，輸入「**2000000**」；在代表償還年限的「D3」變數儲存格中，輸入「**20**」，都輸入好後按下「**確定**」按鈕。

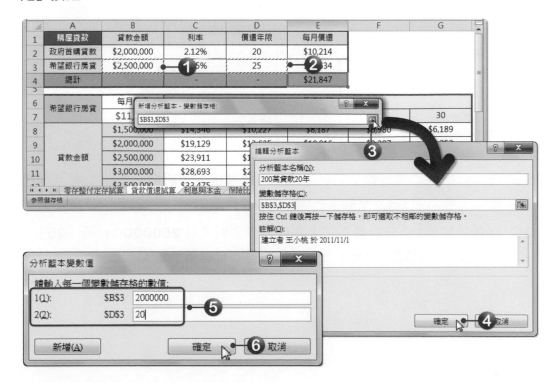

06 回到「分析藍本管理員」中，就可以看到剛剛新增的分析藍本「200萬貸款20年」，再按下**「新增」**按鈕，繼續增加下一個分析藍本。

07 輸入第2個分析藍本名稱**「200萬貸款25年」**，這裡的變數儲存格，會保留第一次設定的值**「B3」**以及**「D3」**，所以不須重新設定，只須按下**「確定」**按鈕即可。

08 接著設定第2個分析藍本的變數值，分別輸入「**2000000**」和「**25**」，輸入好後按下**「確定」**按鈕，回到「分析藍本管理員」對話方塊中。

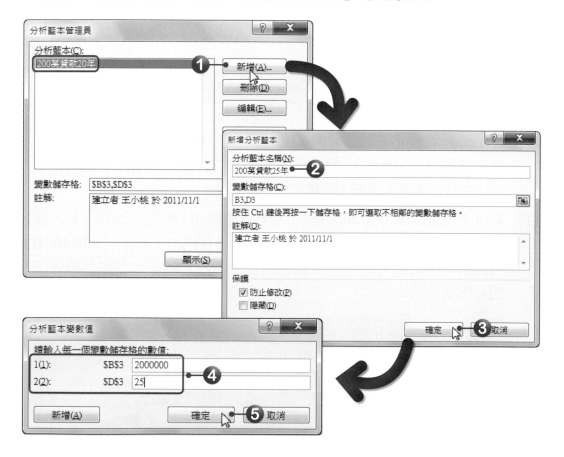

09 在「分析藍本管理員」對話方塊中，繼續按下**「新增」**按鈕，增加第3個分析藍本。輸入第3個分析藍本名稱**「250萬貸款25年」**，再按下**「確定」**按鈕。

10 接著設定第3個分析藍本的變數值，分別輸入「**2500000**」和「**25**」，輸入好後按下**「確定」**按鈕，回到「分析藍本管理員」對話方塊中。

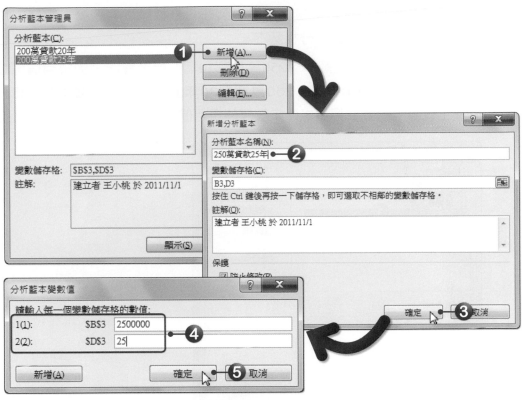

11 再按下「**新增**」按鈕,繼續增加下一個分析藍本。輸入第4個分析藍本名稱「**250萬貸款30年**」,輸入好後按下「**確定**」按鈕。

12 接著設定第4個分析藍本的變數值,分別輸入「**2500000**」和「**30**」,輸入好後按下「**確定**」按鈕。

13 回到「分析藍本管理員」對話方塊後，在「分析藍本管理員」對話方塊中，可以看到剛剛新增的四個分析藍本。

14 若想要看以第4個分析藍本「250萬貸款30年」所計算出來的每月償還金額，則在分析藍本選單中點選「**250萬貸款30年**」，再按下「**顯示**」按鈕，就可以在工作表上看到以這個條件來計算的每月償還金額了。

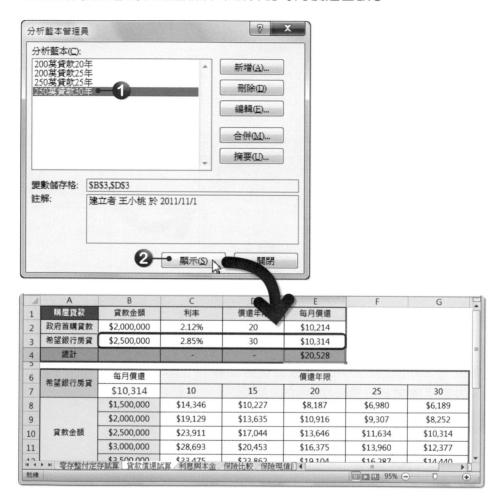

知識補充 編輯／刪除分析藍本

若想要修改已建立好的分析藍本，同樣點選「**資料→資料工具→模擬分析**」指令按鈕，於選單中選擇「**分析藍本管理員**」功能，在「分析藍本管理員」對話方塊中，點選欲修改的分析藍本，再按下「**編輯**」按鈕。接著在「編輯分析藍本」以及「分析藍本變數值」對話方塊中，修改相關設定，再按下「**確定**」按鈕就可以了！

而刪除分析藍本，只須在「分析藍本管理員」對話方塊中，點選欲刪除的分析藍本，再按下「**刪除**」按鈕即可。

以分析藍本摘要建立報表

「分析藍本」不僅可以在畫面上檢視不同的變數結果，它還可以產生「**摘要**」。分析藍本的「摘要」是將所有分析藍本排成一個表格，產生一份容易閱讀的報表。

接下來我們就將已設定好的4個分析藍本，利用「**分析藍本摘要**」製作成一份易於閱讀並比較的報表吧！

01 點選「**資料→資料工具→模擬分析**」指令按鈕，於選單中選擇「**分析藍本管理員**」功能。

02 開啟「**分析藍本管理員**」對話方塊，按下「**摘要**」按鈕。

03 在「**報表類型**」選項中，點選「**分析藍本摘要**」選項，設定「目標儲存格」，該儲存格就是當分析藍本設定的變數儲存格改變時，會受到影響而跟著改變的儲存格，通常Excel會自動尋找。現在它所搜尋到的儲存格位置為「**E4**」，正好是小桃所要考慮的「貸款總計金額」，所以直接按下「**確定**」按鈕就可以了。

04 回到工作表後，已自動建立一個「**分析藍本摘要**」的工作表標籤頁，工作表內容也就是所有分析藍本的摘要資料。

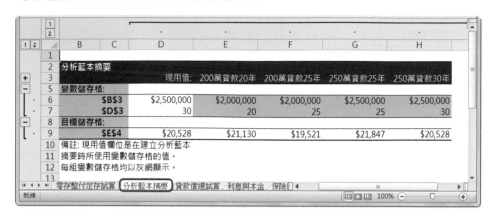

> 在產生「分析藍本摘要」後，其左側會有一些「➕」或「➖」的大綱符號，用來隱藏或顯示摘要中的內容。你同樣可以利用這些按鈕，來決定摘要中所要顯示的資訊。

👑 還款中的利息與本金

　　將貸款方案使用藍本分析後，小桃決定要向希望銀行貸款250萬，並以25年來償還，雖然知道了每月要償還的金額，小桃還是希望能了解一下各期還款中有多少是本金，又有多少是利息。這裡可以使用「**IPMT**」函數與「**PPMT**」函數，幫小桃分別計算出利息與本金。

🍓 IPMT與PPMT函數

　　「IPMT」函數可以用來計算當付款方式為定期、定額及固定利率時，某期的應付利息。「PPMT」函數可以傳回每期付款金額及利率皆固定時，某期付款的本金金額。

語法	**IPMT(Rate,Per,Nper,Pv,Fv,Type)** **PPMT(Rate,Per,Nper,Pv,Fv,Type)**
說明	◆ Rate：為各期的利率。 ◆ Per：介於1與Nper(付款的總期數)之間的期數。 ◆ Nper：為年金的總付款期數。 ◆ Pv：為未來各期年金現值的總和。 ◆ Fv：為最後一次付款完成後，所能獲得的現金餘額。若省略不填，則預設值為0。 ◆ Type：為0或1的數值，用以界定各期金額的給付時點。若為0或省略未填，表示為「期末給付」；若為1，則表示為「期初給付」。

利息的計算

這裡請進入「**利息與本金**」工作表中，進行以下的設定。

01 選取「**C5**」儲存格，再點選「**公式→函數程式庫→財務**」指令按鈕，於選單中選擇「**IPMT**」函數，開啟「函數引數」對話方塊。

02 在第1個引數(Rate)中，按下「▦」按鈕，於工作表中選取「**C2**」儲存格，選取好後按下「▦」按鈕，回到「函數引數」對話方塊中。

03 為了之後的複製工作不會出現問題，這裡請將「**C2**」儲存格改為「**$C$2**」絕對位址，而「**C2**」儲存格是以年息來計算，故要除以12換算成月息，請輸入「**/12**」。

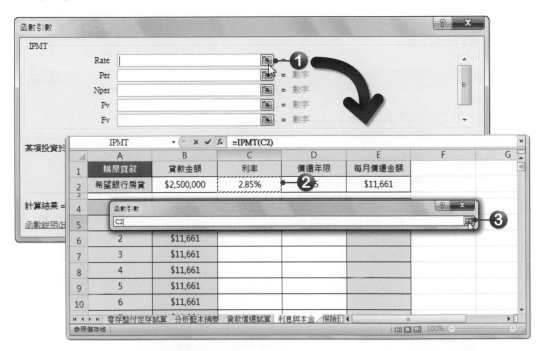

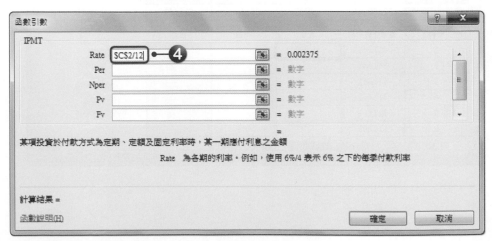

04 接著在第2個引數(Per)中，按下「」按鈕，選擇期數。於工作表中選取「**A5**」儲存格，選取好後按下「」按鈕，回到「函數引數」對話方塊中，將A欄設為「**$A**」絕對位址。

05 接著在第3個引數(Nper)中，按下「」按鈕，選擇償還年限。於工作表中選取「**D2**」儲存格，選取好後按下「」按鈕，回到「函數引數」對話方塊中，並將該儲存格設為「**$D$2**」絕對位址，再將「D2」儲存格乘以12，請輸入「***12**」。

06 接著在第4個引數(Pv)中，按下「」按鈕，選擇貸款金額。於工作表中選取「**B2**」儲存格，選取好後按下「」按鈕，回到「函數引數」對話方塊中，將該儲存格設定為「**$B$2**」絕對位址，並在「$B$2」前加上「**-**」號。

07 接著在第5個引數(Fv)中，輸入「**0**」。都設定好後按下「**確定**」按鈕，即可完成利息的計算。

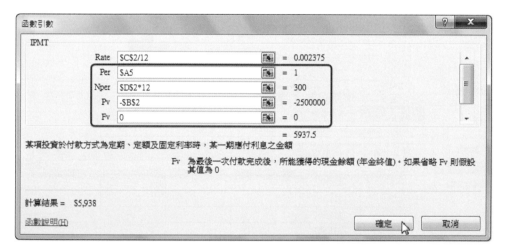

🍓 本金的計算

利息計算出來後，接著計算本金。

01 請選取「**D5**」儲存格，再點選「**公式→函數程式庫→財務**」指令按鈕，於選單中選擇「**PPMT**」函數，開啟「函數引數」對話方塊。

02 開啟「函數引數」對話方塊，這裡的PPMT函數的設定與IPMT函數的設定是一樣，所以就不再多做操作上的說明，其設定如下：

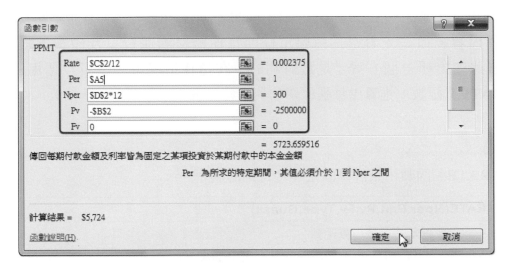

03 本金也計算完成後，點選「**E5**」儲存格，將「C5」與「D5」儲存格加總後，即可算出該金額是否與「每期應繳金額」相同。

04 最後選取「**C5:E5**」儲存格，將公式複製到下方的儲存格，即可知道每期應繳的利息與本金各是多少了。

	A	B	C	D	E	F	G
1	購屋貸款	貸款金額	利率	償還年限	每月償還金額		
2	希望銀行房貸	$2,500,000	2.85%	25	$11,661		
4	期數	每期應繳金額	利息	本金	合計		
5	1	$11,661	$5,938	$5,724	$11,661		
6	2	$11,661	$5,924	$5,737	$11,661		
7	3	$11,661	$5,910	$5,751	$11,661		
8	4	$11,661	$5,897	$5,765	$11,661		
9	5	$11,661	$5,883	$5,778	$11,661		
10	6	$11,661	$5,869	$5,792	$11,661		

E5 ▾ fx =SUM(C5:D5)

零存整付定存試算 / 分析藍本摘要 / 貸款償還試算 / 利息與本金 / 保險

♔ 試算保險利率

在理財規劃上，「保險」也是很重要的一環。小桃想為自己添購一份儲蓄型保單，除了為自己增加一份儲蓄之外，也擁有一份壽險保障，在報稅的時候，更能享有保費節稅的好處。

在比較過幾家保險公司所推出的儲蓄型保單方案，小桃發現「康康人壽」、「健健人壽」以及「長久人壽」三家壽險公司各推出了10年領回 $400,000、20年領回$1,500,000、12年領回$403,988等三種不同年期及金額的保單內容。但是光看這三種保單條件每期繳交的保費以及繳費年限，實在無法比較出哪一個方案才是最有利的。在這種情況下，就可以運用Excel的「**RATE**」函數，推算出每張保單的利率各為多少。

☙ RATE函數

「RATE」函數用來計算固定年金每期的利率。

語法	RATE(Nper,Pmt,Pv,Fv,Type,Guess)
說明	◆ Nper：為年金的總付款期數。 ◆ Pmt：為各期所應給付(或所能取得)的固定金額。 ◆ Pv：為未來各期年金現值的總和。 ◆ Fv：為最後一次付款完成後，所能獲得的現金餘額。若省略不填，則預設值為0。 ◆ Type：為0或1的數值，用以界定各期金額的給付時點。若為0或省略未填，表示為「期末給付」；若為1，則表示為「期初給付」。 ◆ Guess：為期利率的猜測數；若省略不填，則預設為10%。

☙ 保險利率計算

這裡請進入「**保險比較表**」工作表中，進行以下的設定。

01 在「**B2**」、「**C2**」及「**D2**」儲存格中，輸入每年應繳的金額，請分別輸入「**36173**」、「**64324**」、「**30769**」。

02 在「**B3**」、「**C3**」及「**D3**」儲存格中，輸入保單年限，請分別輸入「**10**」年、「**20**」年及「**12**」年。

03 接著在「**B4**」、「**C4**」及「**D4**」儲存格中，輸入各保單到期可領回金額，請分別輸入「**400000**」、「**1500000**」、「**403988**」。

	A	B	C	D	E	F
1	儲蓄險	康康人壽	健健人壽	長久人壽		
2	每年應繳金額	$36,173	$64,324	$30,769		
3	期間	10	20	12		
4	到期領回	$400,000	$1,500,000	$403,988		
5	利率					

分析藍本摘要 貸款償還試算 利息與本金 保險比較 保險現值試算

就緒　　　　　　　　100%

04 這裡先計算「康康人壽」保單的保單利率。選取「**B5**」儲存格，點選「**公式→函數程式庫→財務**」指令按鈕，於選單中選擇「**RATE**」函數。

05 開啟「函數引數」對話方塊，在第1個引數(Nper)中按下「▦」按鈕，設定應繳總期數。

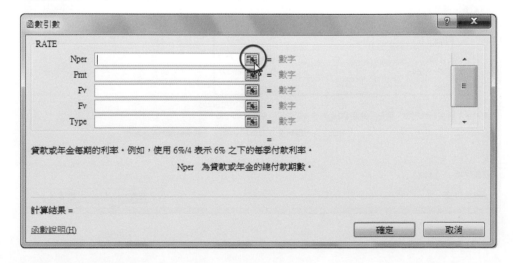

12-25

06 於工作表中選取「**B3**」儲存格，選取好後按下「🖾」按鈕，回到「函數引數」對話方塊中。

07 回到「函數引數」對話方塊後，接著在第2個引數(Pmt)欄位中，按下的「🖾」按鈕，設定每年應繳金額。於工作表中選取「**B2**」儲存格，選取好後按下「🖾」按鈕，回到「函數引數」對話方塊。

08 回到「函數引數」對話方塊後，接著在第4個引數(Fv)欄位中，按下「🖾」按鈕，設定到期所能領回的金額。於工作表中選取「**B4**」儲存格，選取好後按下「🖾」按鈕，回到「函數引數」對話方塊。

09 回到「函數引數」對話方塊後，這裡要注意當設定「Fv」引數欄位時，到期領回的金額對於小桃而言，為「收回」支付的金額，所以必須在「**B4**」前再加上「**-**」號。

10 最後在第5個引數(Type)欄位中輸入「**1**」，都設定好後，按下「**確定**」按鈕，完成「RATE」函數的設定。

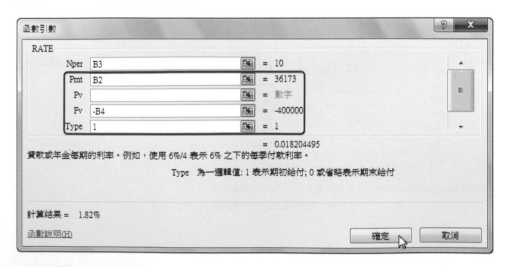

11 回到工作表後，就計算出「康康人壽」的這份保單，其保單利率為1.82%。最後將「**B5**」儲存格的公式複製到「**C5**」與「**D5**」，就可以計算出每張保單的保單利率了。

	A	B	C	D	E	F
	D5		fx	=RATE(D3,D2,,-D4,1)		
1	儲蓄險	康康人壽	健健人壽	長久人壽		
2	每年應繳金額	$36,173	$64,324	$30,769		
3	期間	10	20	12		
4	到期領回	$400,000	$1,500,000	$403,988		
5	利率	1.82%	1.44%	1.38%		

分析藍本摘要 │ 貸款償還試算 │ 利息與本金 │ 保險比較 │ 保險現值試算

就緒　　　　　　　　　　　　　　　　　　　　　　　　100%

保單的利率越高，表示該保單對於投保者越有利。在這三張保單中，「康康人壽」的保單利率1.82%比起「健健人壽」及「長久人壽」的保單利率1.44%、1.38%都來得高，表示「康康人壽」的保費方案是較有利的。

而且以目前的三年定存利率1.75%來估算，在這三張保單中，也只有「康康人壽」的保單是優於目前定存利率的。小桃便可藉此得知，就利率計算而言，「康康人壽」的保單內容是較值得投保的。

試算保險淨現值

為了因應顧客需求，壽險公司推出了各式各樣的保險產品，除了到期領回的儲蓄險之外，小桃的保險服務員另外向小桃推薦了一種「一次付清年年得利」保險產品，保期十年，只要第一年將十年的保費$168,880一次付清，就可以在第二年開始，每一年都領回$20,000。

只要支付$168,880，就可以領回$180,000！乍聽之下，利率好像是很划算，但可別急著馬上投保。因為貨幣可是會隨著物價波動的因素而相對增值或貶值的喔！所以在投保之前一定要先考慮到物價指數，也就是貨幣的年度折扣率。目前主計處所統計出來的物價年指數為2.30%，接下來我們就利用「**NPV**」函數，幫小桃計算這份保單的保單現值，看看是否值得投保。

🍓 NPV函數

「NPV」函數是使用折扣率及未來各期支出(負值)和收入(正值)來計算某項投資的淨現值。

語法	NPV(Rate,Value1,Value2,...)
說明	◆ Rate：用以將未來各期現金流量折算成現值的利率。 ◆ Value1、Value2：為未來各期現金流量。每一期的時間必須相同,且發生於每一期的期末。

🍓 保單現值計算

這裡請進入**「保險現值試算」**工作表中,進行以下的設定。

01 在**「B2」**儲存格中輸入年度折扣率,也就是主計處計算出來的物價指數1.88%。

02 這裡先計算「保單現值」,請選取**「K6」**儲存格,點選**「公式→函數程式庫→財務」**指令按鈕,於選單中選擇**「NPV」**函數。

03 開啟「函數引數」對話方塊,在第1個引數(Rate)中,按下「🔳」按鈕。

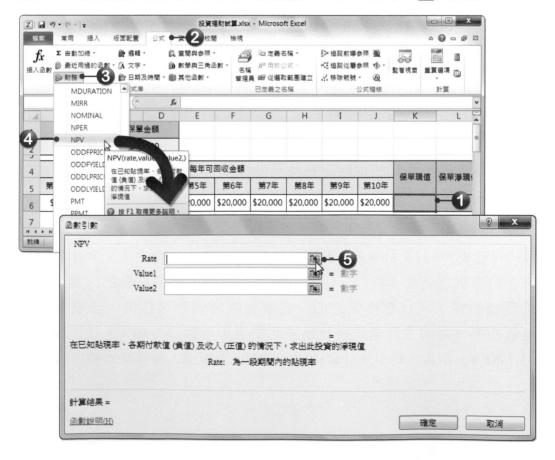

04 於工作表中選取「**A2**」儲存格，選取好後按下「⬚」按鈕，回到「函數引數」對話方塊。

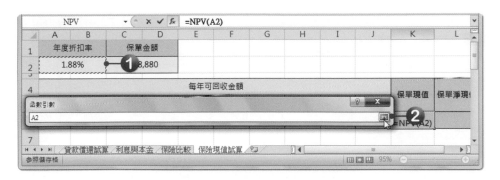

05 回到「函數引數」對話方塊後，在第2個引數(Value1)中，按下「⬚」按鈕，於工作表中選取「**A6:J6**」儲存格，選取好後按下「⬚」按鈕。

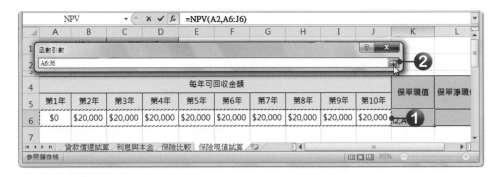

06 回到「函數引數」對話方塊後，按下「**確定**」按鈕。

07 回到工作表中就計算出保單現值為「**$161,154**」。接著要計算「保單淨現值」，請在「**L6**」儲存格中建立公式「**=K6-C2**」。

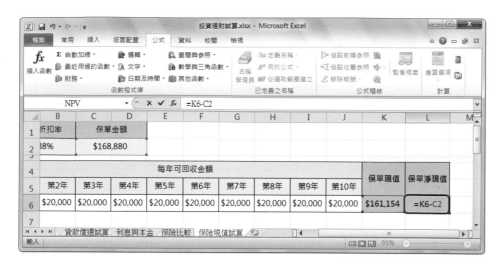

08 計算出的「保單淨現值」為「**-$7,726**」，表示在加入物價指數的計算之後，保單利率已經完全被過高的通貨膨脹率抵消了，所以這份保單對目前來說並不值得投資。

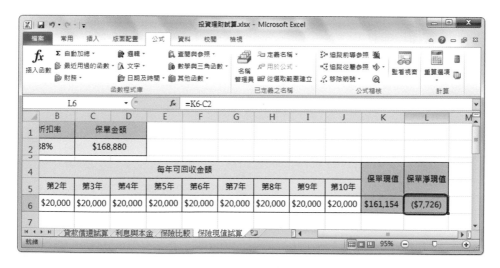

PV函數

「PV」函數可以傳回某項投資的年金現值，年金現值為未來各期年金現值的總和。

語法	PV(Rate,Nper,Pmt,Fv,Type)
說明	◆ Rate：為各期的利率。 ◆ Nper：為年金總付款期數。 ◆ Pmt：為各期所應給付(或所能取得)的固定金額。 ◆ Fv：為最後一次付款完成後，所能獲得的現金餘額。 ◆ Type：為0或1的數值，用以界定各期金額的給付時點，0或省略不寫則為期末；1為期初。

NPV與PV函數很類似，它們之間的主要差別有：

1. NPV的現金流量皆固定發生在期末；而PV允許現金流量發生於期末或期初。

2. NPV允許可變的現金流量值；而PV現金流量必須在整個投資期間中皆為固定的值。

●範例

某銀行推出了以下的儲蓄理財方案：年利率為2%，現在預繳130,000元，就可在未來的10年內，每年領回14,000。利用PV函數來評估此方案是否值得投資。

由上述可知：**Rate為2%，Nper為10期，Pmt為14,000。**

帶入PV函數：**PV(2%,10,14000)=-125,756.19**，表示我們只要繳125,756元，即可享有此投資報酬率，並不用繳到130,000元，因此，此儲蓄理財方案並不值得投資。

	A1			f_x	=PV(2%,10,14000)	
▲	A	B	C	D	E	F
1	-$125,756.19					
2						

🐎 是非題

( ) 1. FV函數可以用來計算零存整付的存款本利和。

( ) 2. NPV函數可以用來計算貸款每月應償還金額。

( ) 3. RATE函數可以用來計算固定年金每期的利率。

( ) 4. PMT函數可以用來計算零存整付的存款本利和。

( ) 5. PPMT函數可以用來計算償還金額中內含的本金。

🐎 選擇題

( ) 1. 下列哪一個函數，是使用折扣率及未來各期支出和收入來計算某項投資的
淨現值？(A)FV函數 (B)PMT函數 (C)RATE函數 (D)NPV函數。

( ) 2. 下列哪一個功能，可以設定達成的目標，再根據目標往回推算某個變數的
數值？(A)目標搜尋 (B)資料分析 (C)分析藍本 (D)合併彙算。

( ) 3. 下列哪一個功能，可以在同一個儲存格範圍，儲存不同的變數數值，檢視
不同的運算結果？(A)目標搜尋 (B)資料分析 (C)分析藍本 (D)合併彙算。

( ) 4. 設定FV函數時，若欲設定金額為「期初給付」，Type引數值應填入？
(A)-1 (B)0 (C)1 (D)2。

( ) 5. 下列有關NPV函數與PV函數的描述，何者正確？(A)兩者皆為「統計」函
數 (B)NPV允許現金流量發生於期末或期初；而PV的現金流量皆固定發生
在期末 (C)PV允許可變的現金流量值；而NPV現金流量必須在整個投資期
間中皆為固定的值 (D)以上皆非。

🐎 實作題

1. 開啟「Example12→投資判斷.xlsx」檔案，進行以下設定。

✦ 手創公司投資了一項設備，該設備的初期投資額為$800,000，而折扣率為
2.5%。

✦ 在「現在實際價值」欄位中，請利用NPV函數求現在實際價值(指的是根據現
在價值換算成各期投資中產生的效果(預計收入)中扣除初期投資所得到的資
料。

✦ 初年度的「現在實際價值」為「初期投資額」。

	A	B	C	D
1	初期投資額	$800,000		
2	折扣率	2.50%		
3				
4		期數	預計收入	現在實際價值
5	初年度	0	$0	-$800,000
6	1年後	1	$120,000	-$682,927
7	2年後	2	$160,000	-$530,637
8	3年後	3	$180,000	-$363,489
9	4年後	4	$200,000	-$182,299
10	5年後	5	$220,000	**$12,149**

2. 開啟「Example12→汽車貸款計算表.xlsx」檔案，進行以下設定。

   ✦ 小桃買了一輛$650,000的汽車，頭期款支付了$200,000，而店家給予$50,000的折扣，剩下的餘額則要貸款。

   ✦ 該汽車貸款的年利率為3.58%，而貸款期間為3年。

   ✦ 根據以上的資料計算小桃每個月要付多少錢，而總支出的金額又是多少。

	A	B	C
1			
2		汽車貸款計算表	
4		購買價格	$650,000
5		頭期款	$200,000
6		折價金額	$50,000
7		年利率	3.58%
8		貸款期間(以月計)	36
9		每月應付金額	-$11,735
10		總支出金額	$672,460

3. 開啟「Example12→書籍目標銷售量.xlsx」檔案，此檔案是某家出版社的某一本新書，目前已經賣了51萬8880元，如果想把業績做到60萬元，則門市的直營書店，必須再努力賣掉多少本書？。

◢	A	B	C	D	E
1		定價	折扣	數量（本）	業績
2	訂戶	$320	80%	300	$76,800
3	經銷書店	$320	65%	1500	$312,000
4	門市書店	$320	75%	542	$130,080
5					
6	銷售總業績	$518,880			

◢	A	B	C	D	E
1		定價	折扣	數量（本）	業績
2	訂戶	$320	80%	300	$76,800
3	經銷書店	$320	65%	1500	$312,000
4	門市書店	$320	75%	880	$211,200
5					
6	銷售總業績	$600,000			

4. 開啟「Example12→小額信貸試算.xlsx」檔案，此檔案為小額信貸計算表，而小桃選擇了以下三家銀行做比較，請利用藍本分析功能告訴小桃該選擇哪一家銀行。

銀行名稱	貸款額度	利率	償還期數
花騎銀行	$120,000	13%	48
勇豐銀行	$100,000	12%	36
台鑫銀行	$100,000	14%	24

	A B C	D	E	F	G
1					
2	分析藍本摘要				
3		現用值:	花騎銀行	勇豐銀行	台鑫銀行
5	變數儲存格:				
6	$B$2	$120,000	$120,000	$100,000	$100,000
7	$B$3	48	48	36	24
8	$B$4	13.00%	13.00%	12.00%	14.00%
9	目標儲存格:				
10	$B$6	-$3,219	-$3,219	-$3,321	-$4,801
11	備註: 現用值欄位是在建立分析藍本				
12	摘要時所使用變數儲存格的值。				
13	每組變數儲存格均以灰網顯示。				

1.3 匯入外部資料
Example

* **學習目標**

   純文字檔的匯入、資料庫檔的匯入、網頁資料的匯入、股票圖的製作、將活頁簿另存成網頁格式。

* **範例檔案**

   Example13→魚市場交易行情.txt

   Example13→產品清單.accdb

* **結果檔案**

   Example13→魚市場交易行情-結果.xlsx

   Example13→魚市場交易行情-一般範圍.xlsx

   Example13→魚市場交易行情-表格範圍.xlsx

   Example13→產品清單-結果.xlsx

   Example13→股價資訊.xlsx

   Example13→網頁→index.htm

在Excel中，除了直接在活頁簿的工作表中輸入文字外，也可以利用「**取得外部資料**」功能，匯入純文字檔、資料庫檔、網頁格式等不同檔案格式的資料，然後在Excel中繼續進行編輯的工作。以下將針對這三種類型的資料，分別將它們匯入至Excel工作表中。

👑 匯入文字檔

🍓 文字檔說明

Excel可以把純文字檔的內容，直接匯入Excel，製作成工作表。所謂的純文字檔，指的是副檔名為「***.txt**」的檔案。

不過，要將純文字檔匯入Excel時，文字檔中不同欄位的資料之間必須要有分隔符號，可以是逗點、定位點、空白等，這樣Excel才能夠準確的區分出各欄位的位置。了解後，請開啟「**Example13→魚市場交易行情.txt**」範例檔案，該檔案的每個欄位之間是以「**定位點**」來做區隔的。

🍓 匯入txt格式的純文字檔

01 開啓一個新的活頁簿檔案，點選「**資料→取得外部資料→從文字檔**」指令按鈕，開啓「匯入文字檔」對話方塊。

02 選擇要匯入的檔案，請選擇「**Example13→魚市場交易行情.txt**」檔案，選擇好後按下「**匯入**」按鈕。

03 開啓「匯入字串精靈-步驟3之1」對話方塊，這裡請點選「**分隔符號**」選項，選擇好後按「**下一步**」。

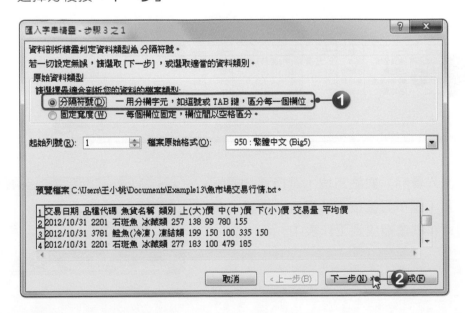

04 接著選擇文字檔中是以什麼分隔符號做分隔的，這裡勾選「**Tab鍵**」，勾選好後按「**下一步**」繼續。

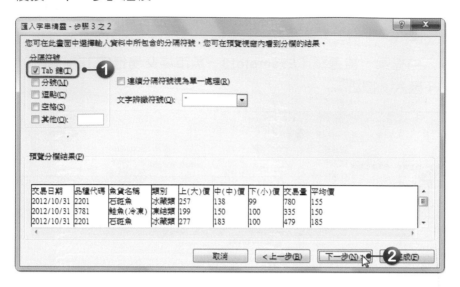

05 接著可以針對不同的欄位進行資料格式的設定，點選「**交易日期**」欄位，再點選「**日期**」格式，於選單中選擇要使用的格式，依照此方式，一個一個欄位設定資料格式，設定完成後按下「**完成**」按鈕。

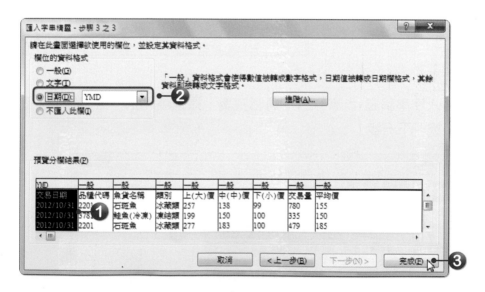

06 開啟「匯入資料」對話方塊，選擇資料要匯入的位置。選擇好後按下「**確定**」按鈕，文字檔的資料就會被放到工作表中。

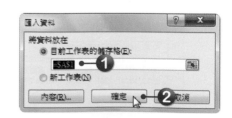

07 回到工作表後，文字就會匯入到指定的位置上。

	A	B	C	D	E	F	G	H	I	J	K
1	交易日期	品種代碼	魚貨名稱	類別	上(大)價	中(中)價	下(小)價	交易量	平均價		
2	2012/10/31	2201	石斑魚	冰藏類	257	138	99	780	155		
3	2012/10/31	3781	鮭魚(冷凍)	凍結類	199	150	100	335	150		
4	2012/10/31	2201	石斑魚	冰藏類	277	183	100	479	185		
5	2012/11/1	2169	章魚	冰藏類	86	25	15	3221	35		
6	2012/11/1	2341	白帶魚	冰藏類	127	57	49	814	70		
7	2012/11/1	2341	白帶魚	冰藏類	109	50	28	3126	58		
8	2012/11/2	2012	赤宗	冰藏類	179	96	54	123	104		
9	2012/11/2	3999	其他凍結	凍結類	190	103	55	617	111		

> 使用「**取得外部資料**」功能時，在Excel中的資料會與原來的資料有連結的關係。也就是說，當原有的文字檔內容做變更時，在Excel中只要點選「**資料→連線→全部重新整理**」指令按鈕，即可更新資料。

♕ 格式化為表格

從外部匯入的資料，可以利用「**格式化為表格**」功能，快速地格式化儲存格範圍，並將它轉換為表格。

🍓 將工作表中的資料建立成表格

延續上面的範例，將匯入的資料建立成表格。

01 點選工作表中的任一儲存格，再點選「**常用→樣式→格式化為表格**」指令按鈕，於選單中選擇一個要套用的表格樣式。

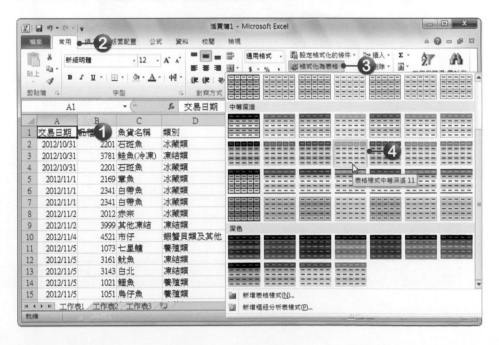

02 點選後，Excel會要你選擇表格的資料來源，而Excel也會自動判斷表格的資料範圍，若範圍沒問題，按下**「確定」**按鈕。

03 因為我們使用的資料是由外部匯入，所以若要將資料轉換為表格，則就無法再進行外部連線更新資料的動作，這裡請按下**「是」**按鈕。

04 儲存格中的資料就建立成表格資料，並自動套用表格樣式，自動加上**「自動篩選」**功能，且也會產生**「資料表工具」**，讓你進行相關的設定。

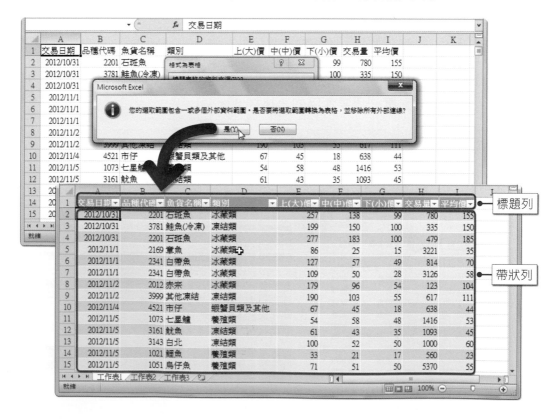

修改表格資料的範圍

　　將資料轉為表格後,若要修改表格資料範圍時,只要將滑鼠游標移至表格右下角的縮放控點,即可將表格拖曳,重新拉出你要的資料範圍。

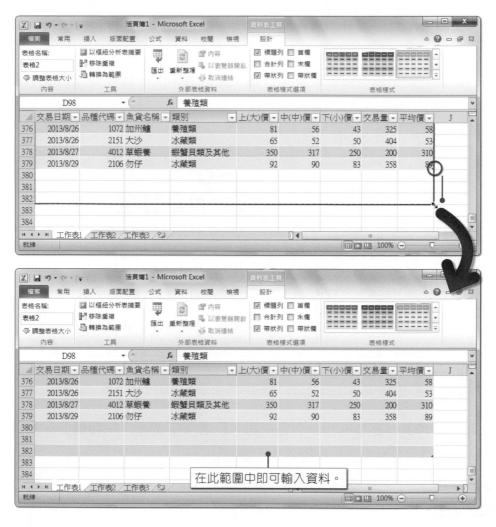

在此範圍中即可輸入資料。

使用Excel表格可以輕鬆地管理和分析一組相關資料,使用表格功能,可以在不影響工作表其他列與欄資料的情況下,管理表格中的資料。Excel表格中通常包含了標題列、合計列、帶狀列等,而這些選項是可依需求做選擇的。

🍓 加入「合計列」

在已建立好的表格中，還可以加入「合計列」，讓我們可以快速地進行各種計算。

01 將「**資料表工具→設計→表格樣式選項**」群組中的「**合計列**」選項勾選，勾選後，在表格的最後一列中就會加入「合計列」。

02 「合計列」的每個儲存格都會有一個下拉式清單，在清單中是預設的函數，像是平均值、項目個數、最大值、最小值、加總、標準差等函數，利用這些函數即可快速計算出你要的合計數。

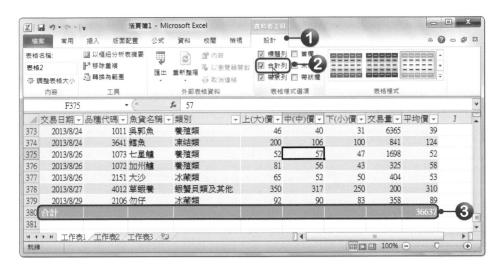

03 點選「I380」儲存格的合計列選單鈕，於選單中選擇「**平均值**」，點選後即可計算出所有資料的「平均價」。

更換表格樣式

　　若要更換表格的樣式時，可以在「**資料表工具→設計→表格樣式**」群組中直接選擇要更換的樣式即可。

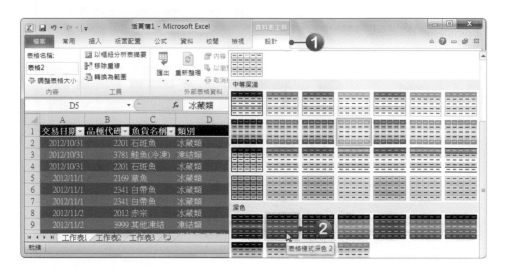

更換表格色彩配置及字型

　　若要更換表格的色彩配置時，可以點選「**版面配置→佈景主題→色彩**」指令按鈕，於選單中選擇要更換的色彩即可。

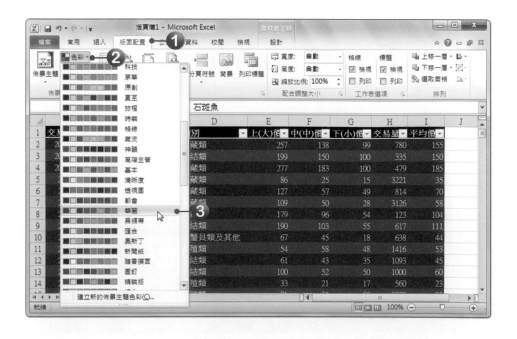

除了變更色彩外,還可以選擇Excel配置好的「字型」,點選「**版面配置→佈景主題→字型**」指令按鈕,於選單中選擇要使用的字型配置即可。

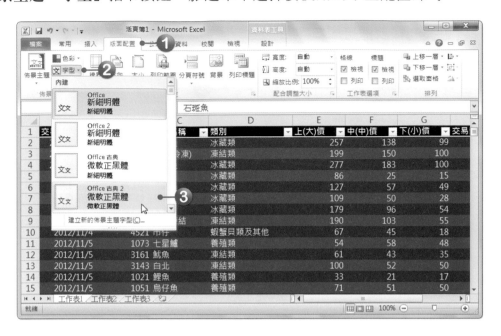

轉換為範圍

資料轉換為表格後,可以幫助我們快速地套用表格樣式,減少表格的設計時間,但表格的使用,有時又會覺得不太方便,關於這點,別太擔心,因為你可以隨時將表格再轉換為一般的資料。

01 選取表格範圍中的任一儲存格,點選「**資料表工具→設計→工具→轉換為範圍**」指令按鈕。

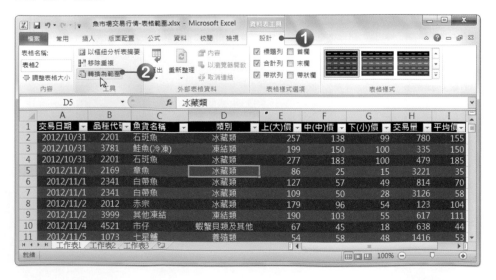

02 此時會出現一個對話方塊，詢問是否要將表格轉換為一般範圍，這裡直接按下「**是**」按鈕。

03 按下「**是**」按鈕後，表格範圍就會轉換為一般資料，而「自動篩選」功能也會跟著被取消，但工作表的格式還是會保留先前套用的表格樣式。

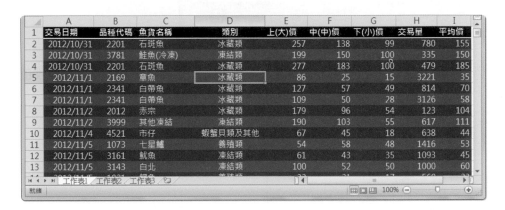

♛ 匯入資料庫檔

Excel可以匯入各種的資料庫檔案，這裡以較普通的Access來說明，看看如何將「**Example13→產品清單.accdb**」檔案，匯入至Excel工作表中。

01 點選「**資料→取得外部資料→從Access**」指令按鈕，開啟「選取資料來源」對話方塊。

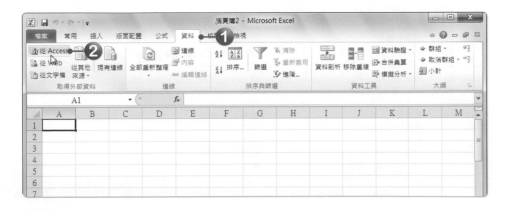

02 這裡請直接選擇要匯入的檔案,請選擇「**Example13→產品清單.accdb**」檔案,選擇好後按下「**開啟**」按鈕。

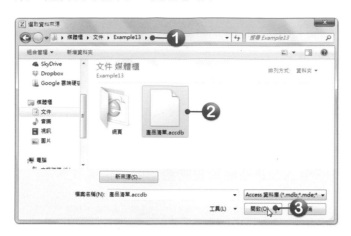

03 開啟「匯入資料」對話方塊,點選「**表格**」,再點選「**目前工作表的儲存格**」,將資料匯入到目前工作表中,都選擇好後按下「**確定**」按鈕。

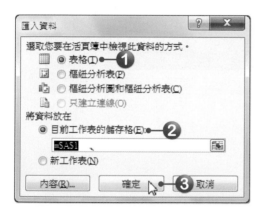

04 按下「**確定**」按鈕後,資料庫的檔案就被匯入於工作表中,且自動將資料轉為表格,並套用表格樣式。

	A	B	C	D	E	F	G	H
1	產品編號	產品名稱	廠商	容量	單價			
2	MA93001	冠軍蘆筍汁	味王	250ml×24罐	99			
3	MA93002	滿漢香腸	統一	445g	98			
4	MA93003	嘟嘟好香腸	統一	445g	98			
5	MA93004	黑橋牌香腸(原味)	統一	445g	98			
6	MA93005	黑橋牌香腸(蒜味)	統一	445g	98			
7	MA93006	e家小館玉米可樂餅	義美	600g	92			
8	MA93007	義美貢丸(豬肉)	義美	600g	85			
9	MA93008	義美貢丸(香菇)	義美	600g	85			
10	MA93009	義美魚丸(花枝)	義美	600g	85			
11	MA93010	義美魚丸(香菇)	義美	600g	85			
12	MA93011	e家小館炒飯(蝦仁)	義美	270g	29			
13	MA93012	e家小館炒飯(夏威夷)	義美	270g	29			

05 進入「**資料表工具→設計→表格樣式**」群組中，即可更換表格樣式；於「**表格樣式選項**」群組中，即可選擇要顯示或隱藏的選項。

👑 匯入網頁資料

　　在各種匯入功能中，最具有實用性的就屬「匯入網頁資料」了。因為近幾年網路的發達，許多即時性的資料都可以從網路取得。這些資料可以被匯入Excel中，做進一步的分析，並且當網頁資料有變動時，Excel就會自動更新工作表內容，達到即時、同步的資訊。

🍓 匯入網頁資料

　　接下來我們要在Excel工作表中，匯入網頁中所提供的「宏達電的各日成交資訊」資料，作法如下：

01 點選「**資料→取得外部資料→從Web**」指令按鈕，開啟「新增Web查詢」對話方塊。

02 接著會出現「新增Web查詢」對話方塊，在預設的情況下，所看到的第一個畫面是瀏覽器所預設的首頁內容。

03 我們直接在「地址」欄位中，輸入要進入的網站地址「http://www.twse.com. tw」。網址輸入完成後，按下「**到**」按鈕，即可開啟網頁，開啟網頁後選擇要進入的頁面。

04 進入後，點選「**交易資訊→盤後資訊→個股日成交資訊**」選項，進入個股日成交資訊查詢頁面。

05 在「股票代碼」欄位中輸入「**2498**」，輸入好後按下「**查詢**」按鈕，即可查詢出「宏達電各日成交資訊」。

06 接著按下「→」按鈕，將要匯入的資料勾選，被勾選後，圖示就會變成「☑」，表示選取了此份資料，資料選取好後，按下「**匯入**」按鈕。

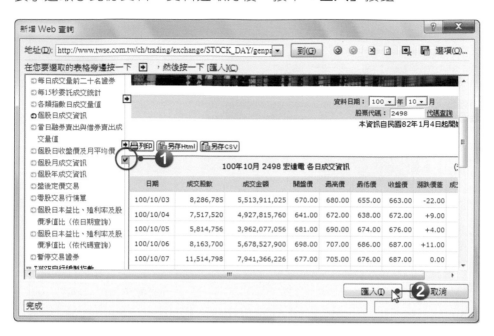

07 按下「**匯入**」按鈕後，會開啟「匯入資料」對話方塊，選擇要將資料放在哪裡，在此我們依照預設值，由「$A$1」儲存格開始匯入資料，選擇好後，按下「**確定**」按鈕。

08 接著便會開始進行擷取資料的動作。

09 擷取完後，在工作表中，就可以看到資料已匯入到指定的「A1」儲存格上了。

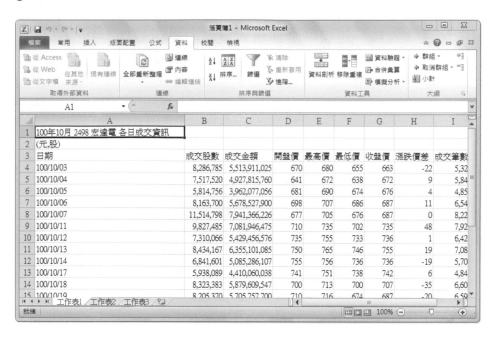

10 資料完成匯入後，即可進行工作表格的設定，這裡請依喜好自行設定工作表的格式。

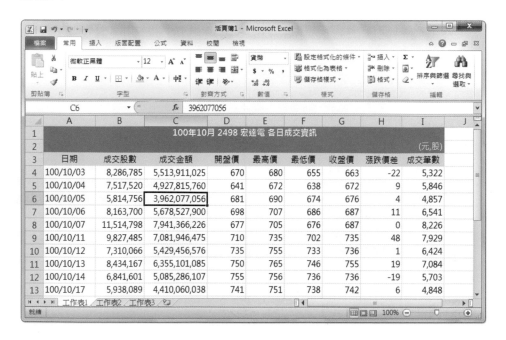

網頁資料的更新

當網頁內容變動時，若是日後想要跟著更新Excel工作表中的資料，只要在Excel中點選「**資料→連線→全部重新整理→重新整理**」指令按鈕，或按下「**Alt+F5**」快速鍵，即可連上網路進行更新的動作。

如果覺得手動更新太麻煩的話，可以點選「**資料→連線→內容**」指令按鈕，開啟「外部資料範圍內容」對話方塊，設定更新的時間。

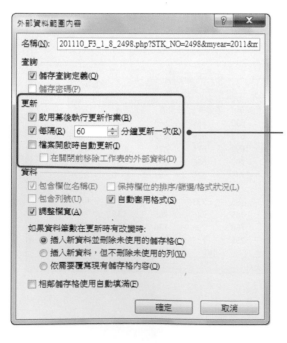

在「更新」選項中，可以設定連結資料的更新。可以設定每隔幾分鐘更新一次，也可以勾選「**檔案開啟時自動更新**」選項，則每次開啟這個Excel檔，都會連到網頁取得最新的資料喔！

👑 製作股票圖

　　將宏達電各日成交資訊匯入後，接著可以將資料中的開盤、最高、最低、收盤等資料製作成股票圖，讓我們可以更清楚看出股票的走勢，以及股價擺盪的幅度。

01 選取「**A3:A23**」及「**D3:G23**」儲存格。

02 點選「**插入→圖表→其他圖表**」指令按鈕，選擇「**股票圖**」中的「**開盤-高-低-收盤股價圖**」。

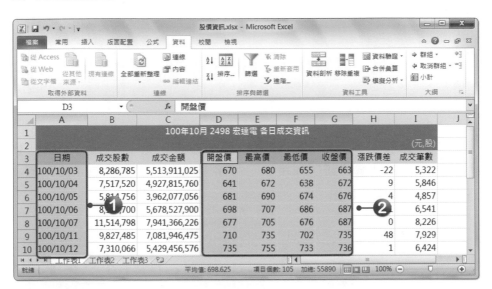

03 點選後，於工作表中就會插入一個股票圖。

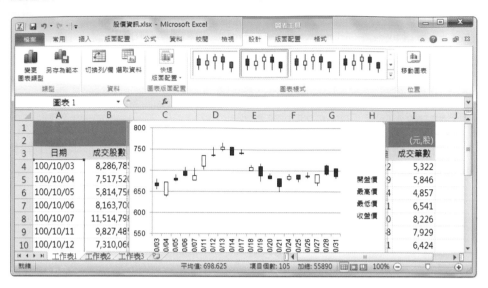

04 接著點選「**圖表工具→設計→位置→移動圖表**」指令按鈕，開啟「移動圖表」對話方塊，點選「**新工作表**」，並將工作表名稱命名為「**股票圖**」，設定好後按下「**確定**」按鈕。

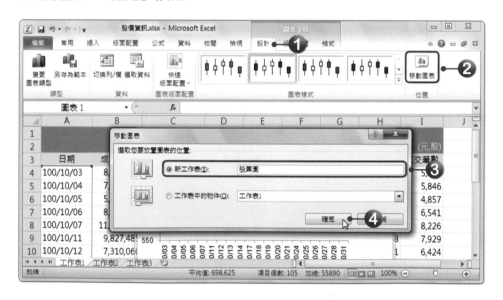

05 按下「**確定**」按鈕後，股票圖便移動到新工作表中。

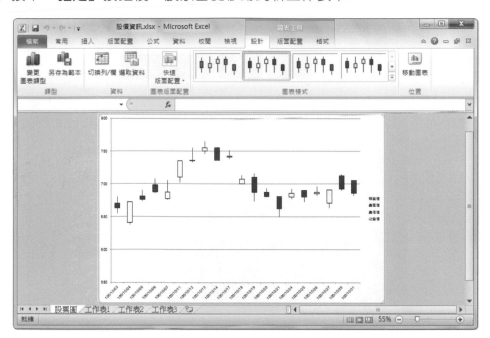

06 接著在「**圖表工具→設計→圖表格式**」群組中，選擇一個要套用的圖表格
式。

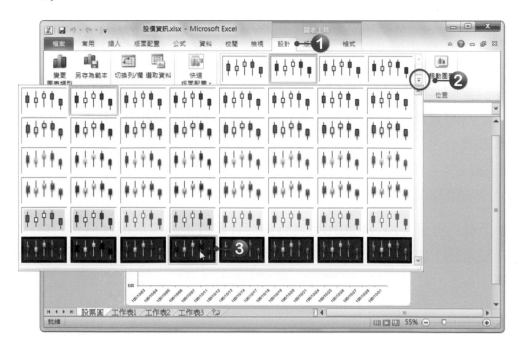

07 到這裡股票圖就製作完成了。

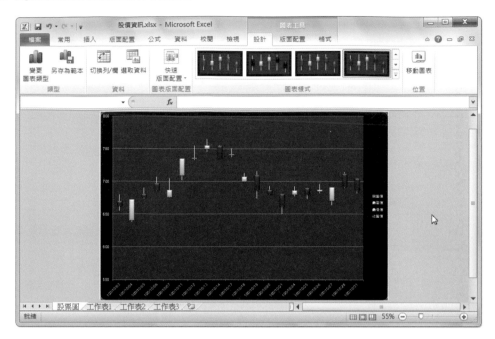

Excel提供了4種股票圖，分別可以製作3種、4種、5種資訊的股票圖。要製作股票圖之前，必須將資料的順序排好，以5種資訊的股票圖為例，資料必須照著「成交量-開盤-最高-最低-收盤」的順序排列。

👑 將活頁簿存成網頁格式

隨著網路的普及，資訊的傳遞越來越便捷，使得大眾接收資訊的習慣與閱讀方式都跟著產生改變，「網際網路」一躍成為最方便的資訊接收來源。也由於這樣的緣故，各種形式的文件都有可能必須轉換為網頁模式，以便放置在網路上供大家瀏覽與閱讀。

基於這樣的考量，Excel 2010也具有將活頁簿直接轉換為網頁格式的功能。延續上一個範例，將製作好的宏達電各股資訊及股票圖，轉換成「htm」格式的網頁檔案。

01 點選「**檔案→另存新檔**」功能，開啟「另存新檔」對話方塊。

02 點選「**存檔類型**」選單鈕，於選單中選擇「**網頁**」類型。

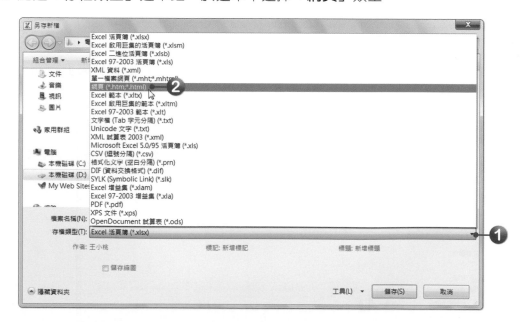

要另存新檔時，也可以直接按下「**F12**」功能鍵，開啟「另存新檔」對話方塊，進行儲存的動作。

03 這裡要將整個活頁簿都儲存成網頁格式,所以請點選「**整本活頁簿**」。點選好後,按下「**變更標題**」按鈕,開啟「輸入文字」對話方塊,設定網頁標題,設定好後按下「**確定**」按鈕。

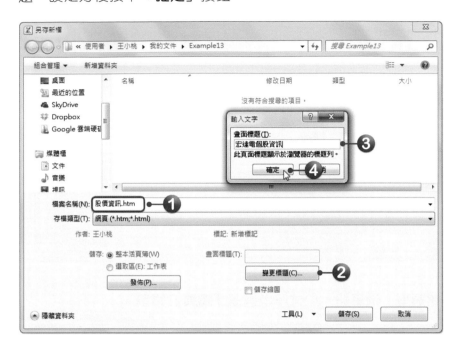

04 將檔案名稱更改為「**index**」,名稱更改好後按下「**新增資料夾**」按鈕,新增一個「**網頁**」資料夾,要將檔案存在此資料夾中。

05 都設定好後按下「**儲存**」按鈕，會出現一個警告訊息，告訴你在Excel中的某些功能及格式無法在網頁中顯示，沒問題後，按下「**是**」按鈕，即可開始進行儲存的動作。

06 儲存動作完成後，在剛剛建立的資料夾中，就會多了「index.htm」網頁檔及「index.files」資料夾。

將Excel檔案成功另存成HTML格式後，便可以在目的儲存資料夾中，看到一個HTML格式的檔案，以及一個新的資料夾，用來存放網頁中相關檔案。

此檔案與資料夾兩者是一體的，並且會同時存在，所以當你要複製、搬移或刪除其中一個，另一個也會跟著被複製、搬移或刪除。

☑☑ 直接在「index.htm」圖示上雙擊滑鼠左鍵二下開啓網頁,就可以在開啓的瀏覽器上預覽網頁的內容。還可以點按下面的標籤頁,檢視其他頁面的資料。

在此點選不同的標籤頁以檢視各個頁面。

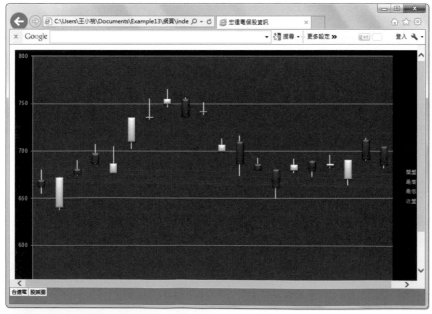

知識補充 在Excel中編輯htm格式的檔案

將活頁簿儲存為網頁格式後，若想要再重新編輯檔案時，可以直接於Excel中開啟「htm」格式的檔案進行編輯，編輯好後再儲存即可。

若活頁簿中包含了「圖表」物件時，那麼該圖表會被轉換為「圖片」，而無法進行修改及編輯的動作。

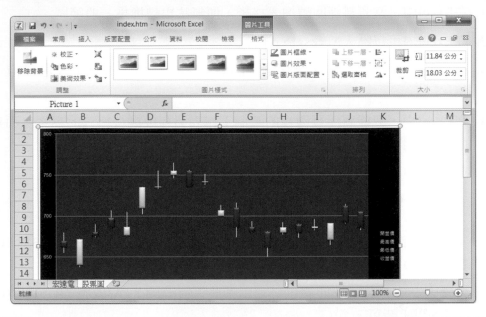

✎ 是非題

( ) 1. 在Excel中,當資料範圍轉換表格後,便無法再轉換為一般範圍。

( ) 2. 在Excel內可以匯入Access格式的檔案。

( ) 3. 製作股票圖時,須包含成交量、開盤價、最高價、最低價及收盤價等資訊。

( ) 4. 在Excel中,只能將活頁簿裡的某個工作表另存成網頁格式的檔案,而無法將整個活頁簿另存成網頁格式的檔案。

( ) 5. 在Excel中,從外部取得資料後,便無法再進行更新的動作。

✎ 選擇題

( ) 1. 下列哪一個不是Excel可以匯入的外部資料?(A)網頁資料 (B)MP3檔 (C)資料庫檔 (D)文字檔。

( ) 2. 要匯入文字檔時,不同欄位必須用哪些符號隔開?(A)逗號 (B)分號 (C)空格 (D)以上皆可。

( ) 3. 關於Excel表格功能的敘述,下列何者正確?(A)在Excel中建立表格時,可以管理分析該表格中的資料,而不受表格外部資料的限制 (B)可以將Excel表格直接轉換成資料範圍 (C)可以套用預先定義好的表格樣式,迅速地格式化表格資料 (D)以上皆是。

( ) 4. 要於Excel中匯入「Web」資料時,可以點選?(A)資料→取得外部資料→從Web (B)插入→取得外部資料→從Web (C)常用→取得外部資料→從Web (D)版面配置→取得外部資料→從Web。

( ) 5. 若要將工作表中的資料範圍轉換為表格時,可以點選?(A)插入→樣式→格式化為表格 (B)常用→樣式→格式化為表格 (C)資料→樣式→格式化為表格 (D)檢視→樣式→格式化為表格。

✐ 實作題

1. 開啓「Example13→成績單.txt」檔案，進行以下設定。

✦ 將「成績單.txt」文字檔匯入Excel工作表中。

✦ 將資料範圍轉換爲表格，在表格中加入合計列、首欄、末欄等選項。

✦ 在合計列中計算出各科的平均成績，並將小數位數設定爲2位。

	學號	姓名	國文	英文	數學	歷史	地理	總分	個人平均	總名次
19	9302323	成 聾	69	80	64	68	80	361	72.2	18
20	9302305	鄭依鍵	61	77	78	73	70	359	71.8	19
21	9302329	林辛如	73	71	64	67	81	356	71.2	20
22	9302302	蔡一零	75	66	58	67	75	341	68.2	21
23	9302324	楊紙瓊	88	90	52	57	52	339	67.8	22
24	9302314	吳厭祖	65	75	54	67	78	339	67.8	23
25	9302306	林痣玲	82	80	60	58	55	335	67	24
26	9302319	李心結	86	55	65	68	60	334	66.8	25
27	9302315	蔡康勇	79	68	68	58	54	327	65.4	26
28	9302321	周星匙	63	58	50	81	74	326	65.2	27
29	9302307	金城舞	56	80	58	65	60	319	63.8	28
30	9302327	王星凌	66	45	57	74	69	311	62.2	29
31	9302318	孫鞋志	59	67	62	57	54	299	59.8	30
32			77.10	73.93	68.60	74.93	75.10	369.67	73.93	

✦ 篩選出「個人平均」大於或等於80分的學生。

	A	B	C	D	E	F	G	H	I	J
1	學號	姓名	國文	英文	數學	歷史	地理	總分	個人平均	總名次
2	9302311	王粒宏	94	96	71	97	94	452	90.4	1
3	9302303	劉德划	92	82	85	91	88	438	87.6	2
4	9302309	羅志翔	88	85	85	91	88	437	87.4	3
5	9302322	洪斤寶	91	84	72	74	95	416	83.2	4
6	9302313	吳中線	73	88	91	78	72	402	80.4	5
7	9302330	徐弱瑄	81	85	70	75	90	401	80.2	6
32			86.50	86.67	79.00	84.33	87.83	424.33	84.87	

2. 將「奇摩股市網站(http://tw.stock.yahoo.com/us/)」中的「美股→汽車航空」資訊匯入至工作表中。

   ✦ 將匯入的資訊設定為檔案開啓後自動更新。

   ✦ 美化工作表格式。

	A	B	C	D	E	F	G	H	I	J	K	L
1	股票代號	時間	成交	買進	賣出	漲跌	成交量	昨收	開盤	最高	最低	
2	英文名稱											
3	AMEX航空指數	04:30am	34.13	—	—	▽0.323	—	34.453	34.207	34.283	33.708	
4	(Airline index)											
5	美國航空	04:03am	2.45	2.45	3.52	▽0.15	10,768,728	2.6	2.56	2.6	2.43	
6	(AMR Corp)											
7	Delta航空	04:01am	8.35	8.35	8.37	△0.05	9,420,632	8.3	8.28	8.37	8.15	
8	(Delta Air Lines Inc)											
9	戴姆勒	03:51am	48.22	—	—	▽2.38	60,768	50.6	48.79	49.03	47.71	
10	(Daimler AG)											
11	福特汽車	04:01am	11.27	11.22	11.58	▽0.05	43,133,079	11.32	11.28	11.39	11.12	
12	(Ford Motor Co)											
13	聯邦快遞	04:01am	82.01	80.35	83.64	▽0.33	1,634,300	82.34	81.79	82.21	80.31	
14	(Fedex Corp (Federal Express))											
15	通用汽車	04:00am	23.61	23.63	23.89	▽0.42	9,454,058	24.03	23.89	23.92	23.31	
16	(General Motors Corp)											

3. 開啓「Example13→日本單曲銷售紀錄.xlsx」檔案,進行以下的設定。

   ✦ 將「日本單曲銷售紀錄」檔案另存成網頁格式檔案。

   ✦ 將畫面標題設定為:日本單曲銷售排行榜。

   ✦ 檔案名稱命名為「index」。

A 巨集的使用

* **學習目標**

  錄製巨集、執行巨集、指定巨集。

* **範例檔案**

  附錄A→各區支出明細表.xlsx

* **結果檔案**

  附錄A→各區支出明細表-巨集.xlsm

  附錄A →各區支出明細表-結果.xlsm

  附錄A→各區支出明細表-指定巨集.xlsm

認識巨集

在使用Excel時，若經常使用某些相同的步驟時，可以將這些相同的步驟錄製成一個巨集，而當要使用時，只要執行巨集即可完成此巨集所代表的動作。而在Excel中可以利用以下兩種方法建立巨集：

1. 使用內建的巨集功能。

2. 使用Visual Basic編輯程式建立VBA碼。

👑 錄製巨集

　　這裡請開啟「**各區支出明細表.xlsx**」活頁簿，在活頁簿中有三個工作表，三個工作表都要進行相同格式的設定，而我們只要將設定的過程錄製成巨集，即可將設定好的格式直接套用至另外二個工作表中。假設我們要為北區工作表進行以下的格式設定：

1. 將A1:E5儲存格內的文字皆設定為「微軟正黑體」。

2. 將A1:E1儲存格內的文字皆設定為「粗體」、「置中對齊」。

3. 將A2:A5儲存格內的文字皆設定為「粗體」、「置中對齊」。

4. 將B2:E5儲存內的數字皆設定為貨幣格式。

5. 將A1:E1儲存格皆加上格線。

　　了解後，就可以開始進行錄製巨集的動作了。

01 進入「**北區**」工作表中，再點選「**檢視→巨集→巨集**」指令按鈕，於選單中點選「**錄製巨集**」。

02 開啟「**錄製巨集**」對話方塊，在巨集名稱欄位中設定一個名稱；若要為此巨集設定快速鍵時，請輸入要設定的按鍵；選擇要將巨集儲存在何處，都設定好後按下「**確定**」按鈕。

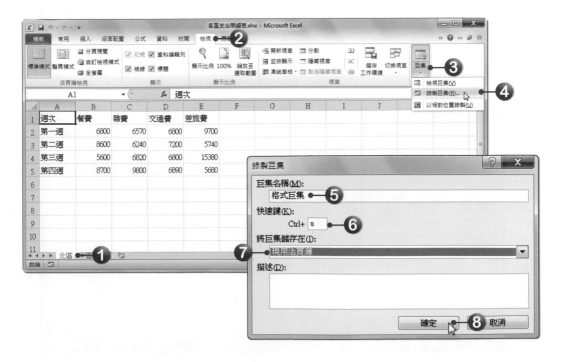

03 點選後，在狀態列上就會顯示目前正在錄製巨集。

04 接著請選取A1:E5儲存格，再點選「**常用→字型→字型**」指令按鈕，將文字設定為「**微軟正黑體**」。

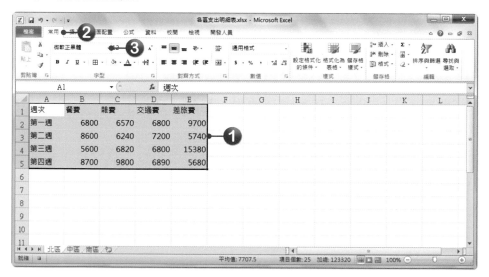

05 選取A1:E1儲存格，將文字設定為置中對齊。

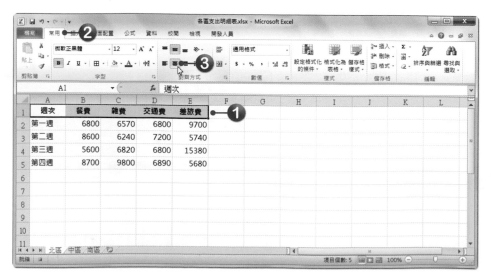

06 選取A2:A5儲存格，將文字設定為置中對齊。

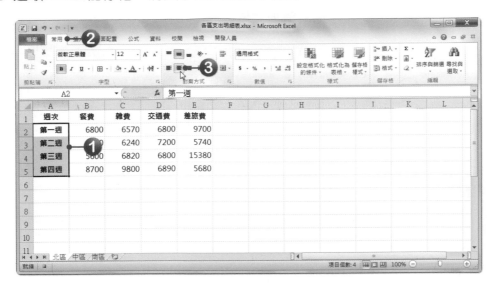

07 選取B2:E5儲存格，點選「**常用→數值→** 」群組按鈕，開啟「儲存格格式」對話方塊。

08 點選「**貨幣**」類別，將小數位數設定為「**0**」，設定好後按下「**確定**」按鈕。

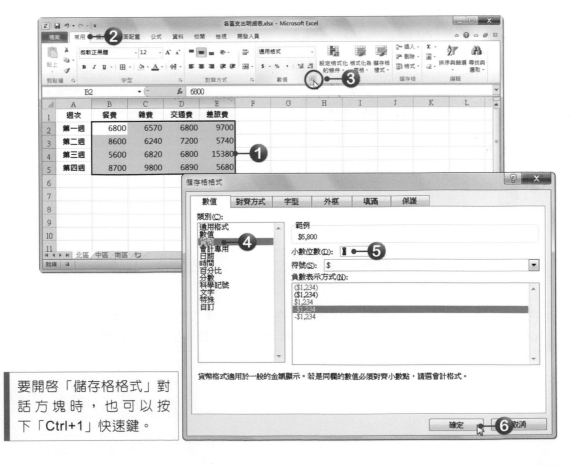

要開啟「儲存格格式」對
話方塊時，也可以按
下「Ctrl+1」快速鍵。

09 選取A1:E5儲存格,點選「**常用→字型→**▦▾」指令按鈕,於選單中點選「**所有框線**」,被選取的儲存格就會加上框線。

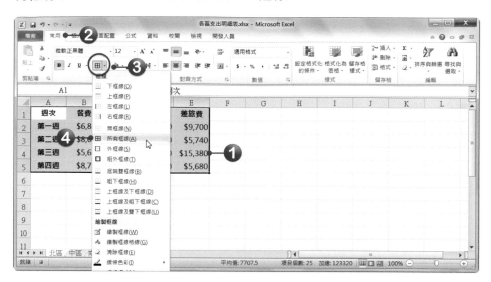

10 到這裡「北區」工作表的格式就都設定好了,最後再按下「**檢視→巨集→巨集**」指令按鈕,於選單中點選「**停止錄製**」指令按鈕,即可結束巨集的錄製。

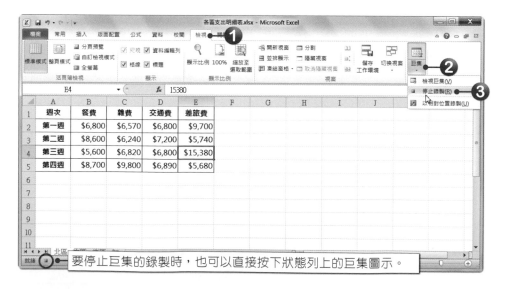

要停止巨集的錄製時,也可以直接按下狀態列上的巨集圖示。

在錄製巨集的過程中,若操作有錯誤時,這些錯誤的操作也都會被錄製下來,所以建議你在錄製巨集時,先演練一下要錄製的操作過程,才能錄製出理想的巨集。

11 完成錄製巨集的工作後，請點選「**檔案→另存新檔**」按鈕，開啟「另存新檔」對話方塊，按下「**存檔類型**」選單鈕，於選單中選擇「**Excel啟用巨集的活頁簿**」類型，選擇好後按下「**儲存**」按鈕。

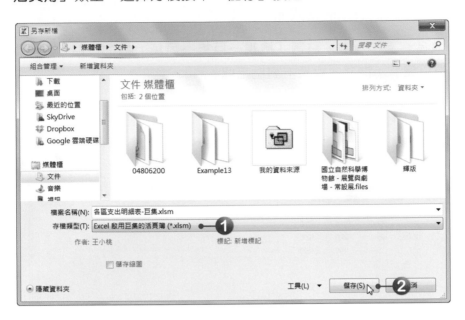

在錄製巨集時，可以設定要將巨集儲存於何處，於「錄製巨集」對話方塊中的「將巨集儲存在」選單裡，提供了**現用活頁簿**、**新的活頁簿**、**個人巨集活頁簿**等選項可以選擇，分別說明如下：

現用活頁簿：所錄製的巨集僅限於在現有的活頁簿中執行。

新的活頁簿：所錄製的巨集僅能使用在新開啟的活頁簿檔案中。

個人巨集活頁簿：所錄製的巨集儲存在名為「Personal.xlsb」活頁簿檔案內，如果你的電腦內沒有這個檔案，系統會自動建立，並將巨集儲存於這個活頁簿中。儲存於個人巨集活頁簿中的巨集可應用於所有活頁簿中。

執行巨集

錄製好巨集後，便可在「中區」及「南區」工作表中執行巨集，讓工作表內的資料快速套用我們設定的格式。

01 進入「中區」工作表中，點選「**檢視→巨集→巨集**」指令按鈕，於選單中選擇「**檢視巨集**」，開啟「巨集」對話方塊。

02 選取要使用的巨集名稱，再按下「**執行**」按鈕。

> 要檢視巨集時，也可以按下「Alt+F8」快速鍵，開啟「巨集」對話方塊。

03 按下「**執行**」按鈕後，「中區」工作表內的格式就會套用我們所設定的格式。

04 若在錄製巨集時，有設定快速鍵，那麼也可以使用快速鍵來執行巨集，例如：我們將格式巨集的快速鍵設定為「Ctrl+U」，那麼進入「南區」工作表時，再按下「Ctrl+U」，即可執行巨集。

在執行巨集時，可以選擇「執行」或「逐步執行」，這二個的執行方式有些不同，說明如下：

執行：會將指定的巨集程序全部執行一遍。

逐步執行：每次只執行一行指令，這通常是用在巨集程序內容的除錯。

♔ 指定巨集

在執行巨集時，可以在「巨集」對話方塊中或是按下快速鍵來執行巨集，不過對於久久才會執行一次的巨集，或是當活頁簿上建立許多巨集時，那麼巨集的執行就會變得較為困難，因為必須要記住每個巨集的名稱或是設定的快速鍵，此時可以利用「**指定巨集**」的功能來幫我們記憶。

這裡我們要將之前建立的「格式巨集」指定到一個圖案上，當按下圖案後，就會執行指定的巨集。

01 點選「**插入→圖例→圖案**」指令按鈕，於選單中選擇一個圖案。

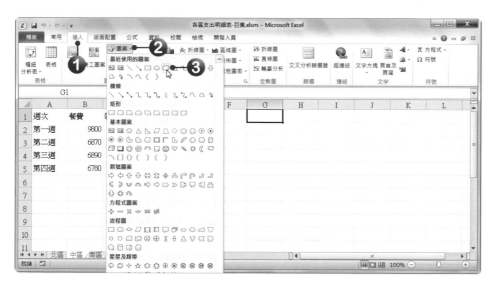

02 選擇好後，於工作表中拉出一個圖案，在圖案上按下滑鼠右鍵，於選單中點選「**編輯文字**」按鈕。

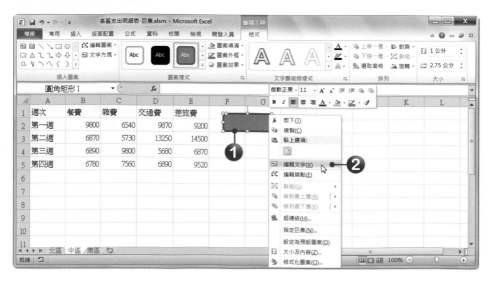

03 接著於圖案中輸入文字，文字輸入好後，即可於「**繪圖工具→格式→圖案樣式**」群組中，進行圖案樣式的設定。

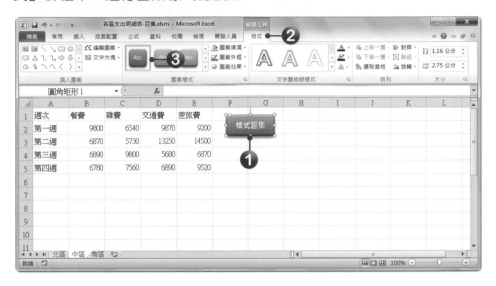

04 圖案格式都設定好後，在圖案上按下滑鼠右鍵，於選單中點選「**指定巨集**」，開啟「指定巨集」對話方塊。

05 選擇要指定的巨集名稱，選擇好後按下「**確定**」按鈕，即可完成指定巨集的動作。

06 指定巨集設定好後，當按下圖案後，便會自動執行該圖案被指定的巨集。

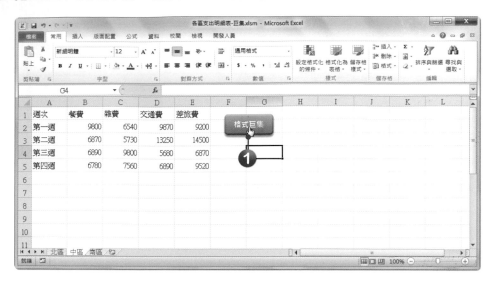

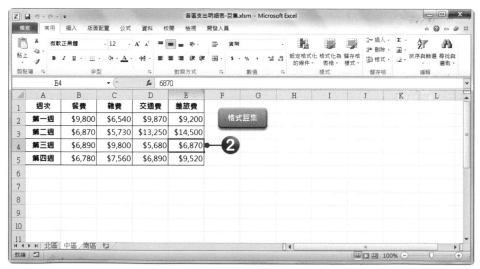

要錄製巨集或是使用Visual Basic編輯巨集時，可以進入「**開發人員→程式碼**」群組中執行相關的指令按鈕，不過在預設下「**開發人員**」索引標籤並不會顯示於視窗中，必須自行設定開啟，要開啟時，點選「**檔案→選項**」功能，開啟「選項」對話方塊，點選「**自訂功能區**」標籤，在自訂功能區中將「**開發人員**」勾選，即可開啟該功能。

在「**開發人員→程式碼**」群組中提供了各種關於巨集的功能，若要使用Visual Basic編輯器來編輯巨集時，可以按下「**Visual Basic**」指令按鈕，開啟編輯器來編輯巨集。

國家圖書館出版品預行編目資料

Excel 2010範例教本 / 王麗琴 編著. --四版
　.--新北市：全華圖書, 2016.09
　　面：　　公分
　ISBN　978-986-463-339-5　（平裝附數位影音光碟）
　1.EXCEL 2010(電腦程式)
312.49E9　　　　　　　　　　　　　　　　105016370

Excel 2010範例教本(第四版)

(附範例光碟)

作者 / 全華研究室 王麗琴

執行編輯 / 王詩蕙

發行人 / 陳本源

出版者 / 全華圖書股份有限公司

郵政帳號 / 0100836-1號

印刷者 / 宏懋打字印刷股份有限公司

圖書編號 / 06092037

四版二刷 / 2018年11月

定價 / 新台幣480元

ISBN / 978-986-463-339-5　（平裝附數位影音光碟）

全華圖書 / www.chwa.com.tw

全華網路書店 / www.opentech.com.tw

若您對書籍內容、排版印刷有任何問題，歡迎來信指導book@chwa.com.tw

臺北總公司(北區營業處)
地址：23671新北市土城區忠義路21號
電話：(02) 2262-5666
傳真：(02) 6637-3695、6637-3696

南區營業處
地址：80769高雄市三民區應安街12號
電話：(07) 381-1377
傳真：(07) 862-5562

中區營業處
地址：40256臺中市南區樹義一巷26號
電話：(04) 2261-8485
傳真：(04) 3600-9806

歡迎加入 全華會員

- **會員獨享**
  會員享購書折扣、紅利積點、生日禮金、不定期優惠活動…等。

- **如何加入會員**
  填妥讀者回函卡直接傳真 (02) 2262-0900 或寄回，將由專人協助登入會員資料，待收到 E-MAIL 通知後即可成為會員。

如何購買 全華書籍

1. **網路購書**
   全華網路書店「http://www.opentech.com.tw」，加入會員購書更便利，並享有紅利積點回饋等各式優惠。

2. **全華門市、全省書局**
   歡迎至全華門市（新北市土城區忠義路 21 號）或全省各大書局、連鎖書店選購。

3. **來電訂購**
   (1) 訂購專線：(02) 2262-5666 轉 321-324
   (2) 傳真專線：(02) 6637-3696
   (3) 郵局劃撥（帳號：0100836-1 戶名：全華圖書股份有限公司）
   ※ 購書未滿一千元者，酌收運費 70 元。

OpenTech 全華網路書店 .com.tw

全華網路書店 www.opentech.com.tw
E-mail: service@chwa.com.tw

※ 本會員制如有變更則以最新修訂制度為準，造成不便請見諒。

讀者回函卡

填寫日期： / /

姓名： 生日：西元 年 月 日 性別：□男 □女

電話：( ) 傳真：( ) 手機：

e-mail： (必填)

註：數字零，請用 Φ 表示，數字1與英文L請另註明並書寫端正，謝謝。

通訊處：□□□□□

學歷：□博士 □碩士 □大學 □專科 □高中‧職

職業：□工程師 □教師 □學生 □軍‧公 □其他

學校/公司： 科系/部門：

‧需求書類：

□A. 電子 □B. 電機 □C. 計算機工程 □D. 資訊 □E. 機械 □F. 汽車 □I.工管 □J. 土木

□K. 化工 □L. 設計 □M. 商管 □N. 日文 □O. 美容 □P. 休閒 □Q. 餐飲 □B. 其他

‧本次購買圖書為： 書號：

‧您對本書的評價：

封面設計：□非常滿意 □滿意 □尚可 □需改善，請說明

內容表達：□非常滿意 □滿意 □尚可 □需改善，請說明

版面編排：□非常滿意 □滿意 □尚可 □需改善，請說明

印刷品質：□非常滿意 □滿意 □尚可 □需改善，請說明

書籍定價：□非常滿意 □滿意 □尚可 □需改善，請說明

整體評價：請說明

‧您在何處購買本書？

□書局 □網路書店 □書展 □團購 □其他

‧您購買本書的原因？(可複選)

□個人需要 □幫公司採購 □親友推薦 □老師指定之課本 □其他

‧您希望全華以何種方式提供出版訊息及特惠活動？

□電子報 □DM □廣告 (媒體名稱)

‧您是否上過全華網路書店？(www.opentech.com.tw)

□是 □否 您的建議

‧您希望全華出版那方面書籍？

‧您希望全華加強那些服務？

~感謝您提供寶貴意見，全華將秉持服務的熱忱，出版更多好書，以饗讀者。

全華網路書店 http://www.opentech.com.tw 客服信箱 service@chwa.com.tw

2011.03 修訂

親愛的讀者：

　　感謝您對全華圖書的支持與愛護，雖然我們很慎重的處理每一本書，但恐仍有疏漏之處，若您發現本書有任何錯誤，請填寫於勘誤表內寄回，我們將於再版時修正，您的批評與指教是我們進步的原動力，謝謝！

全華圖書 敬上